中小型水工程简明技术丛书（七）

中小型围垦工程简明技术指南

朱爱林　王复兴　刘毅　王剑波　陈彦生　编著

中国水利水电出版社
www.waterpub.com.cn

内 容 提 要

本书为"中小型水工程简明技术丛书"之一，采用通俗易懂的语言，系统地介绍了中小型围垦工程的相关知识，突出了现代围垦工程"人水和谐"时代具有的环境友好、生态健康、休闲娱乐等特点。全书共 10 章，分别介绍了我国中小型围垦工程的概念与分类，中小型围垦工程勘测、规划、设计、施工、监理、监测、管理、环境影响评价和水土保持、经济评价等。

本书除适用于从事水资源与水利水电工程技术人员外，还可供相关领域的中职中专、大专院校师生和从事土木建筑与岩土工程的勘测、规划、设计、施工、监理、管理及科研人员参考。

图书在版编目（ＣＩＰ）数据

中小型围垦工程简明技术指南 / 朱爱林等编著. --
北京：中国水利水电出版社，2012.12
（中小型水工程简明技术丛书；7）
ISBN 978-7-5170-0490-5

Ⅰ．①中… Ⅱ．①朱… Ⅲ．①中型－围垦－排灌工程
－指南②小型－围垦－排灌工程－指南 Ⅳ.
①S277.4-62

中国版本图书馆CIP数据核字(2012)第314139号

书　　名	中小型水工程简明技术丛书（七） **中小型围垦工程简明技术指南**
作　　者	朱爱林　王复兴　刘毅　王剑波　陈彦生　编著
出版发行	中国水利水电出版社 （北京市海淀区玉渊潭南路1号D座　100038） 网址：www.waterpub.com.cn E-mail：sales@waterpub.com.cn 电话：(010) 68367658（发行部）
经　　售	北京科水图书销售中心（零售） 电话：(010) 88383994、63202643、68545874 全国各地新华书店和相关出版物销售网点
排　　版	中国水利水电出版社微机排版中心
印　　刷	北京纪元彩艺印刷有限公司
规　　格	140mm×203mm　32开本　9.125印张　245千字
版　　次	2012年12月第1版　2012年12月第1次印刷
印　　数	0001—2000册
定　　价	**34.00元**

*B*ianzhuzhedehua

编 著 者 的 话

中共中央、国务院《关于加快水利改革发展的决定》〔2011年1号〕开宗明义指出："水是生命之源、生产之要、生态之基"，"人多水少，水资源时空分布不均是我国的基本国情水情"。

进入 21 世纪 10 年来，新形势下水利的地位越来越彰显其重要，水利的作用愈来愈给力。特别是利用水工程为现代农业发展创造条件、为生态环境改善给予保障系统、为国人安全与健康提供水资源与水文化支撑，已成为中华民族的共识并付诸行动。

"中小型水工程简明技术丛书"正是这一共识与行动的一个组成部分。它界定在中、小型规模范围，分别从水库枢纽工程、水力发电工程、堤防工程、引调水工程、灌溉排涝工程、防洪工程、围垦工程、拦河水闸、灌溉/排水泵站以及水土保持生态工程十个测度的技术作了简明介绍，旨在其技术理念的提升更新、技术工艺的规范作用、技术应用的与时俱进。

本"丛书"之所以撇开大型而专注于中、小型水工程技术，一是因为中、小型水工程在我国大量而普遍存在；二是因为中、小型水工程目前存在的缺陷较为严重；三是因为大型水工程将会在 20 年内建设项目逐渐降低至为零，而中、小型水工程的"兴建——加固——兴建"循环不止。为此，编著者在过往近十年编著出版的"中国堤防工程施工丛书"十八册和"中国水工程安全与病害防治技术丛书"八册的基础上，与中国水利水电出版社合作，共同策划并编著出版：

　　①中小型水库枢纽工程简明技术；

　　②中小型水力发电工程简明技术；

　　③中小型堤防工程简明技术；

④中小型引调水工程简明技术；

⑤中小型灌溉排涝工程简明技术；

⑥中小型防洪工程简明技术；

⑦中小型围垦工程简明技术；

⑧中小型拦河水闸简明技术；

⑨中小型灌溉/排水泵站简明技术；

⑩中小型水土保持生态工程简明技术。

10册一套的"中小型水工程简明技术丛书"试图成为水工程技术品牌战略的创新点。因为，长此以往，中小型水工程技术要么被忽视，要么简单的缩小范围与精度套用大型水工程技术规范/标准/规程或导则、指南、手册。为此，"服务细节"推进中小型水工程技术战略意图就摆在水利人的案头并成为水利人的首要思考点。

同时，编著出版一套中小型水工程技术丛书，"教化"的目的是不可或缺与替代的。"教化"目的说到底就是"人才建设"，铺就"品牌未来"。

第三，本丛书的编撰资源，取之一线智慧，即"中小型水工程技术"源于实践一线的经验总结与理论上升。丛书是介于"手册""标准"之间，核心在于其技术方法的机理创新，重点放在技术如何有效地应用于中小型水工程建设及其加固管理上。

"中小型水工程简明技术丛书"，概念清新，结构严谨，简明扼要，通俗易懂，集知识性、实用性和可操作性于一体，系当下水利水电类图书中不可多得的系列专著。可以预料，该丛书的出版，将会在我国贯彻落实2010年12月31日公布的"中央2011年第1号文"精神活动中，以"技术服务细节"推进现代化水资源工程品牌战略，以"技术人才建设"铺就现代水资源工程品牌战备未来，以"技术一线指挥"助力现代化水资源工程品牌战略创新开辟蹊径，为我国水资源工程建设及其维修加固提供中小型水工程技术支撑。

2012 年 2 月

前　言

　　我国河湖众多，海岸线漫长，千百年来，沿江河湖泊及沿海各地人民坚持与奋斗，前赴后继围海筑堤、填湖造地，变滩涂为桑田。许多地方的耕地就是历史上围海、围湖造地的结果，如浙江舟山市现有耕地的 40%，浙江省宁波市慈溪、浙江省杭州市萧山区现有耕地的 50% 以上都来源于对海涂围垦造地。我国仅围海造地就达 10 多万 km²，约为荷兰国土的 3 倍。荷兰的系统海堤形成于 13 世纪，而我国的系统海堤——钱塘江北岸的捍海塘在 7 世纪就已出现。我国围垦工程继长城、运河之后，作为中国古代的三大工程之一而闻名于世。

　　围垦就是利用堤防包围具有特定条件的沿江、滨湖和海边滩地（主要是落潮滩地，当然，随着围垦事业的发展，还可以在稍深水中），于筑堤工程完成后通过排水设施疏干堤内使之成为农田的工程。围垦工程按照水域类别分为海涂围垦、围海造田。海涂围垦是对沿海海涂进行围垦，大型的海涂围垦如浙江省温岭市的东海塘围垦工程。围海造田是对海湾浅滩进行围垦，如荷兰的弗莱福兰省大部分即是由围海造田而成。近年来，围垦的目的更从传统的发展种植与渔盐生产，逐渐发展为多样化地利用滩涂来造福人类（如上海市金山石化总厂就是在滩涂上发展起来的），可见，围垦造地对社会经济建设有着重大作用。

我国近代滩涂围垦的历史进程是：由简单的抛石围垦逐步走向应用高科技、新工艺、新材料的复杂围垦；由群众自发组织的小规模、低标准、低投入的围垦逐步走向由政府指导组织的大规模、高标准、高投入的围垦；由盲目无序化的围垦逐步走向科学化、规范化和法制化的围垦；由单一投资体制逐步走向多元化投资体系；由资源利用随意化逐步走向宏观调控和优化配置；由管理服务分散化逐步走向综合一体化；由单一的开发利用模式逐步走向全方位、综合性、立体化的优化模式；由只考虑经济型围垦逐步走向兼顾生态和社会效益型围垦。总之，是一个由低级、快速、稳步向高级发展的过程滩涂资源作为潜在的后备土地资源，为人类提供了赖以生存的广阔空间。我们必须科学合理地开发利用和保护，要坚持因地制宜、尊重自然规律全面统筹协调的原则，要依靠先进适用的围垦工程技术开拓创新，瞄准前沿，跟踪国内外先进水平增强科学管理水平；要以科学发展观为指导，按照生态环境相容性原则，在滩涂开发利用中注入生态的理念，实现"人涂"和谐相处，走"既能满足当代人需求、又不危及后代人生存"的可持续发展道路。

因此，为了确保中小型围垦工程的功能、效益的正常发挥以及长久运行安全，特针对我国围垦工程对自然平衡的影响，采用通俗易懂的语言，撰写了这本"中小型水工程简明技术丛书"之一《中小型围垦工程简明技术》指南。本书以水利水电工程相关规范规程为依据，研究吸收了围垦工程规划、设计、施工、管理及生态环境保护工作中积累的经验，参考了公开发表的论文和著作，系统地介绍了中小型围垦工程的相关知识，包括中小型围垦工程的概念、分类以及围垦工程勘测、规划、设计、施工、监理、监测、管理、环境保护和水土保持、经济评价等方面的技术要点，以供从事水资源与水利水电工程技术人员参考使用，也可供水利院校师生学习参考。

本书采取集体讨论与分工合作的形式进行编著，由朱爱林、王复兴、刘毅、王剑波和陈彦生共同撰写。其中朱爱林编写第 1 章、第 4 章、第 10 章和附录 A；王复兴编写第 7 章、第 8.1～8.6 节、第 9 章和附录 B；刘毅编写第 2 章、第 5 章、第 8.7 节和附录 C～D；王剑波编写第 3 章、第 6 章和附录 E～G；陈彦生参加了部分章节的编写并对全书进行了策划与统稿。

在编写过程中，参考了国内大量的相关规范规程以及公开发表的论文和著作，在参考文献中一并列出，在此表示衷心的感谢！同时由于时间紧迫、编者水平所限，本书不当之处敬请赐教。

编著者
2012 年 4 月

〖 目 录 〗

1 绪论

我国沿海滩涂分布十分广泛，滩涂资源在我国 6 大后备土地资源开发利用中经济最合理，投资最可行。由此可见，滩涂围垦开发是沿海地区一项重要的国土开发事业，滩涂也将成为我国经济发展新的增长点。加快沿海滩涂资源开发，已成为一项重大的国家战略决策，对缓解我国人多地少的矛盾、补充耕地资源不足、拓展产业发展空间、促进区域经济协调发展具有重要作用。因此，做好沿海滩涂围垦工程设计，有助于推动我国沿海滩涂研究事业，且具有重要的发展前景。

1.1 围垦工程的基本概念

围垦是指在滩涂将涨落潮位差大的地段筑堤，防止潮汐浸渍并将堤内海水排出，造成土地，用于农业生产的工程。滩涂土地是非常宝贵的自然资源，具有很高的开发价值，既可以造田，增加耕地面积，促进耕地总量动态平衡，又可发展养殖业、工业、旅游业、房地产业及相关产业等，还可进行城市建设，缓解建设用地需求。因此滩涂土地开发利用是一项系统工程，必须制定土地综合开发利用规划以及分期实施规划，加强宏观调控，进行科学引导。

对海滩地的围垦又称海涂围垦；对经常淹在水下的海湾浅滩的围垦又称围海造田。在围垦区内要修建完整的排灌系统，排除地面径流，控制地下水位，并对种植的作物进行合理灌溉。海涂垦区首先要引淡水淋洗土壤盐分，并采取蓄淡养青、种植耐盐作物等措施积累土壤有机质，加速土壤脱盐，提高土壤肥力。

1.2　围垦工程发展历史

1.2.1　国外围垦工程发展现状

1.2.1.1　荷兰围垦工程的经验

由于荷兰的领土大部分为低洼地，所以其围垦基本上属于围海造地。围垦方式多采用复式围垦方式（即修筑两道堤防以确保围垦地的安全，有的还要在圩区内建造拦洪水库或者水闸），但根据地形，也有直接面向海面的单式围垦（即用一道堤防把落潮滩地包围起来）。就围垦面积所需的堤长而言，其堤防长度很短，因而能采用较大、较坚固的堤防。围垦区内的各种工程建设，是在社会、经济、卫生、林业等各部门的配合下进行，特别是围垦区内公路网中的干道还作为荷兰的国内交通与国际交通的要道而起着很重要的作用。荷兰围垦工程的土壤改良和农业技术指导工作都做得很出色，农业机械化程度很高，对通过下层土渗入的地下盐分问题给予了足够而细心的注意。

由于围垦的基本方式不同，荷兰堤防工程具有下列特点：

（1）堤防的最终稳定形态，趋向于具有极缓坡度（像海滨、砂丘那样）的砂堤。这时对堤顶标高的要求相当高，因此见不到胸墙，在堤顶附近则只进行简单的铺草。顶宽一般较小，外坡的保护也较简单（采用铺砌石块方式或沥青护面），在堤防的防渗方面，可以看到在外坡护面之内侧使用大量的不渗水材料——冰砾泥，这种方案在他们看来是有效合理的。外坡上的平台与直立式护脚墙有所不同，要么不设，若要设置就要有相当大的宽度。其高程大体上在暴水位或大潮满水位附近。然而多采用缓坡（1∶6 或 1∶8）而设有平台的形状。

（2）堤防的基础处理。依地基性质而有所不同，但软弱部分几乎全部挖掉，在荷兰须德海（Zuider Zee）的 Markerwaard 地区软弱层较厚处，甚至挖到地下 14m 并用良质土置换。也有像三角洲地区的堤防那样，采用很大的底宽进行筑堤的事例。

（3）常用梢蓁。这是荷兰围垦工程施工技术的最大特点之一，可以说是围垦工程获得成功的关键，与其说能够节约石料，倒不如说其柔软性在保护坡面、护岸和龙口底面方面发挥了良好的作用。

（4）关于龙口底槛的构造，则有一整套水工实验数据，这也是富有经验的荷兰围垦技术的特点之一。在假定底槛平坦部分的两侧坡面和与之相连的海底将被刷深的情况下，推算出其最终稳定形状并采取相应的措施，这是挡潮工程中最重要的一环。因为常有很强的水流流过口门，所以龙口一般采用低槛（Low Silt）并常用开敞沉箱堵口。

1.2.1.2 日本的围垦经验

日本在围垦工程中的经验是要考虑一些围垦条件因素，主要包括潮差、滩涂、土质和地质。潮差越大越适于围垦，但必须是平均潮差，特别是大潮潮差较大；滩涂发达程度一般与潮差成比例。一般讲不少地方的滩涂土质都含有 50% 或稍多些的粘土（粒径在 0.01mm 以下），少数情况只有含 20% 粘土的砂质或砂砾土层，严重的砂砾地区差不多都形成了小面积的回淤滩，在这种砂质或砂砾质地区，即使潮差很大也不适于围垦。同时从地质情况看，局部地区的深粘土层，即在 100m 以下的深层中仍含有粘土，像这样的滩涂，从筑堤以及圩堤的维修角度考虑，都是不太好的围垦地区。因此在进行围垦时，针对这一问题必须确定适宜的围垦地区。

1.2.1.3 国外对海堤断面型式的选择特点

（1）日本以往的海堤断面型式主要有梯形、缓坡三角形及缓坡梯形几种。

（2）欧洲的海堤断面型式多为三角形缓坡式，尤其是北海方面的海堤，多是 1:6～1:10 的缓坡型式。这些海堤没有砌石护坡工程，只在坡面上铺树杖或设置拦栅进行防护。其中以荷兰须德海主堤断面的规模为最大，其大部分土堤高 112m，堤顶宽 130m，内坡中间有一戗道，宽 30m，并有 5m 宽的双线铁轨和 5m 宽的国家公路。

（3）海堤高程的确定也是非常重要的，堤顶高程不足当然是最危险的，但过高也会造成浪费。因此，若要决定正面（迎水面）堤防的堤顶标高，则应比较下面计算公式结果，并考查附近已建堤防的标高及过去的潮害记录等调查资料，计算公式如下：

堤顶标高＝年正常最高高水位（H.W.E.T.）＋气象潮＋波高＋超高＝以往的最高暴潮＋波高＋超高

式中：波高是指波浪冲击堤防时的静水面上的高度；堤顶标高指设置主堤身上的胸墙顶高，堤顶标高必须保持比年正常最高高水位（H.W.E.T.）3m 以上。因此，堤身填土的顶高应低于胸墙的高度。

（4）堤顶宽度的确定：通常小型堤防为 2～3m，大型堤防为 4～6m。此规定主要是从道路的需要考虑的（堤防结构的要求，仅居次要地位）。

1.2.2 我国围垦工程发展现状

开发利用滩涂资源是促进社会经济发展的重要途径之一。滩涂围垦不仅为国家提供了大量的生活物资和财政来源，而且推动了沿海地区人口集聚、土地开发、城镇兴起，极大地促进了沿海地区的社会进步和经济发展。20 世纪以来，我国滩涂资源的开发利用走过了以下几个阶段。

（1）滩涂开发利用。新中国成立以前，我国滩涂的围垦主要有两种形式：一种是先垦后围，即在已浮露的滩涂上先种植水草或耐咸高秆作物，以加速淤积，待淤至中水位高程后，才进行筑围；另一种是先围后垦，即一些富裕人家，在稍浮露的滩涂外围树干抛石，形成堤围基础，并加速其淤积，等滩涂淤积至可耕后，才沿抛石基线进行筑围，然后耕种。如广州郊县的番禺增城南部及广州郊区，就是用这种方法逐步发展起来的。滩涂围垦基本上是由群众自发组织，围涂面积小，工程标准低，所围土地均用来农业种植和盐业生产。因此，我国滩涂开发利用进程比较缓慢，形式也比较单一，开发价值也相应较低。

（2）滩涂的开发利用。新中国成立以后30年内，我国政府十分重视滩涂资源的开发，滩涂开发利用进入到全面围垦的高峰期。

20世纪60年代初期，在人民公社、大跃进和农业学大寨的形势下，从新中国成立前群众自发的小规模、低标准围涂，发展成为由集体或地方政府组织的大规模围涂造地运动。部分省、市还为此成立了专门的围垦海涂管理局等形式的管理机构，制定了一些管理办法。60年代中期到70年代末期逐渐扩大了围海范围，即从高滩围海发展到中、低滩促淤围海，从河口海岸筑堤围海扩大到堵港围海。各级政府开始加强对围海工作的管理，并注意了工程的前期工作，沿海各地对围垦出来的滩涂加快开发利用。如江苏、浙江和上海两省一市围垦面积达53.3万 hm^2，多用于农田和水产养殖，部分供盐业利用；辽宁省滩涂围垦的重点集中在辽河三角洲和东沟、庄河等沿海平原上，全省开垦滩涂的面积达38万多 hm^2，用于种植中、晚粳稻。

（3）滩涂的开发利用。20世纪80年代以后，我国滩涂资源的开发利用进入了新的历史时期。随着改革开放进程的加快，各级政府普遍加强了对滩涂围垦工作的管理，在机构体制、政策法规、物力财力等方面给予大力支持，并注重围涂的总体规划，用科学的规划来协调、处理围涂与江河整治、河道行洪、排涝、引水、航运、环境、生态等各个方面的相互关系，避免由于盲目无序的围垦工程建设而造成排他性不良后果。由于沿海经济的快速发展，滩涂围垦不断由单一地扩大耕地向水产养殖、工业城镇建设、港口码头建设、观光旅游等多元化、综合性方向发展，并且在滩涂资源的开发利用模式、优化配置形式以及融入市场经济平台等方面，也逐渐得到充实、丰富和提升。

1.2.3　滩涂开发利用原则和模式

（1）滩涂开发利用原则。我国在开发滩涂资源方面虽然取得了较大的成绩，但确实也有不少经验教训值得反思和汲取。通过对历史经验教训的总结，得出滩涂资源开发利用应遵循如下基本原则：沿海滩涂开发利用应在不破坏生态环境的前提下，本着"全面规划，综合利用，合理开发，因地制宜，扬长避短，发挥优势，讲究实效"的思想为指导，树立围涂工程、配套设施、开发经营、管理服务一体化的运作理念，使围涂工程有既快又好的产出，获得较好的经济效益、社会效益和生态效益。近些年，滨湖、沿江及沿海各省在不断建立健全滩涂管理机构，而且也加强了滩涂管理的法制建设，保障滩涂资源的依法、有偿、有序有度开发，使滩涂围垦逐步走向法制化、规范化、科学化的轨道。并且逐步实现由过去单一靠政府投资向多元化投资转变、由广度开发型向深度开发型转变、由生态资源型向环境治理型转变、由传统型规划向科学型规划转变。这种理智型、全方位、多层次的转变，将有效推进滩涂资源的永续利用和可持续发展。

（2）滩涂开发利用模式。我国滩涂的早期开发利用模式主要是"围垦—养垦—种植"。这种模式开发单一，往往是重围轻垦、粗放经营，缺乏科学认识和综合规划。进入 20 世纪 80 年代以后，在滩涂开发利用上，针对不同类型滩涂资源的特点、区位和功能，实行综合开发及不同产业部门的联合开发，并提出了多层次、多领域、多功能的综合开发利用和持续利用的模式，加大了开发的科技含量，加强了科学技术的推广和应用，把科技进步和滩涂资源开发利用有机结合起来，做到有计划地、科学地、综合地开发利用滩涂资源。通过综合开发建设，有效地提高了滩涂资源利用效率，也有利于河口治理、改善通航条件，同时还加强了滨湖、沿江及沿海防护林建设，有效地改善了围垦地区的生态环境。

我国滩涂资源的开发利用主要有以下几种开发目标及其不同组合：种植业开发、养殖业开发、制盐业开发、水资源开发、港口码头开发、工业开发、旅游业开发、房地产开发及相关产业开发等。应根据滩涂资源的区位优势、滩涂围垦总体规划以及相关产业规划选择不同的开发模式，如以"农基渔塘"生产为主的农业综合开发模式，保护性农业综合模式，滨海盐碱土改良综合配套模式，海水入侵地综合整治模式，滨海农田林网与防护林建设模式，滨海草地综合改良模式，滩涂立体种植高效用地模式，滩涂养殖模式，城镇园区开发模式以及滩涂资源非农产业（含旅游业、盐业及海洋化工业、港口与工业等）开发模式等。但由于各地经济发展水平差异很大，存在资源与资金不匹配的矛盾。因此，一是要对资源实行跨区域、跨行业的优化配置，充分发挥资源的最佳功能和效益；二是要整合集优模式，实行优良模式组合；三是要准确把握和拟定开发时空规划，确定分时段实施模式，并注重各阶段开发内容的有机衔接，避免重复建设。

（3）滩涂开发利用方向。我国对沿海滩涂的研究进入了多学科交融发的时期，研究范围也大为拓展。在借鉴国外研究进经验的基础上，滩涂开发利用研究已从纯应用研究逐渐步入理论研究领域，注重重大技术的攻和突破，并开始考虑公众参与。当前围垦工程的重点方向包括：①滩涂岸带产业结构及各产业开发管理模式研究。②滩涂开发的政治、经济政策与开发机制一体化的岸带综合管理模式，滩涂开发的新问题及其对策研究。③以法律、法规及行政规章的形式规范和限定滩涂开发行为，明确滩涂资源权属关系及开发各方的责、权、利的研究。④在滩涂开发中如何征求并考虑当地公众的意见与建议，考虑公众参与度的研究。⑤鼓励开发滩涂所采用的优惠经政策、措施的研究。⑥各类资源利用间的相互影及优化组合，实现资源利用间的相互促进的研究。⑦滩涂自然保护区的设立、规模、管理、宣传教育与运营机制等的研究。⑧开展对滩涂环境污染监测、识别及控制技术的研究，开展对滩涂可能遭遇的自然灾害类型、频率、程度及灾前预报治、灾中自救与灾后重建的研究。

总之，我国近代滩涂围垦的历史过程是：由简单的抛石围垦逐步走向应用高科技、新工艺、新材料的复杂围垦；由群众自发组织的小规模、低标准、低投入的围垦逐步走向由政府指导组织的大规模、高标准、高投入的围垦；由盲目无序的围垦逐步走向科学化、规范化和法制化的围垦；由单一投资体制逐步走向多元化投资体系，由资源利用随意化逐步走向宏观调控和优化配置。由管理服务分散化逐步走向综合一体化，由单一的开发利用模式逐步走向全方位、综合性、立体化的优化模式。由只考虑经济型围垦逐步走向兼顾生态和社会效益型围垦。总之，是一个由低级、快速、稳步向高级发展的过程。滩涂资源作为潜在的后备土地资源，为人类提供了赖以生存的广阔空间，科学合理地开发利用和保护，要坚持因地制宜、尊重自然规律全面统筹协调的原则，依靠先进适用的围垦工程技术开拓创新，瞄准前沿，跟踪国内外先进水平增强科学管理水平，按照生态环境相容性原则，在滩涂开发利用中注入生态的理念，实现"人涂"和谐相处，走"既能满足当代人需求、又不危及后代人生存"的可持续发展道路。

1.3　围垦工程分类

1.3.1　按照水域类别

按照围垦的水域类别，可以分为海涂围垦、围海造田等类型。海涂围垦，是指对沿海海涂进行围垦。大型的海涂围垦如浙江省温岭市的东海塘围垦工程。围海造田，是指对海湾浅滩进行围垦。如荷兰的弗莱福兰省大部分即是由围海造田而成。

1.3.2　按照工程规模

围垦工程根据其防护区内各类防护对象的规模和重要性划分为五等，实施中按表1.3-1的规定分析确定。如有特殊需要，经论证并报行业主管部门批准可适当提高或降低。中小型围垦工程，是指表1.3-1中Ⅲ、Ⅳ、Ⅴ等所设计的防护对象。

表 1.3－1   **围垦工程等别划分表**

防护对象	工程等别				
	Ⅰ	Ⅱ	Ⅲ	Ⅳ	Ⅴ
耕地（万亩）	≥100	<100，且≥30	<30，且≥5	<5，且≥1	<1
养殖、高新农业基地（万亩）	≥25	<25，且≥5	<5，且≥1	<1，且≥0.2	<0.2
城市、工业开发区　　重要性	特别重要	重要	中等	小型	—

注　1. 表中防护对象系指海堤工程溃堤后受到潮浪威胁需要加以保护的对象。
　　2. 如有多类防护对象，其工程等别按要求最高的确定。
　　3. 如工程同时满足同一等别内的 2～3 项指标，则经过论证其等别可提高一等。
　　4. 表中未包括的防护对象，其工程等别可参照该表进行类比分析确定。

围垦工程中的水工建筑物的级别，根据工程等别及其在工程中的重要性，按表 1.3－2 确定。本书中中小型围垦工程的水工建筑物按照表 1.3－2 中Ⅲ、Ⅳ、Ⅴ 等别确定。

表 1.3－2   **围垦工程水工建筑物级别划分表**

工程等别	永久性建筑物级别		临时性建筑物级别
	主要建筑物	次要建筑物	
Ⅰ	1	3	4
Ⅱ	2	3	4
Ⅲ	3	4	5
Ⅳ	4	5	5
Ⅴ	5	5	5

1.3.3　按照工程性质

（1）河口治江围垦工程。钱塘江河口经过多年的试验研究和工程实践，提出了"控制据点，乘淤围涂，以围代坝，治江与围涂相结合"的措施，在河道整治规划线内有计划地分片围涂。仅澉浦以上河口段围垦就达 7.53 万 hm²，并使杭州闸口到海宁新仓 67km 河段的河宽缩窄到规划堤线，促使河势稳定，出海航道也有所改善，获得了巨大的社会效益和经济效益，为强潮河口围垦提供了可贵的经验。

（2）高滩围垦。此类滩涂围垦工程的堤线涂面高程高于平均高水位，都是随着滩涂的不断淤涨，逐步向外筑堤。由于滩涂较高，露滩时间长，可人工就地取土筑堤，施工困难少。对于淤积型岸带，围垦后涂面会继续淤高，几年后又可进行围垦，浙江省台州浅滩就是如此。浙江省台州市椒江区、台州市路桥区从 1951 年七塘开始至今已筑至十塘。

（3）堵港围垦。堵港围垦工程常是为了改善当地的交通条件，缩短防潮防汛线路，缓解缺水矛盾而建设。虽然堵港围垦工程堤线相对较短，每米堤线围的面积大，但一般地基承载力低，技术复杂，施工难度大。浙江省象山县大塘港、宁波市胡陈港、温州市清江镇方江屿等工程就是如此。

（4）促淤围垦。为加快滩涂淤积须建促淤工程，使滩涂高程早日达到可围高程。平直岸带在低滩上用丁坝、顺坝、潜堤等促淤，如浙江省瑞安丁山、慈溪海皇山等工程；在岛屿间堵港促淤，若干年后就可进行连岛围垦，如漩门一期、仇家门等工程。

2 中小型围垦工程勘测

2.1 水文气象勘测

2.1.1 概述

围垦工程水文气象勘测应分阶段开展，宜划分为查勘、初步可行性研究、可行性研究、初步设计、施工图设计、建造和运行等阶段。围垦工程水文气象勘测的全过程，都应在建立的质量保证体系有效运行和严格的质量监控下进行。围垦工程水文气象勘测、分析、计算应坚持从实际情况出发，坚持安全第一、质量第一的原则，应对区域水文气象情势深入调查研究，重视区域水文气象规律的分析。围垦工程水文气象分析计算应以区域内水文气象观测与调查资料为主要依据，对所采用的水文气象资料应进行可靠性、一致性和代表性分析。各种计算的结果或分析判断的结论，均应对计算或分析过程中依据的基本资料、主要环节以及各种参数，结合当地具体条件和水文气象情势特性进行多方面的分析检查，论证其安全性、合理性。在围垦工程施工过程中和竣工后，应保持对区域水文气象情势的关注，如遭遇异常水文气象事件时，应及时赴现场查勘、搜集基本资料，判明原因，分析其对原提供的水文气象成果与结论在安全问题上的影响程度，必要时应修正水文气象设计参数与结论，并提出对策措施。

2.1.2　水文气象查勘

水文气象查勘是围垦工程水文气象勘测的基本途径，无论工程地点有无水文气象实测资料，均应开展查勘工作。

查勘前应根据工程任务，明确查勘的目的与要求，确定工作范围及内容，制定查勘内容，搜资清单。查勘工作应通过现场踏勘、调查访问、必要的测试及向有关单位搜集各种资料等方式，查清历史上与近期的有关水文气象要素定性与定量的变化特性，以及有关涉水规划情况。查勘的主要内容应包括洪水、淡水水源、工农（牧）业用水、河（湖、海）岸（床）的冲淤变化、泥石流、风暴潮、假潮、波浪、海啸、龙卷风、热带气旋、温带气旋、冰情、大风、暴雨、积雪、水工设施及其他对工程有影响项目的调查。

现场查勘应当场记录，并进行拍照、录音和摄像。对于口头介绍的应有旁证，对调查的水文气象要素变化痕迹与灾情等应有两人以上的现场指认。洪痕标志应明显、固定、可靠，具有真实性和代表性，对其应做好标记与测量。查勘资料应在现场整理分析并进行合理性检查，发现问题应及时复查纠正。查勘结束后应编写报告或说明书。

2.1.2.1　滨海及潮汐河口风暴潮、海啸、波浪查勘

风暴潮、海啸调查的内容应包括风力、风向、水位、地震、波浪、降雨情况、发生时间、过程以及建（构）筑物破坏情况。风暴潮查勘应搜集当地特大风暴潮或海啸的历史文献记载、当地风暴潮或海啸影响调查分析结果与报告。现场调查时指认风暴潮或海啸水痕位置，应有旁证，并应分析受到波浪影响而导致偏高的可能性。历史风暴潮或海啸的重现期应在历史文献与调查成果相互印证基础上分析确定。波浪查勘应搜集厂址附近的风况和波浪资料，调查历史上发生过的最大波浪情况，如波高、波向、发生时间、原因、持续时间、当时风况及波浪破坏情况等。波浪调查应选择在前方海面开阔，无岛屿、暗礁及沙洲的海岸段，同时应结合风况进行调查，判别波浪和风况的重现期、波浪的类

型等。

2.1.2.2 陆域洪水查勘

陆域洪水查勘应根据设计洪水计算的需要，搜集流域的自然地理概况、流域与河道的特征、暴雨与洪水的特性及其成因、流域与河道的现状与整治规划、水工建筑物运行资料。历史洪水应着重调查各次特大洪水发生的时间及相应的重现期、洪痕、洪水过程、断面冲淤变化与河床糙率有关的各项因素；调查洪水时的雨情、水情与灾情；同时还要查明洪水来源与成因，主流方向，漂流物，有无漫流、分流、决口、死水，以及流域自然条件与河道有无重大变化等情况。历史洪水调查可在工程点上下游进行，必要时，应在干支流或更大范围内进行。

调查河段应选择洪痕较多，河道比较顺直，河床较稳定，控制条件良好，没有较大的支流汇入，无回水、分流与壅水现象，河床质组成与岸边植被情况比较一致的河段。洪水发生时间的调查，应根据历史上的重大事件以及群众自身容易记忆的事件，结合搜集到的历史记载如地方志等，进行综合分析、判断确定。同一次洪水调查，在同一岸沿程至少应查得三个以上可靠或较可靠的、有代表性的洪痕点，以便各洪痕点高程的连线与本河段高水水面线以及河底线的坡度相对照，检查洪痕的合理性。平原地区洪水调查，应了解历史上内涝积水、溃堤破圩、蓄洪、滞洪、分洪的情况，了解河网、圩区的分布，了解各圩区之间、各河汊之间与主河道的联系及其水流流向。洪水调查的测量工作，应包括纵断面、横断面和洪痕点高程测量，必要时，应作河道简易地形测量。洪水查勘的水准测量往返闭合差：平原地区 $\pm 20\sqrt{K}$ mm；山区 $\pm 6\sqrt{n}$ mm（K 为往返测量所算得测段长度的平均千米数，n 为附合或环形路线的测站数）。

2.1.2.3 枯水查勘

枯水查勘应搜集流域水系图；流域及调查河段的地形图；流域干旱、枯水特性及其补给来源；有关历史文献、文物、枯水查勘报告；流域水利工程与工农（牧）业用水的现状及规划等资料。

历史枯水应调查各次特小枯水发生时间、成因、持续时间及相应的重现期，枯水位标志与水深、枯水（干旱）分布范围，枯水补给来源，枯水时的灾情与水流状况、干旱过程与连续干旱情况；人类活动的影响；河床质组成与断面情况，河床及河岸的冲刷淤积情况。历史枯水调查宜在枯水期进行，在非枯水期查勘的成果应在枯水期进行复查。调查追溯的年限不应少于 40 年。历史枯水上下游查勘的范围，应按查明枯水水情与推算枯水调查流量的需要而定，必要时应对相邻流域河流的特小枯水进行调查以供参照。枯水调查河段应选择枯痕易调查、河道较顺直、水流稳定、冲淤变化不大、控制良好及人类活动影响较小的河段进行。历史枯痕调查可在河流上一些水利、港口、交通部门永久性建筑物或设施、村民生活用水的固定河沿及渔民作业点附近进行。对发生及持续时间的调查应结合重大事件、群众自身容易记忆的事件，以及搜集到的历史记载（如地方志）等进行综合分析，判断确定。

调查历史枯水位应有两人以上的现场指认，同次枯水应查明三个以上的枯痕。枯痕可靠程度可按枯水发生是否亲身所见，叙述是否确切，旁证是否较多与确凿程度，枯痕标志是否固定、具体等分可靠、较可靠和供参考三级评定。枯水调查应查明补给来源，以及河床渗漏的分布范围与水量，必要时应进行观测。枯水调查的测量工作应包括枯痕高程与测时水面线，河底线与横断面测量，枯水期水位观测与流量测验等。岩溶地区的枯水调查，除应符合地表河流枯水调查要求外，尚应根据岩溶地区的特点进行。在流域岩溶发育强烈时，应在查勘范围进行沿河枯水流量测验，掌握沿程水量变化特点。岩溶地区枯水调查应着重落水洞、出水洞、河床渗漏的分布范围与水量，取水口枯期水源的组成部分及其来龙去脉，必要时应进行连通试验（如水位传递法、示踪剂法等）。其上下游查勘的范围应按伏流暗河区分布范围与推算枯水调查流量的需要而定，必要时还应对有关支流进行调查。对岩溶泉应调查其露头分布范围、水量与变化过程、主要补给区。泉水流量可按其水量大小采用相应的测试方法。

调查枯水流量宜采用两种以上方法推算，互相验证比较，合理确定。按调查历史枯水水位推算历史枯水流量时，可根据枯痕点分布及河段的水力特性等选用下列方法：①调查河段有实测流量资料时，可用水位流量关系低水延长法、上下游相关法或退水曲线法推算。②调查河段没有实测流量资料时，可用水文比拟法巡测流量，然后用低水延长法插补估算。枯水比降与糙率应根据实测资料分析确定。③在枯水调查河段下游如有急滩、卡口、石梁或堰闸等天然或人工控制断面，可采用相应的水力学公式推算。④模拟试验法确定水量。

2.1.2.4　水资源调查

水资源调查时，宜按水源性质分地表水资源和地下水资源进行。地表水资源调查应包括以下内容：降水、蒸发及地表径流等三水转换关系；地表水资源数量时空分布；过境水资源数量的统计；取水工程和供水量调查；用水量调查；环境用水调查；水质；人类活动对河川径流的影响。地下水资源调查应包括以下内容；浅层地下水（包括微咸水）和深层地下水的数量（储量）及其时空分布调查；地下水化学英型调查及其水质评价；地下水的开采利用及其分布状况；地下水超采等引起的地质灾害等生态环境问题调查。

水资源污染状况调查应包括污染源及分布、地表水资源质量现状、地下水资源质量现状、水资源质量变化趋势等。

水利工程设施调查应包括以下内容：防洪保安工程（海塘、防汛墙）的数量、分布和防御标准；排水除涝工程的数最、分布和设施能力；供水灌溉工程（自来水厂、水源水库、灌溉泵站）的数量、分布和设施能力；资源调度工程（水闸、调水泵站）的数量、分布和设施能力。

用水量应根据用水性质分工业用水、农（牧）业用水、生活用水三类，按现状和规划情况进行调查。调查应包括如下内容：

（1）工业用水。①工厂类别、规模及发展情况，水源地、取水设施、取水能力、取水地点与取水口高程、取水时间、用水定额与设计标准，月、年最大及平均用水量，用水量的地表水与地下水比例，重复利用系数，跨流域引水情况。②月、年最大及平均净耗水量。③月、年最大及平均排水量，排水口地点与排放水量，排水时间，主要排水路径。

（2）农（牧）业用水。①农业灌区位置及分布范围，灌区作物类别、组成及布局，灌溉制度、灌水方式、复种指数，灌溉面积、水田与旱地面积，农灌保证率、灌溉定额、毛灌定额、净灌定额、灌溉水源地、引（提）水设施、设计能力，引（提）水地点与取水口高程、最低取水位、引（提）水时间与水量，月、年最大及平均用水量；②农灌回归水流出地点、回归时间与回归水量、月分配系数，灌溉回归系数、渠系利用系数，月、年最大及平均回归水量；③牧区人口数、牧区面积与范围、牧区牲畜数、用水标准、水源地、取水方式、设施及取水能力，牧区月、年最大及平均用水量。

（3）生活用水。①人口数（总人口、城镇人口、农业人口），设计用才标准。②月、年最大及平均用水量。

城市中水调查应包括城市污水处理情况，污水处理厂程置、规模、现状及规划，污水收集及排放情况，水质分析报告等

人类活动的调查内容应包括河（航）道整治，水库、堤坝水闸、引（分）水工程，采矿、采石等。人类活动对河川径流的影响应调查人类活动对水文特征变化规律的影响。

2.1.2.5 泥沙及岸滩稳定性查勘

泥沙及河（海）岸滩演变查勘应符合下列要求：搜集资料应包括工程位置附近的各种地形图、航空照片、卫星图像、历史文献记载、泥沙资料、河（海）岸滩演变分析研究成果。调查应包括泥沙来源、河（海）岸滩的地貌特征、地质条件、水文古地理和历史的河（海）岸滩的变迁。判别工程位置的河（海）岸滩的稳定性时，应注意由于工程措施或风暴潮（洪水）所引起突发性

的短期的不稳定。人类活动的调查内容应包括河（航）道整治、水库、堤坝、水闸、引（分）水、海港工程，采矿、采石、取土等。当人类活动对河（海）岸滩的稳定性影响明显时，应进行水下地形监测和水文测验。

2.1.2.6　冰情查勘

冰情应按河流、湖泊（水库）、滨海（河口）等水体特点进行查勘，其中河流冰情查勘内容应包括：初冰、春季及秋季流冰、封冻、开河及终冰的最早及最晚日期、流冰期、封冻期的一般及最长天数、工程地点附近流冰期一般及最大流冰块尺寸、流速、最高流冰水位、封冻期岸冰最大冰厚及宽度、冰层厚度及发生日期、有效水深、连底冻起讫时间、冰上流水、冰上积雪及水内冰生成情况；解冰开河的形式及其出现几率、设计河段冰塞、冰坝发生日期、地点、规模和灾情、最高壅水位及影响距离，上下游水电站或水库冰期的运行方式对设计河段冰情的影响。

湖泊（水库）冰情查勘内容应包括：初冰、浮冰、岸冰、终冰的最早、最晚的出现日期、浮冰及岸冰持续天数、风浪作用下浮冰尺寸、浮冰流方向及其对岸边的影响、最高浮冰水位、流冰花及冰花漂流情况、湖（库）岸冰最大及一般厚度与宽度、最大堆积高度、河流入湖口及水库回水末端冰塞、冰坝的发生规模、影响范围、最高塞冰水位。

滨海（河口）冰情查勘内容应包括：初冰、流冰、沿岸冰、终冰的最早、最晚日期，流冰、岸冰的持续时间，工程地点附近最大及一般流冰块的尺寸、流速、漂浮方向，岸冰厚度、宽度、堆积高度。感潮河段应调查冰层双向移动情况。

对工程地点及其附近可能产生冰塞、冰坝的水域应进行重点调查或专题调查。

当工程所在地区冰情资料短缺时，可移用邻近站的冰情资料，或参照邻近地区已建工程兴建前后冰情变化并结合现场调查进行推算，或进行一个冬春冰情观测，与邻近站长期观测资料分析比较，换算设计区域的冰情特征。

2.1.2.7　极端气象现象查勘

极端气象现象应包括热带气旋、温带气旋及寒潮大风、龙卷风、沙暴、暴风雪、雷暴、闪电、冰雹、飑线风等。极端气象现象查勘应广泛搜集气象报表、天气图、气象年鉴、台风年鉴、气候年鉴、县志、民政和历史档案等当地汇编的系统数据以及影像、媒体报导等资料，并应对区域内造成严重灾害和近期发生的造成灾害的极端气象现象进行现场调查。调查内容应包括灾害发生过程、当时天气变化过程、气象要素极值等。极端气象现象的调查，应根据历史上的重大事件以及群众自身容易记忆的事件，结合搜集到的历史记载如地方志等，进行综合分析、判断确定。

极端气象现象调查中，热带气旋调查范围应以工程地点为中心，半径 300～400km 区域内所有已知的热带气旋。龙卷风的调查范围应以工程地点为中心，经度宽为 3 度、纬度宽为 3 度的区域。其他极端气象现象应以工程地点为中心，在 100～200km 范围内进行调查。

热带气旋应收集起讫时间、路径、历年最小中心气压、历年最大风速及相应风向。有条件时还应收集热带气旋下列有关参数：沿地面风的水平剖面、风眼的形状和大小；风眼内的温度和湿度的垂直廓线；风眼上空对流层顶的特征、海面温度等。龙卷风应收集起讫时间、起讫地点、灾情、路径长度与宽度、最大破坏半径、平移速度、最大风速、旋转风速、气压降、气压降速率、大气压力、飞射物种类、袭击区域的灾情描述、风力、现场破坏景象。

2.1.3　设计基准洪水

2.1.3.1　概述

设计基准洪水包括水位、洪水过程及其流态。设计基准洪水应选用非常低的年超越概率，并应为在此低概率水平下所有严重洪水，包括严重洪水事件的合理组合引起的洪水。设计基准洪水分析计算应收集厂址沿岸区域内发生过的洪水事件、出现频率以及严重程度的历史资料,应深入鉴别其可靠性、正确性和完整性。缺乏资料时应建立合适的水文气象模型,或可采用其他相似区域的数据。设计基准洪水应采用确定论法和概率论法,并将两种方法分析计算的结果互为校验,结合具体厂址特征与工程判断综合分析,确定围垦工程的设计基准洪水。对滨海围垦工程应考虑可能影响厂址的各种严重洪水事件、基准水位、风浪作用等的不利组合;对滨河围垦工程应考虑可能最大洪水和溃坝洪水的不利组合。

2.1.3.2 天文潮高水位

潮汐调和常数应采用厂址附近一整年以上的潮汐逐时观测资料推求,资料系列短于一整年的,可通过同步相关延长。分潮总数宜在 116 个以上,在没有河流汇入的地方不宜少于 63 个分潮。天文潮过程应根据推求的各分潮调和常数,推算各个分潮的潮面变化,预报(后报)出不少于 19 年的逐时天文潮过程。天文潮最高水位确定,宜对预报出的不少于 19 年的逐时天文潮过程,挑选出天文潮最高水位;也可根据连续 19 年的这些天文潮数据统计 10% 超越概率天文高水位,即采用连续 19 年的月最高天文水位系列统计得到 10% 超越概率的高水位。

2.1.3.3 海平面异常

基准水位应分析在围垦工程设计水平年内海平面异常的影响,海平面异常应考虑相对海平面变化。海平面异常可通过 30 年以上潮汐记录和预报天文水位对比分析海平面的变化来预测。选择分析研究海平面异常的水位代表站,应避免选择受大陆径流、人类活动影响的观测站。海平面异常应综合考虑实测资料分析计算结果和有关研究成果,确定工程海域的海平面年变化率。依据厂址海平面变化率,应推算工程在设计水平年内,未来海平面变化趋势和相对海平面变化幅度。

2.1.3.4 风暴潮增水

滨海厂址的设计基准洪水应考虑可能较大风攀潮引起的洪

水，应根据厂址的地理位置、气候特征和历史水文气象条件，分析风暴潮成因，确定风暴潮类型。可能最大风暴潮增水应用确定论法和概率论法两种方法进行计算，并将两种方法的计算结果进行分析比较和论证后确定选用。

风暴增水过程和最大增水值，应收集厂址附近海域水位站长系列的实测水位资料，经调和分析推算出逐时天文水位过程线，与实测水位过程分析比较后确定。概率论法应统计厂址水位参证站同一风暴类型的年最大增水系列，也可借用历史台风年鉴资料和风暴潮模型数值计算来获取厂址处长系列增水系列，即根据经验证的模型，对照历次增水天气过程模拟计算，得到厂址年最大增水系列。频率计算应至少采用两种不同的方法，推求频率1%、0.1%、0.01%的风暴潮增水，以及对应的置信区间；经分析比较，选用合理的计算结果。概率论法的增水计算系列应在30年以上，并尽可能延长资料的系列。无论实测资料系列的长短，均应进行风暴潮历史洪水的调查和考证工作，以增加系列的代表性。风暴潮增水计算应分析历史资料系列中风暴潮的天气系统，了解掌握热带气旋、温带气旋的类型、时间、强度、移动路径和登陆地点等，并与天文水位和风暴潮增水过程进行综合分析。厂址处的风暴潮增水应通过相关法，将参证站风暴潮增水计算结果推算至厂址处。

确定论法计算最大风暴潮增水应采用经过验证的二维数学模型来推算，计算域应根据风暴潮类型确定。热带气旋风暴潮数值计算应给出网格点的气压值和风应力值。台风域中的风场应由两个矢量场迭加而成。一是相对台风中心对称的风场，其风矢量穿过等压线指向左方，流入角可取为15°或20°，风速与梯度风成比例；二是基本风场，假定其速度取决于台风移速。气压场和风场应结合实测风速进行验证和修正。温带气旋风暴潮数值计算风场可采用随时间变化的均匀风场。风暴潮数学模型应根据实测风暴潮资料，模拟复演历史上出现的风暴潮增水过程，验证数学模型的正确性，并进行风暴参数敏感性分析，修正风暴和其他有关参数。可能最大风暴潮增水确定应通过假定一组极大化的、在厂区范围内可能出现的风暴类型，当该风暴移置到某位置时各种风暴气象参数的组合结果，使在厂址处出现最大的风暴潮增水。

2.1.3.5 假潮增水

当工程位于封闭或半封闭水体岸边时，应评价水体发生假潮的可能性。当工程所在地区有长期的实测水位和相应的有关资料时，可能最大假潮应采用概率论法和确定论法计算，并应将这两种方法的计算成果进行分析比较和论证后确定。

评价假潮的主要参数包括振幅、周期，应分析假潮发生的原因、发生的频率和季节变化。计算可能最大假潮增水可采用假潮数值模型，按下列步骤计算：①选择几个典型假潮过程，分析每个个例假潮产生的环境背景，确定假潮的外在驱动力，检验数值模型的可靠性。②利用假潮数值模型，对历史上每年可能产生大假潮的环境背景进行假潮模拟计算，求得年假潮极值系列，推算多年一遇假潮。③选择可能在厂址产生最大假潮的强迫力参数，计算可能最大假潮增水。④将②、③的计算结果进行对比分析，合理保守地确定可能最大假潮增水。

2.1.3.6 海啸增水

对于滨海围垦工程，应评价工程所在区域潜在海啸影响工程安全的可能性。海啸影响可根据附近验潮站的实测水位（水位）过程线，对照近代海啸的有关资料分析。

对受海啸影响严重的区域，应按可能最大海啸或湖涌为主要组合事件，确定设计基准洪水位时，会同地震地质专业人员，确定潜在地震海啸的工作区范围，预测可能对厂址造成最严重影响的多个地震海啸源，并确定潜在地震海啸源的有关参数，如震级、地层的最大垂直位移、震源的长度和宽度（海啸源的面积）、震源的深度、方位和形状、海啸源的主轴方位角等。通过分析水位上涨高度、水位记录和海啸观测报告之类的历史资料及其造成的损害，评价海啸数值模拟计算方法的正确性。根据海啸数值模拟，计算由地震海啸引起的海面的升、降可能最大值。

滑坡、冰坍塌、海底沉陷和火山喷发都是引起海啸的次要原因，可在数值模型中输入质量位移和边界条件等信息，模拟海啸的产生和传播。

2.1.3.7 径流洪水

受径流洪水影响的围垦区域的设计基准洪水，应根据地理位置、气候特征和历史水文气象条件，确定可能最大洪水的成因和类型。设计基准洪水考虑径流洪水时应以可能最大洪水为设计基准。可能最大洪水应采用确定论法和概率论法两种方法进行计算。概率论法应推求万年一遇重现期的洪水。两种方法的计算成果应进行分析比较论证后确定选用。确定论法推求可能最大洪水，应先确定可能最大暴雨参数，再采用经过验证的降雨径流模型、洪水演算模型计算洪水。暴雨位置应按产生最大径流量或洪峰水位都是最不利的原则确定。确定论法计算可能最大洪水时，应考虑河流冲淤引起河床糙率的变化，桥梁、冰堵、破堤等可能改变河床断面的情况对洪水的影响。

在受融雪显著影响的流域内，可能最大洪水计算应考虑降雨和融雪事件的组合达到最大值的情况。概率论法计算的洪水资料系列应在 30 年以上，资料短缺的应尽可能延长洪水资料系列。无论实测资料系列的长短，均应进行历史洪水的调查和考证工作，以增加系列的代表性。实测洪水资料短缺时，可取用暴雨资料来计算，或移置邻近流域条件相似的洪水或暴雨资料来分析计算。暴雨资料短缺时，可通过地区暴雨等值线图查算。

2.1.3.8 溃坝洪水

当围垦工程能够安全地承受保守的估计一个或多个上游挡水构筑物大规模失效产生溃坝洪水的，则可不对这些挡水构筑物溃坝洪水作进一步的分析；当围垦工程不能安全地承受一个或多个上游挡水构筑物大规模失效而产生的所有影响，则应对溃坝洪水进行分析计算，或者应依据用于确定核设施有关危害的等效方法来分析这些上游挡水构筑物，以说明这些挡水构筑物能够经受相应事件。

溃坝洪水应根据不同溃坝的原因确定计算条件。上游挡水构筑物在干流上串联或在干支流上并联时，应考虑厂址处洪水组合的最高水位。考虑溃坝影响时，水库坝体溃决的可能方式应按坝体的材料性质、结构性能及荷载性质等条件拟定。下游初始水位可按发生设计洪水时的最大下泄流量确定，对土坝可假定瞬时溃坝及整体溃决。溃坝洪水位计算应考虑洪水期河床的冲淤变化对水位的影响。

2.1.3.9 波浪的影响

当工程濒临开敞海域、封闭和半封闭水体时，应根据厂址的地理位置、水文气象条件，确定波浪的类型，分析波浪对厂址影响。

工程附近有系列不少于 30 年的波浪实测资料时，应结合波浪调查资料，用概率论法推算设计频率的波浪，并考虑近岸波浪浅水变形计算，推求工程位置处设计波浪。如工程点所在位臂或其附近没有较长期的波浪实测资料，可按下列方法进行设计波浪要素计算：①工程点至对岸距离小于 100km 时，可按其至对岸距离和与设计波浪重现期对应的某一方向同重现期风速值，查算风浪要素计算图表或采用数值计算模式，计算出重现期的波浪要素。由此计算的结果应与短期测波资料和用短期测波资料推算的结果验证和对比分析，最终确定设计波浪。②工程点至对岸距离大于 100km 时，可选择各方向每年最不利的天气过程，采用经实测资料验证的方法计算深水处波浪要素的年最大值，组成波浪样本系列进行频率分析计算，并与短期测波资料推算的结果进行对比分析，最终确定深水设计波浪。然后据此采用近岸波浪浅水变形计算工程点设计波浪。

可能最大波浪应按下列方法进行计算：①产生波浪的风场，可考虑按类似发生风暴潮的那种风暴类型来确定风场。②根据选定的风场估算深水波浪要素，选择合适的波浪模型。③根据深水波和水下地形，进行近岸波浪浅水变形计算。根据计算，绘制厂址近岸处有效波高及其波周期、百分之一波和极限破碎波高以及最高静水位的时程图。设计采用的近岸波临界值，应通过对入射深水波、过渡区水波与浅水波以及极限破碎波的不同波高时程进行比较分析来确定，并应考虑到风暴潮的静水位过程。

2.1.3.10 潜在自然因素引发的洪水

对于冰堵及冰坝，应分析溃决形成洪水对设计基准洪水的影响。对于滑坡或雪崩，应分析以下情况对洪水的影响：土、岩石、雪或冰突然进入水体，在进入部位水体的上、下游引发波浪产生的洪水，并应分析滑坡或雪崩诱发下游水库溃坝的可能性；堵成一临时坝，回水作用引起上游洪水；临时坝冲毁引起下游洪水。当存在漂木或漂浮物时，应分析造成河道窦塞对洪水的影响。当存在河道变迁可能时，对洪水影响可按下列情况分析：①河流的裁弯取直，导致取直地段及临近河段的河床遭受冲刷和下游河段淤积，从而改变厂址洪。②流域分水岭的侵蚀、地震作用或洪水漫溢等原因引起改道，导致厂址以上集水面积的改变，从而改变厂址洪水。③河床逐年自然淤积，提高洪水水位和延长洪水持续时间。

2.1.3.11 人类活动对洪水的影响

当人类活动的影响使设计流域内产流、汇流条件有明显改变时，应分析其对设计基准洪水的影响。当人类活动的影响在流域面上分布不均匀时，可分区计算其对设计基准洪水的影响。人类活动对洪水影响的分析，应以对洪水有较大影响的已建和在建工程措施为主，并应考虑其在围垦工程寿期内的发展规划的影响。

2.1.3.12 小流域暴雨洪水和内涝

围垦工程小流域暴雨洪水概率论法应推求频率1%、0.1%，必要时，应推求频率0.1%～0.01%和可能最大洪水（PMF）。小流域暴雨洪水包括洪峰流量、洪水总量及洪水过程线，可按工程设计要求计算其全部或部分内容。根据暴雨资料推求小流域暴雨洪水，暴雨计算内容应包括设计流域各种历时面平均暴雨量、流域暴雨量的频率计算、可能最大暴雨、不同历时的设计暴雨量和基雨时程分配等。产流和汇流计算应根据设计流域的暴雨洪水特点、流域特征和资料情况选用不同的方法。产流计算可采用扣损法、地区综合的暴雨径流关系或损失参数等计算产流量和净雨过程，汇流计算可采用推理公式、单位线和地区经验公式等方法。对于特小流域，可采用推理公式等方法计算。资料短缺时，设计洪水可采用经审批的暴雨径流图表查算，但应搜集当地或邻近地区发生的大暴雨洪水资料，对查算的产汇流参数进行合理性检查，必要时可对参数作适当的修正。

洪水汇流参数应根据小流域或特小流域下垫面的自然地理特性确定。小流域或特小流域暴雨洪水计算中的流域地形特征参数，应确保量测精度，选择适当比例尺的地形图。设计洪峰流量确定后，如工程需要，可依据设计暴雨时程分配，采用概化方法等推求洪水过程线。推求小流域暴雨洪水设计成果，应与本地区或相邻流域实测和调查的特大洪水以及其他工程的设计洪水成果进行对比分析，检查其合理性。

围垦工程位于内涝地区时，应分析内涝的影响，并计算频率1%、0.1%，必要时，应推求频率0.1%～0.01%和可能最高内涝水位。水利化地区工程点内涝水位可采用设计暴雨及可能最大降雨资料推算，并以水利化后实测较大洪水和相应雨量资料进行校核。当采用上下游水文站实测成果推求时，应考虑分洪、蓄洪、滞洪、溃堤、破圩等的影响。因溃堤、破圩造成相邻流域和各汇水区的串通时，应对各串通流域进行统一的洪涝分析计算。

当圩区内有泵站或水闸向外江（外海）抽排时，应选择近几年圩区内与较高积水年份相应的实际降雨的抽排能力，用拟定的方法和原则求算其积水位，并与实际调查的积水位相验证，在此基础上推算内涝积水位。当圩区较大，形成一片河网时，应采用河网水流数学模型进行计算。当工程点受下游人工建筑物或江、河、湖泊的回水顶托时，应计算回水曲线推求设计洪水位，并应充分考虑泥沙淤积的影响。

滞洪区最高水位的确定，应根据分洪和泄洪的方式不同，分别采用不同方法进行计算。滞洪区不能同时分洪、泄洪时，应根据分洪总量查滞洪区水位—容积曲线，即得滞洪区最高洪水位；滞洪区为常年积水的洼地或湖泊时，还需考虑原有的积水容积；滞洪区边分洪、边滞洪时，应根据分洪流量进行滞洪区调蓄计算确定。在两岸堤防设计标准较低，易于溃堤的平原地区，根据溃堤后历史洪水位的调查，结合目前河道治理情况，进行分析确定设计洪水位；若溃堤后的两岸洪水泛滥区边界能确定时，可根据泛滥区大断面，以及滩槽糙率，确定设计洪水流量来推求设计洪水位；若溃堤后的两岸洪水泛滥区边界难以确定时，可根据堤防标高、上下游行洪情况、历史溃堤情况，结合暴雨重现期调查，通过分析论证确定。

2.1.3.13 洪水事件的组合分析

洪水事件的组合分析应结合围垦区域的自然地理条件和大量的工程判断，首先考虑那些会对围垦工程造成严重影响且出现概率不是很低的单个事件，进而考虑单个事件同时发生的可能性。

对于滨河围垦工程，应分析单个事件和可能的事件组合及其相应的外界条件：由降雨产生的可能最大洪水；可能最大降雨引起的上游水库溃坝；可能最大降雨引起上游水库溃坝和可能最大降雨引起的区间洪水相遇；可能最大积雪与频率1%的雪季降雨相遇；频率1%的积雪与雪季的可能最大降雨相遇；由相当SL-1级（运行基准地震）引起的溃坝与1/2可能最大降雨引起的洪峰相遇；由相当SL-2级（安全停堆地震）引起的溃坝与频率4%的洪峰相遇；频率1%的冰堵与相应季节的可能最大洪水相遇；上游水坝因操作失误开启所有闸门与由1/2可能最大降雨引起的洪峰相遇；上游水坝因操作失误开启所有泄水底孔与由1/2可能最大降雨引起的洪峰相遇。

对于滨海围垦工程，应分析下列洪水起因事件和基准水位的最可能组合：可能最大风暴潮；与可能最大风暴潮相应的波浪影响；最大天文潮或10%超越概率天文高水位；河流20年一遇重现期洪水；围垦工程寿期内平均海面的升高。

当结合自然地理条件和工程判断不能明确确定哪个单个事件或可能的事件组合将形成最严重洪水时，应对可能形成严重洪水的多种可能组合，分别进行分析计算，选其中的最大值，作为设计基准洪水。

2.1.3.14 洪水安全分析

洪水安全应分析洪水静态或动态的作用，或两种作用的组合对围垦工程的影响，并提出围垦工程防御设计基准洪水的措施或建议。洪水安全应分析设计基准洪水的输冰、输沙、杂物和洪水引起的冲刷和淤积对围垦工程安全的影响。围垦工程建筑物、构筑物的场地设计标高，应不低于设计基准洪水位；当不能满足时，应建造永久性的外部屏障，如防洪堤、防浪堤等，且此屏障应作为核安全重要物项。外部屏障堤顶标高应按设计基准洪水位加 0.5m 的安全超高确定。外部屏障堤顶标高不能满足要求时，应考虑排除越浪的措施，但堤顶标高不得低于水位加波高的 0.6 倍。围垦工程附近岸滩的稳定性以及围垦工程对岸滩稳定性的影响应应着重分析岸滩的长期稳定和严重风暴（包括持续时间较长的风暴）及洪水对岸滩和围垦工程构筑物的侵蚀影响。

2.1.4 设计基准低水位

2.1.4.1 天文潮低水位

分析确定围垦工程整个寿期内与安全有关的最低水位和最低水位的持续时间，以及挡水建筑物破坏的可能性，计算设计基准低水位。推求设计基准低水位应采用确定论法及概率论法，并将两种成果综合论证分析确定。如有海啸影响时，应将海啸减水与天文最低水位、波浪作用的不利组合推算设计基准低水位。天文低水位应采用连续 19 年的月最低天文水位系列统计得到 90% 超越概率天文低水位，也可采用 19 年最低天文潮。天文潮应采用实测 1 年以上水位资料调和分析，计算得出潮汐调和常数，从而预报出天文潮。

2.1.4.2 减水

减水主要有风暴潮减水、假潮减水、海啸减水等。

（1）风暴潮减水。滨海围垦工程的设计基准低水位应分析风暴潮引起的减水。风暴潮减水应采用确定论法与概率论法两种方法分别计算，计算结果经分析比较论证后确定。

（2）假潮减水。当围垦工程以封闭或半封闭水体作水源时，应对水体发生假潮减水的可能性做出评价。可能最大假潮减水分析计算可参照假潮增水计算。当附近地区有长期的水位（水位）过程和相应的有关资料时，应用概率论法和确定论法确定可能最大假潮的振幅，计算结果经分析比较论证后确定。

（3）海啸减水。根据附近地区实测水位及有关资料分析评价围垦工程所在区域潜在海啸减水影响的可能性。对受海啸减水影响严重的围垦工程，应按可能最大海啸（湖涌）为主的组合事件确定设计基准低水位。可能最大海啸减水的分析计算可参照海啸增水计算。

2.1.4.3　影响设计基准低水位的因素

影响设计基准低水位的因素有波浪、河流、水库和湖泊等。

（1）波浪的影响。当取水口位于开敞海域、封闭和半封闭水体时，应根据地理位置、水文气象条件，分析波浪对取水低水位的影响。波浪影响应计算风暴潮减水、潮汐过程中的取水口附近波浪要素时程图，合理确定风暴作用下的低水位。

（2）河流、水库、湖泊的影响。以河流、水库、湖泊为水源时，应根据水源地的地理位置、气候特征和历史水文气象条件，确定枯水成因和类型。可能最枯流量和水位可采用概率论法计算。概率论法计算的资料系列应在 30 年以上，资料短缺的应尽可能延长资料系列。无论实测资料系列的长短，均应进行历史枯水的调查和考证工作，以增加系列的代表性，推算出各种保证率的枯水流量和水位。如存在洪水、地震引起溃坝、溃堤导致蓄水功能丧失条件下流量和水位的降低可能，且可能低于最枯流量和水位时，应分析溃坝、溃堤的影响，并分析计算最低水位。

2.1.4.4　枯水

（1）潜在自然因素引发的枯水。当存在漂木、漂浮物或冰堵

（冰坝）可能时，应分析其对下游的枯水流量和枯水位的影响。土、岩石、雪或冰突然进入水体，可能诱发下游水库溃坝，进而形成枯水，以及由此形成的临时坝冲毁，应分析引起下游枯水对围垦工程枯水位的影响。当存在河道变迁可能时，对厂址枯水影响应按下列情况分析：由于河流裁弯取直，将导致取直地段及其附近河段的河床遭受冲刷，可能降低枯水位；由于相邻流域分水岭的侵蚀，导致厂址以上集水面积减小，形成厂址枯水的变化；由于河床逐年自然冲刷，对枯水位降低的影响；由于河流主流线变化，导致枯水流量在断面上的重新分配，对枯水带来的影响。

（2）枯水事件的组合。枯水事件的组合应根据围垦工程厂址所在地区的水文地理特性，分析可能发生枯水的不同成因，结合工程判断、决定它们的起因事件和可能组合。对于滨河围垦工程，应分析下列各种成因的枯水及其可能的组合：可能最小枯水；河流阻塞或改道；由各种因素引起的挡水建筑物的破坏和可能最小枯水相遇；水库放空、泄水闸门不能开启和可能最小枯水相遇；两年一遇的波浪；其他特殊的枯水起因事件。对于滨海围垦工程，应分析低水极端事件和基准水位的可能组合：可能最大风暴潮减水；与可能最大风暴潮减水相应的波浪；最低天文水位或90％超越概率天文低水位。当结合自然地理条件和工程判断不能明确确定哪个单个事件或可能的事件组合将形成最严重枯水时，应对可能形成严重枯水的多种可能组合，分别进行分析计算，选其中的最小值，作为厂址的设计基准低水位。

2.1.5　泥沙与岸滩稳定性

2.1.5.1　概述

滨河、滨海围垦工程河（海）床演变，应综合分析设计岸段、工程水域深槽演变的周期性与非周期性变化、年内、年际冲淤变化，水流及河（海）床的自动调整作用，天然演变与人类活动影响的演变等各个方面，预测设计岸段和工程区的围垦工程寿期50年内岸滩、深槽稳定性，评价涉水工程对河（海）床稳定性的影响。河（海）床演变应充分利用各种地形图、观测与调查资料，运用岸滩及深槽演变的基本规律，结合设计岸段水文泥沙因素的变化，选用多种途径进行稳定性分析。设计岸段的泥沙和岸滩稳定性分析应包括如下内容：泥沙的来源、数量和特性；来水来沙组成、年际及年内变化过；工程水域水流泥沙运动特征、河势变化特征；工程水域的河（海）床（岸）泥沙组成特性、河（海）床和岸线冲淤幅度和趋势；人类活动及水工构筑物等对岸滩演变的影响。

2.1.5.2 泥沙特性

围垦工程水域泥沙特性应通过查勘、泥沙资料的搜集、遥感和水文泥沙测验等，分析工程设计河段（海域）的泥沙来源、泥沙组成、泥沙的输移特性、洪枯季（大、中、小潮）垂线平均含沙量、含沙量的垂线分布和悬沙、底沙的颗粒级配曲线、多年平均含沙量、最大含沙量、年输沙量、含沙量年内和年际的变化、输沙量典型年年内分配和含沙量过程线等。

根据设计河段（海域）的泥沙特性并结合有关影响因素，泥沙沉降速度可选用泥沙沉速公式计算，也可通过现场试验求得。泥沙起动流速公式的选用应结合工程地点河段的泥沙特性或通过水槽试验确定。悬移质泥沙级配曲线中的造床泥沙与非造床泥沙，可根据河床质级配曲线的粒径来划分，或以级配曲线上拐点处作界限粒径。在悬移质级配曲线上可定出造床泥沙与非造床泥沙的组成百分数。选用悬沙和底沙的水流挟沙能力公式，应分析公式制定所依据的水力泥沙资料的范围和对设计河段水流泥沙特性的适用性。选用悬沙挟沙公式还应注意造床泥沙、非造床泥沙及全沙含沙量的应用范围，并宜选用两种以上的方法相互印证，并用当地实测水力泥沙资料验证所选用的公式。

高含沙水流（浮泥）、浑水异重流，应从形成及运动的水力条件，通过原体观测、数学模型、水工物理模型试验或几种途径结合进行分析。

2.1.5.3 水流、泥沙运动的分析计算及模拟

围垦工程设计河段（海域）的水流状况应通过水文泥沙测验

资料获得。水文泥沙测验应根据工程设计和数模计算要求进行，提供工程点和近岸水流的流态和水流的基本特点，包括河流洪、枯季（海流为大、中、小潮）的平均流速、最大流速和最大可能流速、最小流速；流向及其季节变化；流速的垂线分布，流速过程线等。工程区河段（海域）的水流泥沙运动宜通过数学模型模拟。水流泥沙数学模型应经过水文泥沙测验资料验证，计算区域、计算过界条件、网格大小、计算精度等，应根据工程岸段（海域）的水流泥沙特性和工程设计的要求确定。人类活动和附近水工构筑物建造后对近岸流场的影响，宜采用数学模拟或物模试验进行预测。河口或海域的水流应分析计算余流场的流速、流向及其时空变化。

2.1.5.4　设计岸段河床演变

河床演变分析应搜集各种地形图、航卫片、水文年鉴、水力泥沙因子的观测成果、流域查勘及地质报告、历史文献以及有关河势的分析研究报告、水工构筑物设计运行等基本资料。对观测资料的代表性、可靠性应进行审查与考证分析，对各种地形图应作统一比例尺和基面换算的校正。河床演变应从纵向变形与平面横向变形两个方面进行分析，同时应分别分析历史演变、近期演变以及人类活动的影响。

设计河段来水来沙特性，可通过平面流态图、流速与含沙量断面分布图、垂线平均流速与含沙量平面分布图、床沙代表粒径平面分布图、含沙量与流量关系线以及一次洪水过程洪峰与沙峰的对应分析等途径进行。设计河段的河床边界组成的特性，可根据河道大断面图、河谷地貌图、地质剖面图、钻孔柱状图以及床沙粒径组成分析等途径进行。设计河段河床演变分析应采用各种途径、多种方法比较，相互印证。根据工程设计要求、资料情况及河道特性。对设计河段进行野外踏勘、调查和水下地形测量；利用多年新老水下地形图进行套绘对比；利用遥感、航卫片资料结合河流动力地貌特性分析判断；利用浅层剖面仪进行浅地层探测、沉积物沉积相分析和放射性同位素年代测定等手段的动力沉积学方法；各种数学模型数值模拟计算；河工物理模型试验。设计河段的河床演变分析过程中应对人类活动、河道中水工构筑物的现状及规划和天然障碍物进行实地调查，结合资料分析，估计其影响程度与范围。

河床演变分析应在天然河流类型共性变化的基础上，综合各方面资料对特定类型河流的演变特性进行具体分析，并应注意分析来水来沙条件及河床边界条件发生变化后河型的可能转化。取排水口河床稳定性，应在设计河段河床演变特性全面分析的基础上，定量分析围垦工程寿期内取排水日附近河床冲淤变化。湖泊、水库的岸滩稳定性分析可参照河床演变有关规定执行，并注意分析其演变的特点。

2.1.5.5 设计岸段海床演变

围垦工程海床演变应按工程布置，海床泥沙运动特点及水文泥沙资料情况，采用调查访问、现场冲淤观测实验、岸滩动力地貌形态特征查勘、海洋水文泥沙观测、遥感技术应用以及水下地形测量、历史海图对比、数学模型数值模拟分析、海岸与河口物理模型试验等途径，并参照河床演变的有关分析方法进行多种途径综合分析比较。河口及海床冲淤分析应具有气象、海洋与河口水文、地形及地貌、地质地震、泥沙特性以及人类活动影响等资料。海床冲淤变化趋势的预测，应在分析区域泥沙来源、岸段泥沙特性、岸段波浪或波浪破碎区以内的沿岸流输沙和输沙动力因素强弱对比、余流大小与方向、纵向与横向泥沙的运移型式，速度和数量大小的基础上进行；同时应分析作用时间长的严重风暴及邻近现有与规划的水工及港工建筑物对海床演变的输沙影响。

工程岸段沿岸流输沙方向、输沙率的沿程变化以及沿岸输沙带宽度随时间的变化，可通过以下方面进行分析：根据水下地形冲淤、低潮岸线涨退、沿岸的地形演变以及海堤走向与位置的变迁等，分析泥沙运移方向及岸线冲淤变化速率；根据邻近现有水工及港工建筑物的拦沙和进港航道的淤积情况，对比分析沿岸输沙方向和输沙量大小；根据河口及潮汐口门（如泻湖通道）的岸滩形态变化，口门处深槽的演变等来判断沿岸输沙方向；根据岸滩的动力地貌形态特征、沿岸组成物质的粒径变化以及重矿物分布特征，判断泥沙来源和移动方向；应用波浪折射图，用波浪能量的沿岸分量分析计算沿岸输沙率；从波浪破碎前的波向与岸线的交角，判断沿岸泥沙运动的方向；根据海洋水文测验、波浪观测以及示踪沙测验的成果资料，估计沿岸输沙量和输沙方向。

淤泥质海岸的海床演变，应从泥沙补给来源、岸滩动力地貌形态特征、海区沉积物类型、潮流与波浪的水动力特征及泥沙输移、近岸波浪破碎带范围、余流大小与方向、海水絮凝作用、含沙量变化、浮泥异重流运行状况，并考虑邻近人类活动对本岸段的影响等方面分析水下岸坡的泥沙运移特点及冲淤变化总趋势。沙质海岸的海床演变，应通过泥沙补给来源、海区沉积物类型、波浪特征、潮流及余流大小与方向、输沙的主导因素、岸滩动力地貌特征、近岸波浪破碎带范围、沿岸漂沙强度与范围、海床季节性冲淤变化、含沙量变化，并考虑邻近人类活动对本岸段的影响等方面分析海床悬移质泥沙及推移质泥沙的运移特点及岸滩冲淤变化总趋势。

潮汐河口的河床演变，应通过泥沙补给来源、水流及泥沙运动特性、潮汐和波浪的强弱、不同河口类型的发育特点以及工程措施影响等方面进行分析。潮汐河口的拦门沙应从河口平面外形边界条件、来水及来沙条件、沿岸流，风浪特性以及盐淡水混合对其形成的影响等方面进行演变分析。滨海地区及潮汐河口围垦工程涉水构筑物附近海床稳定性，应在下列方面进行分析：工程岸段的海床冲淤变化范围、强度及变化趋势；沿岸冰凌、漂砂和沉积物造成的取水口堵塞的可能性；邻近岸段已建或规划的水利及港工构筑物对本岸段冲淤特性的影响。

海岸主要的淤积体变化，可从岸线地形发生的变化、沿岸输沙障碍物影响、水流扩散、波浪的折射、绕射降低输沙能力等方面分析，判明输沙条件的变化及沿岸泥沙的冲淤动态。当取水构筑物在淤泥质海岸和岛式防波堤之间时，应分析其间的海流及泥沙运动特性；当取水构筑物在沙质海岸和岛式防波堤之间时，应分析其间的沿岸流特性，并有足够的安全距离。

2.1.5.6 人类活动对岸滩稳定性的影响

岸线、取排水构筑物及其防护措施附近的岸滩演变，应分析在围垦工程寿期内人类活动对岸滩稳定性的影响。对灌溉制度及森林开伐的变化，城市化程度的提高，采矿、采石活动及有关的堆积位置、滩涂围垦、采沙等土地使用方式的改变，应分析其导致的泥沙来源变化对岸滩稳定性的影响。对坝和水库，堰和闸门，沿河流的防护堤和其他防洪构筑物，流入或流出的引（分）水工程，泄洪道，河道整治工程，桥梁或其他束水构筑物等工程设施，应分析其导致的上、下游水流条件的变化对岸滩稳定性的影响。对潮汐河口上游已建水库，应分析其改变径流过程和增减。

2.2 工程地质勘测

2.2.1 概述

2.2.1.1 工程地质勘察的目的与任务

中小型围垦工程地质勘察的主要目的和任务包括以下几个方面：①查明建筑场地的工程地质条件，选择地质条件优越合适的建筑场地。②查明场区内崩塌、滑坡、岩溶、岸边冲刷等物理地质作用和现象，分析和判明它们对建筑场地稳定性的危害程度，为拟定改善和防治不良地质条件的措施提供地质依据。③查明建筑物地基岩土的地层时代、岩性、地质构造、土的成因类型及其埋藏分布规律。测定地基岩土的物理力学性质。④查明地下水类型、水质、埋深及分布变化。⑤根据建筑场地的工程地质条件，分析研究可能发生的工程地质问题，提出拟建建筑物的结构形式、基础类型及施工方法的建议。⑥对于不利于建筑的岩土层，提出切实可行的处理方法或防治措施。

2.2.1.2 工程地质勘察的一般要求

建设工程项目设计一般分为可行性研究、初步设计和施工图设计三个阶段。为了提供各设计阶段所需的工程地质资料，中小型围垦工程地质勘察工作也相应地划分为选址勘察（可行性研究勘察）、初步勘察、详细勘察三个阶段。各阶段的任务和工作内容如下：

（1）选址勘察阶段：①搜集区域地质、地形地貌、地震、矿产和附近地区的工程地质资料及当地的建筑经验。②在收集和分析已有资料的基础上，通过踏勘，了解场地的地层、构造、岩石和土的性质、不良地质现象及地下水等工程地质条件。③对工程地质条件复杂，已有资料不能符合要求，但其他方面条件较好且倾向于选取的场地，应根据具体情况进行工程地质测绘及必要的勘探工作。

选择场址时，应进行技术经济分析，一般情况下宜避开下列工程地质条件恶劣的地区或地段：①不良地质现象发育，对场地稳定性有直接或潜在威胁的地段。②地基土性质严重不良的地段。③对建筑抗震不利的地段，如设计地震烈度为8度或9度且邻近发震断裂带的场区。④洪水或地下水对建筑场地有威胁或有严重不良影响的地段。⑤地下有未开采的有价值矿藏或不稳定的地下采空区上的地段。

（2）初步勘察阶段：初步勘察的目的是对场地内建筑地段的稳定性作出评价，为确定围垦工程总平面布置、主要建筑物地基基础设计方案以及不良地质现象的防治工程方案作出工程地质论证。

本阶段的主要工作如下：①搜集本项目可行性研究报告（附有建筑场区的地形图，一般比例尺为1：2000～1：5000）、有关工程性质及工程规模的文件。②初步查明地层、构造、岩石和土的性质；地下水埋藏条件、冻结深度、不良地质现象的成因和分布范围及其对场地稳定性的影响程度和发展趋势。当场地条件复杂时，应进行工程地质测绘与调查。③对抗震设防烈度为7度或

7度以上的建筑场地，应判定场地和地基的地震效应。

（3）详细勘察阶段：①取得附有坐标及地形的建筑物总平面布置图、建筑物的地面标高、性质和规模，荷载和可能采取的基础形式与尺寸和预计埋置的深度，结构特点和对地基基础的特殊要求。②查明不良地质现象的成因、类型、分布范围、发展趋势及危害程度，提出评价与整治所需的岩土技术参数和整治方案建议。③查明建筑物范围各层岩土的类别、结构、厚度、坡度、工程特性，计算和评价地基的稳定性和承载力。④对需进行沉降计算的建筑物，提出地基变形计算参数。⑤对抗震设防烈度大于或等于6度的场地，应划分场地土类型和场地类别。对抗震设防烈度大于或等于7度的场地，尚应分析预测地震效应，判定饱和砂土和粉土的地震液化可能性，并对液化等级作出评价。⑥查明地下水的埋藏条件，判定地下水对建筑材料的腐蚀性。当需基坑降水设计时，尚应查明水位变化幅度与规律，提供地层的渗透性系数。⑦提供为深基坑开挖的边坡稳定计算和支护设计所需的岩土技术参数，论证和评价基坑开挖、降水等对邻近工程和环境的影响。⑧为选择桩类型、长度，确定单桩承载力，计算群桩沉降以及选择施工方法提供岩土技术参数。

2.2.2 工程地质测绘
2.2.2.1 工程地质测绘的主要内容

工程地质测绘是最基本的勘察方法和基础性工作，通过测绘将测区的工程地质条件反映在一定比例尺的地形底图上。工程地质测绘的最终成果是绘制工程地质图，主要包括以下几个部分。

（1）岩土体的研究。岩土体是产生各种地质现象的物质基础，它是工程地质测绘的主要研究内容。对岩土体的研究要求查明测绘区内地层岩性、岩土分布特征及成因类型、岩性变化特点等。要特别注意研究性质软弱及性质特殊的软土、软岩、软弱夹层、破碎岩体、膨胀上、可溶岩等。工程地质测绘应注重岩土体物理力学性质的定量研究，以便更好地判断岩土的工程性质，分析它们与工程建筑相互作用的关系。

（2）地质构造的研究。地质构造是决定区域稳定性的首要因素，其中断裂构造尤为重要。场地岩土体均一性及完整性、各种软弱带的分布位置均由地质构造控制。断裂构造，特别是优势断裂构造控制了地形地貌、水文地质条件、物理地质现象的发育和分布。工程地质测绘中，要研究褶皱的形态、产状、分布，断裂的性质、规模、产状、活动性，构造岩的性质、胶结程度，裂隙的分布延伸、充填、粗糙度等，第四系地层的厚度、土层组合及空间分布情况，着重注意分析地质构造与建筑工程的关系。

（3）地形地貌研究。地形地貌对于建筑物场地选择、建筑物合理布局及新构造运动和物理地质现象研究等都有十分重要的意义。研究地形的几何特征包括地形切割密度及深度，沟谷发育形态及方向，低山丘陵、阶地和平原等的划分及其特征。它们对判别场地工程地质条件有重要价值。

（4）水文地质条件研究。在基础设计、水库渗漏、渗透性和稳定性、地面沉降、道路冻融、基坑涌水、深基坑支护等许多实际工程地质问题分析中，水文地质条件的研究十分突出和重要。在工程地质测绘中通过地质构造和地层岩性分析，结合地下水的天然或人工露头以及地表水的研究，查明含水层和隔水层、岩层透水性、地下水类型及埋藏与分布、地下水位、水质、水量、地下水动态等。必要时还可配合取样分析、动态长期观测、渗流试验等进行试验研究。

（5）调查研究各种物理地质现象。各种物理地质现象的存在常常给建筑区地质环境和人类工程活动带来许多麻烦，有时会造成重大灾害。工程地质测绘中弄清各种物理地质现象存在的情况，分析其发育发展规律及形成条件和机制，判明其目前所处状态对建筑物和地质环境的影响。

（6）天然建筑材料研究。天然建筑材料的储量，质量及开采运输条件，都直接关系到工程造价和建筑结构形式的选择。工程地质测绘中要注意寻找天然建筑材料，对其质量和数量作出初步评价。

2.2.2.2 工程地质测绘的范围和比例尺

工程地质测绘调查的范围应包括场地及附近与研究内容有关的地段。在确定测绘范围时还应考虑下列因素：①建筑类型。②建筑物的工艺要求。③工程地质条件复杂程度。

工程地质测绘所用地形图的比例尺，一般有以下三种：①小比例尺测绘，比例尺 1：5000～1：50000，一般在可行性研究勘察、城市规划。②中比例尺测绘，比例尺 1：2000～1：5000，一般在初步勘察阶段时采用。③大比例尺测绘，比例尺 1：200～1：1000，适用于详细勘察阶段或地质条件复杂和重要建筑物地段，以及需要解决某一特殊问题时采用。

2.2.2.3 工程地质测绘方法要点

工程地质测绘方法有像片成图法和实地测绘法。像片成图法是利用地面摄影或航空（卫星）摄影的像片，在室内根据判释标志，结合所掌握的区域地质资料，把判明的地层岩性、地质构造、地貌、水系和不良地质现象等，调绘在单张像片上，并在像片上选择需要调查的若干地点和线路，然后据此做实地调查，进行核对、修正和补充。将调查的结果转绘在地形图上而成工程地质图。

常用的实地测绘法有 3 种：

（1）路线法：观测路线方向大致与岩层走向、构造线方向及地貌单元相垂直，将沿线所测绘或调查的地层、构造、地质现象、水文地质、地质界线和地貌界线等填绘在地形图上。这样就可以用较少的工作量而获得较多的工程地质资料。

（2）布点法：它是根据地质条件复杂程度和测绘比例尺的要求，预先在地形图上布置一定数量的观测路线和观测点。观测点一般布置在观测路线上，但要考虑观测目的和要求，如为了观察研究不良地质现象、地质界线、地质构造及水文地质等。

（3）追索法：它是沿地层走向或某一地质构造线，或某些不良地质现象界线进行布点追索，主要目的是查明局部的工程地质问题。追索法通常是在布点法或线路法基础上进行的，它是一种辅助方法。

2.2.3 工程地质勘探

2.2.3.1 工程地质勘探的任务

工程地质勘探的主要方式有工程地质钻探、坑探和物探，其主要任务为：

（1）探明建筑场地的岩性及地质构造，即研究各地层的厚度、性质及其变化；划分地层并确定其接触关系；研究基岩的风化程度、划分风化带；研究岩层的产状、裂隙发育程度及其随深度的变化，研究褶皱、断裂、破碎带以及其他地质构造的空间分布和变化。

（2）探明水文地质条件，即含水层、隔水层的分布、埋藏、厚度、性质及地下水位。

（3）探明地貌及物理地质现象，包括河谷阶地、冲洪积扇、坡积层的位置和土层结构；岩溶的规模及发育程度；滑坡及泥石流的分布、范围、特性等。

（4）提取岩土样及水样，提供野外试验条件。从钻孔或勘探点取岩土样或水样，供室内试验、分析、鉴定之用。勘探形成的坑孔可为现场原位试验，如岩土力学性质试验、地应力测量、水文地质试验等提供场所和条件。

2.2.3.2 工程地质物探

物探是以专用仪器探测地壳表层各种地质体的物理场来进行地层划分，判明地质构造、水文地质及各种物理地质现象的地球物理勘探方法。

（1）电法勘探。电法勘探是研究地下地质体电阻率差异的地球物理勘探方法，也称之为电阻率法。

电阻率法的基本原理和方法：在各向同性的均质岩层中测量时，无论电极装置如何，所得的电阻率应当相等，即地层的真电阻率。但实际工作中所遇到的地层既不同性、又不均质，所得电阻率并非真实电阻率，而是非均质体的综合反映，所以称这个所得的电阻率为视电阻率。①电测深法：获取地质断面的方法。

②电剖面法：探测某深度岩层的水平变化规律的方法。③中间梯度法：探测陡倾角高阻的带状构造。

（2）地震勘探方法简介。地震勘探是利用地质介质的波动性来探测地质现象的一种物探方法。

基本原理是利用爆炸或敲击方法向岩体内激发地震波，地震波以弹性波动方式在岩体内传播。根据不同介质弹性波传播速度的差异来判断地质现象。按弹性波的传播方式，地震勘探又分为直达波法、反射波法和折射波法。地震勘探用于了解地下地质构造，根据要了解的地质现象的深度和范围的不同，可以采用不同频率的地震勘探方法。

2.2.3.3 工程地质钻探

钻探是指在地表下用钻头钻进地层的勘探方法。在地层内钻成直径较小并且具有相当深度的圆筒形孔眼的孔称为钻孔。钻孔直径、深度、方向等，根据工程要求、地质条件和钻探方法综合确定。将直径大于 800mm 钻孔称为大直径钻孔。为了鉴别和划分地层，终孔直径不宜小于 33mm；为了采取原状土样，取样段的孔径不宜小于 108mm；为了采取岩石试样，取样段的孔径对于软质岩不宜小于 108mm，对于硬质岩不宜小于 89mm。作孔内试验时，试验段的孔径应按试验要求确定。钻孔深度由数米至上百米，一般工业与民用建筑工程地质钻探深度在数十米以内。钻孔的方向一般为垂直的，也有打成倾斜的钻孔，这种孔称为斜钻孔。在地下工程中有打成水平的，甚至直立向上的钻孔。

2.2.3.4 工程地质坑探

坑探是在建筑场地挖探井或探槽以取得直观资料和原状土样。坑探的种类有探槽、探坑和探井。探槽是在地表挖掘成长条形且两壁常为倾斜上宽下窄的槽子，其断面有梯形或阶梯状两种。它适用于了解地质构造线、断裂破碎带宽度、地层分界线、岩脉宽度及其延伸方向和采取原状土试样等。凡挖掘深度不大且形状不一的坑，或者成矩形的较短的探槽状的坑，称为探坑。探坑的深度一般为 1～2m，与探槽的目的相同。探井一般深度都大于 3m，其断面形状为方形、矩形和圆形。

2.2.4 现场原位测试

所谓现场原位测试就是在岩土层原来所处的位置并基本保持其天然结构、天然含水量以及天然应力状态下，测定岩土的工程力学性质指标。工程地质现场原位测试的主要方法有静力载荷试验、触探试验、剪切试验和地基土动力特性试验等。选择现场原位测试试验方法应根据建筑类型、岩土条件、设计要求、地区经验和测试方法的适用性等因素选用

（1）静力触探试验。主要用于划分土层、估算地基土的物理力学指标参数、评定地基土的承载力、估算单桩承载力及判定砂土地基的液化等级等。

该试验使用的静力触探仪主要由三部分组成：①贯入装置（包括反力装置），其基本功能是可控制等速压贯入。②传动系统，主要有液压和机械两种系统。③量测系统，这部分包括探头、电缆和电阻应变仪或电位差计自动记录仪等。常用的静力触探探头分为单桥探头和双桥探头。

（2）标准贯入试验。标准贯入试验是动力触探类型之一。它利用规定重量的穿心锤，从恒定高度上自由落下，将一定规格的探头打入土中，根据打入的难易程度判别土的性质。标准贯入试验的仪器设备主要由三部分组成：①触探头：标准贯入试验探头为两个一定规格的半圆合成的圆筒，称为标准贯入器。它的最大优点是在触探过程中配合取土样，以便室内试验分析。②触探杆：国内统一使用直径 42mm 的圆形钻杆，国外有使用直径 50mm 或 60mm 的钻杆。③穿心锤：质量为 63.5kg，规定自有落距 76cm，将贯入器打入土中 30cm 所需锤击数。

2.2.5 工程地质勘察报告的主要内容

工程地质勘察报告是工程地质勘察的正式成果。它将现场勘察得到的工程地质资料进行统计、归纳和分析，编制成图件、表格并对场地工程地质条件和问题做出系统的分析和评价，以正确

全面地反映场地的工程地质条件和提供地基土物理力学设计指标，供建设单位、设计单位和施工单位使用，并作为存档文件长期保存。

2.2.5.1　工程地质图的编绘

（1）工程地质图的类型。工程地质图按工程要求和内容，一般可分为如下类型：①工程地质勘察实际材料图。②工程地质编录图。③工程地质分析图。④专门工程地质图。⑤综合性工程地质图和分区图。

（2）工程地质图的内容及编制原则。工程地质图的内容主要反映该地区的工程地质条件，按工程的特点和要求对该地区工程地质条件的综表现进行分区和工程地质评价。一般工程地质图中反映的内容有以下几个方面：①地形地貌。②岩土类型及其工程性质。③地质构造。④水文地质条件。⑤物理地质现象。

（3）工程地质图的编制方法。编制工程地质图需要一套相应比例尺的有关图件，这些基本图件为：①地质图或第四纪地质图。②地貌及物理地质现象图。③水文地质图。④各种工程地质剖面图、钻孔柱状图。⑤各种原位测试及室内试验成果图表等。图上主要有不同年代、不同成因类型和土性的土层界线，地貌分区界线，物理地质现象分布界线及各级工程地质分区界线等。各种界线的绘制方法，一般是肯定者用实线，不肯定者用虚线。工程地质图上还可用各种颜色、花纹、线条、符号、代号来区分各种岩性、断层线、物理地质现象、土的成因类型等。有时还可以用小柱状图表示一定深度范围内土层的变化。

2.2.5.2　工程地质勘察报告的编写

工程地质勘察成果报告的内容，应根据任务要求、勘察阶段、地质条件、工程特点等具体情况综合确定，且包括下列内容：①任务要求及勘察工程概况。②拟建工程概况。③勘察方法和勘察工作布置。④场地条件的描述与评价。⑤场地稳定性与适宜性的评价。⑥岩土参数的分析与选用。⑦提出地基基础方案等建议。⑧勘察成果表及所附图件。

报告中所附图表的种类，应根据工程的具体情况而定，常用的图表有：

（1）勘探点平面布置图。勘探点平面布置图是在建筑场地地形图上，把建筑物的位置、各类勘探及测试点的位置、编号用不同的图例表示出来，并注明各勘探、测试点的标高、深度、剖面线及其编号等。

（2）工程地质柱状图。钻孔柱状图是根据钻孔的现场记录整理出来的。内容是关于地基土层的分布（层面深度、分层厚度）和地层的名称及特征的描述。绘制柱状图时，从上而下对地层进行编号和描述，并用一定的比例尺、图例和符号表示。在柱状图中还应标出取土深度、地下水位高度等资料。

（3）工程地质剖面图。柱状图只反映场地一勘探点处地层的竖向分布情况，工程地质剖面图则反映某一勘探线上地层沿竖向和水平向的分布情况。由于勘探线的布置与主要地貌单元或地质构造轴线垂直，或与建筑物的轴线相一致，故工程地质剖面图能最有效地标示场地工程地质条件。

（4）综合地层柱状图。为了简明扼要地表示所勘察的地层的层序及其主要特征和性质，可将该区地层按新老次序自上而下以1：50～1：200的比例绘成柱状图。图上注明层厚、地质年代，并对岩石或土的特征和性质进行概括性的描。这种图件称为综合地层柱状图。

（5）原位测试成果表。

3 中小型围垦工程规划

3.1 规划原则

围垦工程建设应遵循自然规律和经济规律，根据区域经济发展战略和土地综合利用规划，结合滩涂治理总体规划及有关行业和部门的发展要求，进行统筹兼顾，全面规划。工程的经济开发应根据自然条件和社会经济及技术条件，因地制宜，合理确定综合开发的产业结构。围垦工程要正确解决开发建设中局部与整体、当前与长远的关系，可远近结合、分期实施。围垦工程应注重合理利用滩涂资源，保护生态环境，遵循开发利用和治理保护、发展生产与改善环境相结合的原则，注意避免或减少围垦后对河口水位、岸滩演变、生物资源等产生不利影响。

3.2 规划目标和主要内容

3.2.1 规划目标

围垦工程的开发目标，不论是单一或多种开发目标，规划中应分别明确其开发规模和规划布局。当围垦工程有多种开发目标可供选择时，规划中应通过多种组合方案的综合比较，从中选择最优开发方案。当围垦工程可供选择的开发目标较多，或者在自然条件、技术条件和社会经济条件等方面的约束因素较为复杂时，宜采用以系统分析为基础的多目标规划决策方法选择最优综合开发方案。

3.2.2　主要内容

围垦工程规划应对工程开发的目标进行科学论证，选择合理的开发模式与产业结构。围垦工程规划应有开发分期的论证，确定各分期的合理开发规模，并重点作出当前开发规模的必要性论证。围垦工程规划应对各单项工程及配套设施的总体布置提出合理方案。围垦工程规划应对工程项目实施的投资效益作出经济评价，同时对工程项目兴建与周边环境的关系作出环境影响评价。

（1）对与拟围项目及受影响地区有关的各种基础资料的搜集与整理分析。①工程技术方面资料。②社会经济方面资料。③国内外类似区域、类似工程的技术经济资料等。

（2）对围区经济现状的分析比较与中长期预测。①不同区域、不同时期的社会经济发展水平。②与国内外相类似、可比区域的比较分析资料。③与拟围项目相关的各种经济社会发展方向与水平的预测资料等。

（3）把拟围区域的资源经济条件与国内外类似地区的发展状况进行比较分析，提出本区域的社会经济发展战略。①充分认识拟围区的资源条件和发展要求。②与国内外类似地区的发展道路进行比较分析。③提出适合本区域、具有发展前景和竞争优势的社会经济发展战略等。

（4）提出该区域综合生产力空间布局设想。①提出区域土地利用结构和布局规划。②对重大交通、能源、工业项目进行规划。③对各类园区和城市进行规划等。

（5）提出区域经济发展不同时期对新围土地与岸线的需求量。

（6）根据水域与滩涂资源条件，经多方案技术比较，提出拟围区域的选择和平面设计。

（7）对实施拟围方案的主要工程技术问题和分期实施步骤进

行专题研究。

（8）对实施围垦项目的环境影响专题研究，并提出环境保护规划。

（9）对开发利用拟围区的基础设施，包括港口交通、供排水、电力能源等作出专题规划。

（10）对实施围垦项目的资金筹措方案进行专题研究。

（11）对项目实施后可能产生的经济、社会及国际影响等进行专题评价。

（12）提出实施大规模围垦项目的管理协调机制和重大政策措施。

（13）对将大规模围垦项目上升为国家开发战略进行可行性研究。

3.2.3　开发分期

兴建围垦工程开发滩涂资源，可整片一次开发，也可分期开发，规划时应对多种开发分期方案进行综合比较，从中选择合理的开发分期。选择围垦工程合理开发分期的原则是：在一定的规划年限内，各期开发的社会、经济及生态效益总和应为最大，当分期方案较多时，宜采用系统分析决策方法进行选择。

3.3　堤线规划

单个拟围区围堤堤线的合理布置至关重要，在服从滩涂匡围利用总体规划和滩涂治导线规划的前提下，应根据当地的地形、地质、水文、施工和社会经济、环境等条件进行多方案比较，分析比较某些方案的经济合理性和技术可行性，然后选定合理的堤线方案。围垦工程堤线规划应服从滩涂治理总体规划及河口治导线规划，与海岸带和河口治理规划相协调，尽可能避免对邻近地区产生不良影响。堤线布置应根据实际情况，综合考虑地形、地质、水文、排涝要求和建材、施工、投资规模、社会经济、环境等条件，通过不同堤线位置和开发规模的技术经济比较，合理选择堤线方案。堤线走向应力求选取对防浪有利的方向，尽可能避免堤线与强风向正交，堤线宜顺直，避免曲折过多、凹凸变化过大导致波浪能量的局部集中。堤线应尽量避开古河道及古冲沟，有条件时尽可能通过岛屿或礁石。围区可按需设置隔堤。

3.4 水闸规划

水闸布置方式应根据自身功能、特点和运用要求，综合考虑流域状况、围区面积、形状及地面高差、地基条件、闸外情况、水位、泥沙、施工、管理等因素，因地制宜地进行技术经济比较后选定。排涝闸布置应满足流域或地区防洪排涝总体规划，宜布置在围区内地势较低洼、排水干河终端和出海口风浪较小水深较大较稳定的地段。闸底槛高程，上限不宜高于围区内耕地田面高程以下 2.00m，下限不宜低于最低水位。当上游流域面积较大时，宜单独设置上游流域排涝闸，以减轻围区排涝闸负担。当围区开发有海水养殖需要时，应规划一定规模的换水闸，有通航要求时还应布置通航闸（孔）。规划中应确定合理的水闸规模，提出切实可行的运行原则及运用方式。

3.5 泵站规划

泵站布置应综合考虑地形、地质、水流、泥沙、施工、管理、环境等因素，经技术经济比较后选定。排涝泵站宜位于地势较低及邻近排水系统的末端，能控制较大的排水面积；灌溉泵站宜位于方便取水且能控制较大灌溉面积的地势较高处。

3.6 围区配套设施规划

围区配套设施主要有引（洪）水系统、排水系统、交通系统、电力系统及防护林等。

（1）引（供）水系统的布置。围区水源可取之于河流、水库或地下水。水源和引（供）水工程设施，应根据围区生产、生活用水和发展要求确定，其水质应符合用水要求标准。围区引水枢纽位置，应选择水量比较稳定、河岸比较坚实、过水断面比较均匀的河段；取水口高程宜满足自流引水的要求，并应符合渠道输水输沙条件。围区灌溉渠系布置应线短、顺直，并尽量减少交叉建筑物和过大的挖方、填方，尽量避开地质不良和施工困难地段。

（2）排水系统的布置。围区排水方式应根据围区上游流域和暴雨特征、围区排水要求及外海水位等多种因素来确定，宜以自流排水为主，少数辅以抽排。围区排水系统布置应综合考虑地形、道路、开发布局等，排水干渠宜布置在低洼地带，充分利用天然沟道，尽量结合引水、航运、养殖等进行综合利用。

（3）围区交通公路和简易公路。围区交通公路和简易公路可根据和参照《公路工程技术标准》（JTG B01）选定。田间生产道路应根据当地通行的交通工具和农机机具，适当照顾远景发展选定。围区交通道路布置宜联结成网，便利生产；线路要短、直、占地少；建筑物尽量少，工程量省。

（4）围区的电网建设。应根据围区生产生活负荷和发展要求设置变电所和铺设高压输电线路，变电所选址应避开地质不良地带，有较好的防洪、给排水、交通、施工管理、安全运行等条件。

（5）防护林带建设。围区防护林带应根据当地自然条件、产业结构和主要风害的性质及程度，因地制宜，因害设防。综合考虑农、林、牧、环境等要求，合理布置林带结构。围区防护林营造应使主林带垂直于当地风害方向，偏角不宜大于30°，副林带垂直于主林带。林带间距应按林带的防风范围来确定。林带宽度应根据风害大小、林带结构及土地利用情况来确定。围区防护林应种植适应当地土壤、气候等条件，选择材质好、生长快、经济效益高的树种。

3.7 工程案例——小洋山北海堤围垦工程平面布置

上海国际航运中心洋山深水港区，位于杭州湾口东北部的舟山崎岖列岛海区，通过长 32.5km 的东海大桥与大陆芦潮港相接，为离岸型大型集装箱港区。根据总体规划，洋山深水港区将成为参与国际竞争、吸引国内外航运、物流和产业集聚的东北亚新兴国际集装箱枢纽港。

洋山深水港区地处孤岛，土地资源有限，港区大部分通过围海吹填形成，其辅助配套区、物流区设置在 30km 以外的大陆芦潮港。为了适应发展需要，根据总体规划，将对深水港区以北的海域进行围垦，以提供宝贵的土地资源，形成相应的产业开发区与港口配套区。

3.7.1 工程概述

小洋山北海堤围垦工程位于洋山深水港区北侧，从小洋山杨梅嘴起，自西向东绵延伸展至薄刀嘴岛，整体形态呈带状分布。北海堤总长约 7.7km，陆域形成总面积 765 万 m^2。小洋山北海堤围垦工程属于典型的低滩围垦工程，北海堤堤线多数位于高程 $-8.00 \sim -13.00m$ 以下的低滩上，堤前浪大流急，滩地高程较低，围区库容量近 1 亿 m^3，只有采取人工促淤方式方可减少围区回填料，如何合理确定平面布置与堤顶高程对促淤效果影响巨大。

3.7.2 自然条件

北海堤的正面为北向，直接面向外海，强浪向为 N 和 NE，设计高水位 $H_{1\%}$ 波高约为 6.26 m，$H_{13\%}$ 波高约为 4.53 m，波浪对结构的影响较大。由于港区继续建设，边界条件不断改变，水流流态也在相应地调整，近期水流的造床影响相对较大根据实测流资料分析，最大流速为 2.5m/s。从勘探的结果看，原泥面表层下部普遍为淤泥质粉质粘土和淤泥质粘土，软土层厚度 20～30m，其特点是含水量高，高压缩性，低渗透性，低强度，高灵敏度，工程地质特性差。西侧近薄刀嘴区域有一人工取砂坑，深28m 左右，近年已淤平。

3.7.3 围堤轴线选取

北海堤轴线位置的确定是平面布置中关键性技术问题，对围垦工程的建设规模影响巨大。轴线比选时主要考虑以下几个方面：首先要满足总体规划要求，适应地貌特征，不影响周边的流场；其次是堤轴线应平顺过渡，避免产生较大的沿堤流，确保堤身结构的安全；然后是所围面积适中，综合造地成本较低。

对北海堤轴线共考虑了 3 个方案：轴线方案 1，北海堤堤轴线向内略弯，以避开薄刀嘴西侧的人工取沙坑所形成的不良地质，整个堤轴线形成一条内凹鱼背线。轴线方案 2，为了增加围垦土地面积，将堤轴线拉直，比轴线方案 1 约增加 200hm² 土地。轴线方案 3，为进一步增加围垦土地面积，将轴线方案 2 向外平行推移200m，比轴线方案 1 约增加 280hm² 土地。北海堤轴线方案，见图 3.7−1。

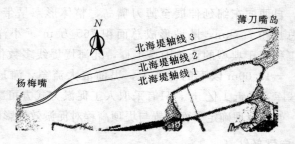

图 3.7−1　北海堤轴线方案

为了分析各轴线方案的流场影响，对 3 个堤轴线方案进行数值模拟计算，分析各工程方案实施后，对堤前涨落潮流速及工程周边水域流场的影响，有以下几个主要变化。

（1）流场变化。受小洋山岛链的影响，其北侧海域在北海堤位置处，工程前流场呈现为东西的往复流，并向南侧略凹。北海堤实施方案 2、方案 3，受堤轴线拉直影响，流场方向与堤轴线基本一致，与工程前流场相比产生一定改变；北海堤实施轴线方案1，流场沿堤轴线向内凹，与工程前流场相比，变化不多。

（2）流速变化。3个方案实施后的流速变化基本相同，即围堤走向为凹岸形式时流速减小，凸岸时流速增加。工程前后的流速比，见图3.7-2。

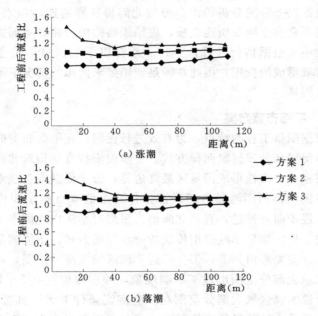

(a)涨潮

◆——方案1
■——方案2
▲——方案3

(b)落潮

图3.7-2　各方案涨落潮最大流速变化值图

3个轴线方案的工程估价比较，见表3.7-1。

表3.7-1　　　　　北海堤各方案工程估价比较表

方　案	工　程　造　价		
	北海堤（万/m）	陆域形成（万元/hm²）	围垦造价（万元/hm²）
方案1	8.36	151.35	265.50
方案2	9.62	163.80	266.70
方案3	9.72	169.65	267.15

根据北海堤轴线方案的工程估价比较可以看出，由于轴线外推，北海堤轴线处的水深加大，工程造价有所增加。另外从轴线外推所增加的围区面积来看，增加的围区均为深水区，平均水深在 −12m 左右，在该区进行陆域形成工程费用将增加较大，在深水区进行围垦是轴线方案 2、方案 3 工程费用增加的主要因素。根据以上情况分析得出：类似北海堤这样的连岛深水海堤，堤轴线不宜突出两岛所连直线，堤轴线略向内弯曲，对周边流场影响较小；根据估价计算，−10m 水深以下的围垦造价主要受控于陆域形成的费用，因此在满足使用要求面积的情况下不宜向深水区围垦。

3.7.4 平面布置方案

根据围垦工程的特点，为有效进行促淤，在平面布置时可采用一步促淤和分步促淤两种方式。一步促淤指直接构筑北海堤到设计高程，一次性形成围垦区最终边界；分步促淤指在浅水位置构筑促淤堤再利用滩面自然淤涨条件，由低滩自然淤积成高滩后，再逐步向外推进，直至北海堤。根据对小洋山北侧水文基础资料的分析，如果单纯采用传统的分步促淤方式，不能满足本工程要求，主要理由如下：①分析近年该区域实测冲淤图，可以得知该区域大部分范围出现了冲刷现象，冲刷深度在 0.5～1.5m，这充分说明该区域大部分范围在现有潮流条件下无法自然淤积，不能满足对土地开发的总体要求。②北海堤不仅作为北侧围垦的边线，还将承担永久性防浪驳岸的作用，由于小洋山北侧陆域风浪较大，因此其建设等级较高，投资费用较大。若采用分步促淤法进行围垦，就必须在不同位置修建高等级防浪堤，势必造成大量重复投资，分步实施的方式不经济。

据上述理由，在洋山海域，宜采用一步促淤方式，但在一步促淤方式中，若将北海堤一次性建设至设计高程，将不可避免地带来一次性深水筑堤费用高、前期投资过大，并且利用促淤方式进行围垦的区域偏小等不足。为了克服这些不足并避开传统分级促淤方式的缺点，提出以下平面布置方案。

工程采用以促淤与吹填相结合方式形成陆域在满足规划区域使用功能要求的情况下，初期沿－5m等深线的浅水区筑堤形成围区。考虑起步工程的建设速度要求，浅水围区内促淤成陆速度较慢，拟采用吹填成陆，同时在北海堤轴线位置建设潜堤，并在各围区开设纳潮口门，这样北海堤以内的区域由自然淤积改成人工促淤，提高围区的促淤强度。中期在潜堤的基础上形成北边界，围区在前期促淤的基础上进行吹填并形成相应的陆域，到后期完成所有陆域。陆域形成通过隔堤的设置来分阶段建设陆域分A～F区6个分区，A、B区水深较浅，采用直接吹填成陆方式；其余各分区通过建设潜堤并开设400m宽纳潮口门方式进行促淤。选取这种平面布置形式有以下几个优点：①在浅水区筑堤可减小初期投资，利于后续工程滚动开发，同时增加围区内促淤方量，提高工程总体经济效益。②与传统分步促淤相比，本方案在北海堤位置处建潜堤，并开设纳潮口门，可以保证潜堤后方泥沙有效落淤，避免被沿岸的涨落潮流冲刷，控制堤线边界不变。另外波浪在越过潜堤后波高有效折减，可保证后方浅水堤的安全。③北海堤初期建成潜堤，后期再与围区的吹填同步加高，海堤的分级加载间隔时间加长，堤身下方软土固结度可有效地提高，从而减小堤身断面，降低造价。

3.7.5 促淤分析

为了对各围区内促淤效果进行分析，对平面布置方案进行了波浪潮流泥沙淤积数学模型研究。在模型试验中，分析了潜堤顶高程为3.50m和顶高程2.00m两种工况，3.50m为洋山地区的平均高水位，2.00m为平均水位。试验数据反映，顶高程3.50m与顶高程2.00m的潜堤相比，由于堤顶升高，围区内潮流流速降低可以有效增加落淤量，因此堤顶高程在平均高水位处较适合促淤，潜堤取3.50m顶高程比较适宜。此外从年淤积图中可看出，潜堤建成后前3～4年内促淤效果比较明显，见图3.7－3。

北海堤围垦工程是一个典型的岛屿间相连的低滩围垦工程，通过对北海堤轴线的比选，可以看出在岛屿间的低滩围垦时，应

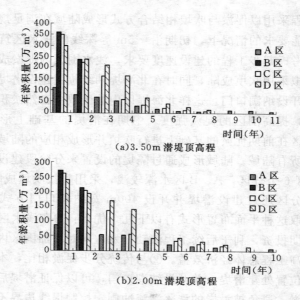

（a）3.50m潜堤顶高程

（b）2.00m潜堤顶高程

图 3.7-3　围垦分区年淤积图

与周边的水文环境相匹配，堤轴线向内略弯有利堤身稳定，并且深水围垦在满足使用要求的情况下围垦面积应适度，堤轴线不宜超过-10m水深。从平面布置研究中可以看到，在围垦区域外边界上先建成潜堤并开设纳潮口门有利于围区促淤，潜堤堤顶高程以平均高水位为宜。

4 中小型围垦工程设计

4.1 围垦工程平面设计

4.1.1 围垦工程平面设计的基本原则

一般情况下，围垦工程的平面设计应遵循三个原则，即保护自然岸线的原则、延长人工岸线的原则、提升景观效果的原则。

4.1.2 围垦区平面布置方式的选择

单个拟围区可根据岸段的具体情况选择以下匡围方式。

（1）主堤顺岸式。顺岸式匡围的特点是新筑主围堤以顺岸向为主，占用岸线长度较大。选用顺岸式匡围滩涂，一般应具备三个基本条件，即：①岸线丰富、可用性选项少。②近岸拟围滩面顺岸狭长分布。③岸线内没有行洪排涝口门或者很小、很少等基本条件。

（2）多突堤式。多突堤式匡围的特点是新筑围堤以突堤向水域延伸为主，占用岸线长度较少。选用多突堤式匡围滩涂，一般应具备的条件包括：①岸线资源宝贵。②匡围后因岸带动力变化产生的影响能够有效控制。③应用可靠的围堤防护措施等。

（3）连岛式。连岛式匡围是指新筑围堤由连接近岸的岛屿而成，对水域的影响较大。选用连岛式匡围滩涂，一般应具备的条件包括：①近岸有岛屿可以利用。②对拟围区的自然资源和自然环境的影响在容许范围内。③对岸内腹地的影响可以有效弥补等。

（4）人工岛式。在水域条件适合的地区，采用人工岛式围填造地应作为首选方式。人工岛式是指拟围区与岸带相隔一段距离，拟围区可以有各种平面形状。人工岛式匡围的主要特点是能够增加岸线资源，对岸内腹地的自然环境影响较小。实施人工岛式匡围滩涂，一般应具备的条件包括：①拟围滩涂离岸较远。②滩涂利用项目有特定需要。③经济、技术条件许可等基本条件。

具体而言，对于某个区域的岸段，可以综合运用上述匡围方式

4.2 设计水位与设计波浪

4.2.1 设计水位

设计水位重现期根据建筑物的级别如表 4.2-1 所示。

表 4.2-1　　　　龙口度汛、堵口水位设计标准表

围堤建筑物级别		1	2	3	4、5	时段
设计水位重现期（年）	龙口度汛	<50，且≥30	<30，且≥20	<20，且≥10	5	全年
	龙口堵口	<30，且≥20	<20，且≥10	<10，且≥5	5	非汛期

在工程地点有长期水位观测资料时，给定重现期的设计水位应采用频率分析的方法确定，具体如下：

（1）水位频率分析的线型，可采用极值Ⅰ型分布或皮尔逊Ⅲ型分布。

（2）设计高水位频率分析应采用不少于 20 年的连续年最高水位系列，并调查历史上出现的特高水位值。

（3）对于缺乏长期水位观测资料的工程地点，若当地有 5 年以上的水位资料，可采用极值同步差比法与邻近地点有 20 年以

上水位资料的验证站进行同步相关分析确定设计高水位。采用极值同步差比法时应满足如下条件：①潮汐性质相似；②地理位置邻近；③受河流径流影响相似；④受增减水影响条件相似。当工程地点无实测水位资料时，应设置临时水位站与邻近地点的长期站分别进行汛期和非汛期的短期同步观测（均应不少于 30 天），并建立相关关系，如相关关系较好，可利用相关方程推算工程地点的设计水位。

对 5 级建筑物，在缺乏长期水位资料，又不具备采用相关分析方法确定设计高水位条件或者相关性差的情况下，可采用历史最高水位作为设计高水位。

4.2.2 设计波浪

对于海域围垦，还应对波浪进行设计。设计波浪的标准包括设计波浪的重现期和设计波浪的波列累积频率。设计波浪重现期的确定应根据建筑物级别符合表 4.2-1 的规定。设计波浪波列累积频率的确定应根据海堤越浪设计条件、建筑物型式和计算内容，符合表 4.2-2 和表 4.2-3 的规定。

表 4.2-2　　　　　　　波浪爬高累计频率标准表　　　　　　%

海堤越浪设计条件	波浪累计频率
按不允许越浪设计	2
按允许部分越浪设计	$\leqslant 13$

表 4.2-3　　　　　　　波高累积频率标准表　　　　　　%

海堤型式	部　　位	设计内容	海高累计频率
陡墙式	防浪墙、陡墙、闸门、闸墙	强度和稳定性	1
	基床、护底块石	稳定性	5
斜坡式	防浪墙、闸门、闸墙	强度和稳定性	1
	护面块石	稳定性	13
	护底块石	稳定性	13

注　当平均波高与水深比值<0.3 时，宜采用 5%。

当工程地点或其附近有长期的波浪实测资料时，设计波高及波周期可按下列方法确定：根据实测资料分方向的某一波列累积频率波高年最大值系列进行频率分析，以确定设计重现期波高。与设计重现期波高对应的波周期，对于局部水域情况，可根据附录 A.2 风浪要素计算公式确定；对于开敞海岸情况，宜根据实测资料进行波高～波周期相关分析，确定设计波高对应的波周期，或者采用年波高最大值对应的波周期所组成的系列进行频率分析，确定与设计波高同一重现期的波周期。

波高或波周期频率分析的连续资料系列不宜少于 20 年。波高和波周期频率分析线型，可采用皮尔逊Ⅲ型分布曲线。

当工程地点或其附近无长期波浪观测资料时，设计波高与波周期可按下列方法确定：对风区长度小于 100km 的局部水域，可根据当地风速资料确定与设计波高同一重现期的风速，再按附录 A.2 风浪要素计算公式确定设计波浪要素。对于开敞海岸，可采用历史地面天气图等方法确定风场要素及波浪要素。

波浪向近岸浅水区传播时，应进行波浪浅水变形计算，确定建筑物所在位置的波浪要素。当水底坡度平缓、波浪传播距离较长时，浅水变形计算中宜考虑底摩阻的影响。波浪浅水变形计算方法可按附录 A.3 进行。波浪传播水域有岛屿或呷角时，宜计算波浪绕射的影响。由变形计算得到的工程地点的设计波高，如果大于该水深处的破碎波高，应取破碎波高为设计波高。破碎波高的确定可按附录 A.3 进行。

4.3　滩涂治理和围堤工程地基处理

4.3.1　地基承载力

滩涂治理和围堤工程建筑物应满足地基承载力、沉降和稳定的要求。地基承载力的计算分以下几种情况：

（1）对软土地基上的条形基础，当不考虑基础与地基之间的摩擦力时可按下式计算地基允许承载力。

$$q_0 = 5.52C_0/F$$

式中：q_0 为地基允许承载力，kPa；C_0 为地基土凝聚力，kPa；F 为安全系数。

（2）在非软土地基上，滩涂治理和海堤工程建筑物地基承载力可参照《港口工程地基规范》（JTJ 250）的有关规定进行计算。

（3）进行地基承载力计算时，地基天然强度由室内不排水剪与无侧限抗压试验测定，对易扰动的软粘土以现场十字板剪切强度为宜。对排水条件较好竣工前达到一定固结程度者可用固结不排水剪指标。对饱和软土地基，计算短期内的极限承载力时，宜用不排水剪强度指标。

4.3.2 软基处理

滩涂治理和围堤工程中对软土地基的处理方法有：垫层法、铺土工合成材料法、压载法、排水预压法、强夯法、爆炸置换法等，应根据具体条件经过技术经济综合比较后确定。垫层法适用于厚度不大于 4m 的浅层软土加固处理，换填的材料有砂、碎石和砾石。垫层厚度应保证经扩散后的有效压力不大于下卧土层的地基承载力。垫层厚度可按《港口工程地基规范》（JTJ 250）规定的方法计算。在层厚较大的软土地基上筑堤时，可在地基面上或砂石垫层中铺以土工织物、土工格栅．应根据需要进行选择，其性能应满足设计要求。其体设计计算方法可按《土工合成材料应用技术规范》（GB 50290）的规定执行。

当软土地基筑堤采用压载措施时，压载的宽度及厚度由稳定分析计算确定。在稳定分析前进行预估时可按以下数值取用：压载的厚度为堤高的 1/3～2/5；宽度为堤高的 2.5～3.0 倍；采用压载的堤身高度不超过地基筑堤极限高度的 1.6～2.0 倍，堤高较大时，可考虑采用多级压载的方法。软土层厚度在 5m 以内时，可以采用在涂面铺水平排水垫层的堆载预压固结法加固地基；软土层厚度在 5m 以上时，可以采用设置竖向排水通道的预压固结法。竖向排水通道材料可用塑料排水带或袋装砂井，在砂源充足且价格低廉时可考虑采用排水砂井。设有竖向排水通道的排水预压固结法设计内容包括，确定竖向排水通道直径；确定排水通道布置及其打设长度；确定预压方式、预压荷载分级和荷载量；排水砂垫层设计；排水预压加载时间与固结度计算。

地基淤泥较深厚时，堤基可采用爆炸置换法进行置换处理，但置换的淤泥层厚度不宜小于 5m。爆炸置换法分爆炸排淤填石法和控制加载爆炸挤淤置换法两种。爆炸排淤填石法一般适用于淤泥层厚不大于 12m 的软土地基处理；当地基淤泥层厚大于 12m 或水文地质条件较恶劣时，应采用控制加载爆炸挤淤置换法（简称"爆炸挤淤置换法"）进行地基处理。采用爆炸置换法处理地基时均应预设试验段，以获取各项合适的爆炸施工参数后再全面铺开施工。

对于非粘性饱和土地基，若有必要，可采用爆夯法进行处理。在围垦工程中遇有砂土、卵（碎）石土、含水量低于 25% 的杂填土以及粉质粘土地基时，可采用强夯法进行加固处理。强夯法的设计参数应通过现场试夯或根据当地经验确定。当加固深度大于 8m 时，宜预先在地基中打设塑料排水板或袋装砂井。有关强夯法的设计可按《建筑地基处理技术规范》（JGJ 79）的规定进行。当地基为砂、粉土以及不排水剪强度大于 20kPa 的粘性土和淤泥质土时可采用振冲碎石桩加固地基和岸坡，对于振冲碎石桩的设计可按《建筑地基处理技术规范》（JGJ 79）的规定进行。

4.4 围堤设计

4.4.1 概述

围堤设计应以工程规划、工程项目建议书、可行性研究报告及有关批文为依据，按有关政策和标准，进行论证和设计。围堤设计应满足洪、潮、风浪作用下围堤结构的稳定、强度和耐久性要求，保证工程在设计条件下的安全运用，充分发挥工程效益。

4.4.2 围堤断面

选择堤型时应根据自然条件、施工条件、运用和管理要求等因素，进行综合分析研究，经技术经济比较后选定。斜坡式围堤可用于风浪较大的堤段，可采用土堤堤身外侧设置护坡的断面形式，当涂面较低时，宜在临水面设置抛石棱体等措施。陡墙式围堤宜用于风浪较小、地基较好的堤段。对低涂、软基上的围堤，陡墙下应设抛石基床并与压载相结合。抛石基床顶高程以略高于低水位为宜。在涂面较低、风浪较大的堤段，宜采用具有消浪平台的混合式或复坡式围堤。

堤顶高程的确定应符合下列要求：

（1）堤顶高程应按式（4.4-1）计算：

$$Z_p = h_p + R_F + \Delta h \qquad (4.4-1)$$

式中：Z_p 为堤顶高程，m；h_p 为设计频率的高水位，m；R_F 为累积频率为 $F\%$ 的波浪爬高，m；Δh 为安全加高，m。

（2）围堤堤顶设置防浪墙时，堤顶高程系防浪墙顶面高程，防浪墙底面高程宜高于设计高水位以上 $0.5H_{1\%}$。

（3）因技术经济条件的制约，堤顶高程受到限制时，可采取工程措施降低堤顶高程，如按允许部分越浪标准设计，堤坡上可设置消浪设施以及建离岸堤等。

（4）对于 3 级及以上或断面形状复杂的复式堤，其波浪爬高宜通过模型试验验证后确定。

（5）对于按允许部分越浪设计的围堤堤顶高程，应进行越浪量校核，一般情况设计频率波浪的最大允许越浪量 Q 允控制为 0.05m^3（s·m）。对于 3 级以上的大型海堤应通过模型试验来验证越浪量。

建在软土地基上的围堤堤顶高程，在算得堤顶高程的基础上，再外加预计的工后沉降量。堤顶净宽应依据防浪、地基条件、施工、防汛交通及构造等需要确定。3 级以上（含 3 级）围堤堤顶净宽不宜小于 5.0m，4 级、5 级不宜小于 4.0m，3 级及以下围堤如受条件限制，经过论证净宽可适当减小。堤身材料易受风浪水流冲蚀时（如粉砂土堤），堤顶净宽不宜小于 6.0m。

围堤内外坡度可参照表 4.4 - 1 的经验值结合有关计算后确定。

表 4.4 - 1　　　　　　海堤内外坡度经验值

护坡类型	外坡坡度	内坡坡度
干砌块石护坡	1：2.0～1：3.0	水上：粘性土 1：1.5～1：3.0；砂性土 1：3.0～1：5.0
浆砌块石护坡	1：2.0～1：2.5	
抛石护坡	缓于 1：1.5	
人工块体护坡	1：1.25～1：2.0	水下：海泥掺砂 1：5.0～1：10.0；砂壤土 1：5.0～1：7.0
陡墙（防护墙）	1：0.2～1：0.7	

消浪平台顶高程宜设在设计高水位附近或略低于设计高水位，宽度宜采用 1～2 倍设计波高，但不宜小于 3m，消浪平台顶面及上下一定范围内的护面结构应加强。

土堤填筑时应综合考虑地基、土料、施工方法等因素。当采用陆上土料，填筑时土料不受水位影响且地基有足够强度具备压实条件时，1 级、2 级、3 级围堤的土堤填筑标准应按《堤防工程设计规范》（GB 50286）执行，4 级、5 级围堤可参照执行。在软弱地基上填筑土堤或者在水下筑堤不具备压实条件时，其填筑标准可根据土料性质及施工方法，参照类似已建工程实际标准论证后确定。

围堤的防渗土体应满足堤身浸润线和内坡的渗流出逸比降降低到允许范围以内，并满足施工和构造的要求。防渗土体顶部宽度应不小于 1.0m，土体顶部高程应高于设计高水位 60cm。围堤堤身的防渗土料应就地取材，当采用多种土料时，宜将抗渗性好的土料填筑于临水一侧。浸润线从内坡逸出时，可采取放缓内坡坡度，设内坡戗台、或设置排水设施，防渗土体与排水设施或护坡之间应设置反滤层。

充泥管袋可用于构筑围堤的棱体、闭气土方、施工围堰或堤身，但不宜用于护面等结构。充泥管袋袋布应具备强度、抗冲、排水及保土等性能。充泥管袋充填的土料宜选用粉砂或细砂，其中粘粒含量应小于10％。充泥管袋堤坝不必计算堤坡的出逸坡降稳定。但应增加计算充泥管袋堤底面与地基面之间、各层管袋之间的抗滑稳定，计算时管袋间、管袋与地基间的摩擦系数应由试验确定。根据充泥管袋各袋间搭接设计不同，充泥管袋堤身可按同类土堤折算为较短的渗径长度。充泥管袋筑堤的边坡不宜小于1∶1。

4.4.3 围堤防护

堤顶应进行护面，护面结构应包括垫层与面层，垫层可采用石渣垫层或低标号混凝土垫层，石渣垫层厚度应不小于0.3m；面层可采用混凝土、沥青混凝土或浆砌块石（含浆砌混凝土预制块）等，其厚度应根据工程使用条件和防护要求确定。堤顶护面应有一定的横向坡度，坡度宜为1％～3％。按不允许越浪设计的海堤可根据具体情况选用其他合适的护面结构。

防浪墙净高按允许部分越浪设计时不宜超过0.8m，按不允许越浪设计时不宜超过1.2m。外侧可做成反弧曲面或带鹰嘴的挑浪墙。防浪墙宜位于堤顶外侧，必要时经过论证或通过模型试验后也可放在堤顶内侧。防浪墙应采用混凝土、钢筋混凝土、埋石硅或浆砌块石等结构，不应采用干砌块石。防浪墙应设置变形缝，缝距可取10m左右。陡墙式围堤防浪墙底应与下部的堤身防护墙砌体相联结形成整体，斜坡式围堤防浪墙埋置深度不宜小于0.3m，对严寒地区不得小于冰冻深度。防浪墙应进行自身的强度和稳定计算。

护坡采用的结构、材料应坚固耐久、因地制宜、就地取材、经济合理、便于施工和维修。外坡护坡的结构型式可采用浆砌块石、硅灌砌块石、混凝土（或钢筋混凝土）、模袋混凝土、人工异形块体、水泥土、干砌块石等，应根据波浪、水流、土质等条件选定。高滩围垦波浪较小时，可根据当地条件，采用抛石护坡或草皮等植物护坡。内坡护坡型式可采用干砌块石、浆砌块石、混凝土（板、块）、水泥土、草皮等，应根据堤顶越浪情况、土质、暴雨强度、风浪条件等因素选定。砌石护坡的最小厚度。干砌不宜小于 40cm，浆砌不宜小于 30cm。浆砌石、硅灌砌石、混凝土和钢筋混凝土等护坡应设置变形缝和排水孔。护坡在堤脚、消浪平台或戗台及折坡处应设置基脚或基座。混凝土、钢筋混凝土、栅栏板、模袋混凝土等型式的护坡应进行强度计算。砌石、抛石、混凝土护坡面层与土体之间应设置垫层。垫层设计被保护土为砂土、粉砂土时，垫层应按反滤层设计。被保护土为粘性土时，可采用粒径为 2～5cm 的碎（砾）石作垫层，其厚度应不小于 20～30cm；用石渣作垫层时，厚度应不小于 50cm，石渣中片石的边长应小于 15cm，且边长 10cm 以上的比例不超过 15%，含泥量不超过 5%；土工织物作垫层起反滤作用时，其性能应满足反滤要求，并应核算其沿土坡滑动的稳定性。严寒地区的粘性土堤，护面应设防冻层，其厚度（包括垫层在内）宜不小于当地的冰冻深度。陡墙式围堤的防护墙，可采用砌石、混凝土等结构。其断面尺寸由稳定和强度计算确定。涂面较高时，其砌置深度不宜小于 1.0m，墙底应设置砂石垫层；涂面低时，应设置堆石基床。防护墙与墙后填土之间应设置碎石或石渣过渡层，也可设置土工织物。围堤外坡脚宜设置块石护脚，波浪较大时可用混凝土或人工块体等护脚。对于滩涂冲淤幅度较大的强潮河口，围堤坡脚保护措施应经专门论证后确定。堤高 6.0m 以上的围堤应根据越浪情况、降雨等因素，在内坡布设排水系统。沿堤线的排水沟可设在内坡戗台内侧和堤脚近处，坡面竖向排水沟一般每隔 50～100m 设一条。排水沟可采用预制混凝土槽或浆砌块石槽，其尺寸与底坡可参照已有工程经验确定。

4.4.4　围堤稳定计算

围堤稳定计算应根据地形、地质条件，海堤断面、荷载条件等基本相同的原则，划分为若干堤段，每段选取代表性断面进行计算。计算的内容应包括边坡和堤基抗滑稳定、防护墙及防浪墙抗滑移和抗倾覆稳定、渗透稳定、沉降稳定、结构材料个体稳定等方面。围堤边坡和堤基抗滑稳定计算分正常运用条件和非常运用条件两种工况，正常运用条件稳定计算指竣工后运行期断面的抗滑稳定计算；

非常运用条件稳定计算分以下三种：堵口截流堤断面（未闭气）的抗滑稳定计算；完建期非龙口段及龙口段围堤断面的抗滑稳定计算；竣工后运行期的海堤断面特殊荷载（如地震）的稳定计算。围堤边坡和堤基抗滑稳定计算时，应考虑可能出现的内外水位和荷载的不利组合。计算工况水位和荷载组合见表 4.4-2。

表 4.4-2　　　　　　　　计算工况水位和荷载组合表

计算工况	计算断面	计算内容	水位组合		荷载组合	
			临水侧	围区侧	基本	特殊
正常运用条件	竣工后断面	向外滑动	（1）设计低水位；（2）水位降至压载顶	最高洪水位	自重、外部荷载重、渗透力	—
		向内滑动	设计高水位	最低控制水位		
非常运用条件	截流体断面（未闭气）	向外滑动	（1）堵口设计低水位；（2）水位降至压载顶	堵口期最高水位	自重、外部荷载重、渗透力	—
		向内滑动	堵口设计高水位	堵口期最低水位		
	完建期断面	向外滑动	（1）度汛设计低水位；（2）水位降至压载顶	完建期最高水位	自重、外部荷载重、渗透力	—
		向内滑动	度汛设计高水位	完建期最低水位		
	竣工后断面	向外滑动	（1）多年平均低水位；（2）水位降至压载顶	正常控制水位	自重、外部荷载重	地震力
		向内滑动	多年平均高水位	正常控制水位		

围堤边坡和堤基抗滑稳定计算时，凡设计低水位低于涂面高程时，应采用涂面高程作为计算低水位。地震力的计算方法按《水工建筑物抗震设计规范》（SL 203）执行。计算自重时，水下部分按浮容重计，水上部分对堆砌石按干容重计，对土体根据情况可采用饱和容重或湿容重计。渗透力可用简化的替代重度法，即在计算滑动力矩时，浸润线以下，设计低水位以上部分采用饱和容重，但计算抗滑力矩时用浮容重。计算内、外坡抗滑稳定时，可视抛石、砌石体为透水体，水位升降作为水位骤升骤降处理，可近似认为堤身闭气土方浸润线保持原位置不变。浸润线位置为简化计，对堆石截流堤（未闭气），可将内、外水位与截流堤边坡的交点以直线连接而成；对一般围堤，可近似取内水位与防渗土体内边坡的交点和多年平均高水位与防渗土体外边坡的交点以直线连接而成。堤顶若有堆荷、交通荷载时，应将其换算成堤身荷载。

围堤圆弧抗滑稳定分析采用总应力法计算，其中对软土地基宜采用有效固结应力法和 $\phi=0$ 法，计算方法按附录 D 执行。有条件时宜采用有效应力法。当地基有软弱夹层时，宜采用改良圆弧法；对地基条件特别复杂的情况，分析计算方法应进行专题研究。对地基的抗剪强度指标，应根据地基土质条件、工程实际情况和稳定计算方法等，分别选用室内三轴或直剪试验的不排水剪、固结不排水剪和排水剪，或采用现场十字板剪力仪所测定的强度指标。对施工加荷速率较快的工程，软土地基应采用不排水剪或现场十字板的强度指标；施工加荷速率较慢的工程，或地基设置竖向排水时，应根据地基固结度，考虑地基强度增长计算确定抗剪强度指标。堤身材料的抗剪强度指标应由室内或现场试验测定，对于抛石材料，也可采用经验数据，抛石体内摩擦角 φ 一般可取 $38°\sim40°$；爆夯的抛石体内摩擦角 φ 一般可取 $39°\sim45°$。

按总应力法计算时，软土地基强度指标的取值宜以经数理统计后的标准值或小值平均值为依据。防护墙和防浪墙抗滑移、抗倾覆稳定计算时，作用在墙上的基本荷载应包括自重、静水压力、波浪力、扬压力、土压力、冰压力及其他出现机会较多的荷载；特殊荷载有地震荷载。防护墙使用期应验算向外侧的抗滑、抗倾稳定；施工期若墙后填土未跟上，应验算向内侧抗滑、抗倾稳定。防浪墙应验算向内侧抗滑、抗倾稳定。防护墙、防浪墙抗滑、抗倾和基底压应力计算、渗流及渗透稳定计算要求和方法按《堤防工程设计规范》（GB 50286）及《防波堤设计与施工规范》（JTJ 298）执行。4 级、5 级建筑物可根据具体情况从简。

4.4.5 围堤沉降计算

围堤工程应计算建筑物自重及外加荷载引起的地基沉降，如地基为岩层、碎石土、密实砂土和贯入击数 N 大于 15 的粘性土，可不进行沉降计算。计算沉降分施工过程的沉降和最终沉降两种性质。当海堤分期加载分期施工时，需要计算施工过程的沉降，计算时不考虑作用时间短的荷载，计算水位应采用平均低水位。软土地基的最终沉降量 S_∞ 包括瞬时沉降量 S_d 及固结沉降量 S_c。S_∞ 由式（4.4-2）计算：

$$S_\infty = S_d + S_c \qquad (4.4-2)$$

瞬时沉降量 S_d 按弹性理论公式计算，在无地基土不排水变形模量时，可按式（4.4-3）估算：

$$S_d = \left(\frac{1}{4} \sim \frac{1}{3}\right) S_0 \qquad (4.4-3)$$

式中：S_0 为加荷完毕后边桩停止外移时的总沉降量，mm。

固结沉降量 S_c 按分层总和法计算：

$$S_c = \sum_{i=1}^{n} \Delta S_i \qquad (4.4-4)$$

$$\Delta S_i = \frac{e_{0i} - e_{1i}}{1 + e_{1i}} \Delta h_i \qquad (4.4-5)$$

式中：e_{0i} 为第 i 层中点之土自重应力所对应的孔隙比（由 $e-p$ 或 $e-\log p$ 曲线查出）；e_{1i} 为第 i 层中点之土自重应力与附加应力之和相对应的孔隙比；Δh_i 为第 i 层土的厚度。

压缩层计算深度 Z_n 自基础底面起算，深度 Z_n 的选择由下列方法决定：

（1）深度为 Z_n 处向上 1m 厚土层的压缩量 ΔS_n 满足式（4.4-6）要求。

$$\Delta S_n \leqslant 0.025 \sum_{i=1}^{n} S_i \qquad (4.4-6)$$

式中：S_i 为在深度范围内第 i 层土的计算压缩量。

（2）当围堤地基为淤泥或淤泥质土层时，压缩层厚度取附加应力等于自重应力的 20% 时为止。若实际软土层厚度超过计算所得压缩层厚度时，则应继续进行压缩计算至软土层底或附加应力等于自重应力的 10% 为止。

当围堤计算垂直附加应力时，只需要考虑堤身自重的影响，当建筑物侧面有填土及荷载时，应计算边荷载的影响。边荷载的范围最大为自基底边缘算起 5 倍基底宽度。

在无法计算瞬时沉降时，地基最终沉降量 S_∞ 按式（4.4-7）计算：

$$S_\infty = m_s S_c \qquad (4.4-7)$$

式中：m_s 为附加沉降经验系数为 $1.2 \sim 1.8$，可按地区经验选取。

施工过程的沉降量可按式（4.4-8）计算：

$$S_t = S_d + U_t S_c \qquad (4.4-8)$$

式中：S_t 为 t 时间地基的沉降量；U_t 为 t 时间的平均固结度，固结度的计算按附录 E 进行。

对于多级等速加荷，任何时间的地基沉降量可由式（4.4-9）计算：

$$S_t = \left[(m_s - 1) \frac{P_t}{\sum \Delta p} + U_t \right] S_c \qquad (4.4-9)$$

式中：P 为计算时点的荷载量；$\sum \Delta p$ 为各级荷载增量之和；m_s 为附加沉降经验系数为 $1.2 \sim 1.8$，可按地区经验选取。

4.4.6 龙口与堵口

龙口位置应考虑地形、地质、堵口材料来源、运输条件和水闸位置等因素，选用集中或分散布置形式，龙口尺寸可先初步拟定，然后根据龙口度汛水力计算确定。选择龙口尺寸的控制流速可取 $2\sim4m/s$，当施工条件允许时，也可适当提高控制流速。

龙口度汛、堵口水力计算的内容是拟定龙口尺寸和计算龙口水力要素，可采用水量平衡法，按附录 F 进行。对 1 级、2 级围堤工程中水力条件较复杂的，宜采用模型试验与计算相结合的方法确定龙口水力要素及堵口顺序，对 4 级、5 级围堤工程，水力计算允许简化，可用转化口门线方法直接求出龙口最大流速和选择堵口顺序，按附录 F 进行。

选择堵口顺序时，软土地基龙口，宜采用平、立堵相结合的堵口方式，采用宽而浅，避免窄而深的龙口。对于多个龙口的工程，应尽量先堵地基条件差的龙口，留下 $1\sim2$ 个地基条件较好的龙口最后截流。应选多个堵口方案，利用等值线图确定每个方案的水力要素，并结合地基稳定和施工条件进行比较，确定最优堵口顺序。

截流堤是在堵口段用来截断潮流的戗堤。截流堤设计时，应考虑在溢、渗流和波浪作用下有足够的水力稳定性；软土地基有足够的稳定性；对可冲刷非粘性土地基上的截流堤，应防止出现接触面冲刷；断面设计应与施工方法和堵口顺序相适应；与围堤断面结构设计相适应。截流堤断面可分为下部溢流部分和上部非溢流部分。下部断面通常可结合压载和护底统筹考虑，上部断面必须满足堵口期挡潮以及施工交通等要求，其顶高程应超过施工期设计水位 0.5m，堤顶宽宜取 $3\sim7m$，非渗流出逸范围边坡可用 $1:1.3\sim1:1.5$，渗流出逸范围内边坡宜在 $1:1.5\sim1:2.0$ 之间。下部断面宜采用平堵法施工，上部断面可用平立堵结合或立堵法施工。截流材料可用块石，当块石不能维持稳定时，可选用竹笼、混凝土人工块体、钢筋笼或其他结构，将其放在局部流速大的部位，以维持稳定。截流堤堆石体上单个抛投体，在水力的作用下，其抗冲稳定临界流速从按式（4.4-10）计算：

$$当 \alpha < \phi \qquad V_c = K \sqrt{2g \frac{\gamma_s - \gamma_0}{\gamma_0}} \times \sqrt{D\cos\alpha} \qquad (4.4-10)$$

式中：K 为稳定系数，垫层块石直径小于抛投其上块石直径时取 0.8，垫层块石直径大于或等于抛投块石直径时取 1.2；g 为重力加速度，m/s^2，$g = 9.81 m/s^2$；γ_s 为抛投体容重，kN/m^3，对花岗岩块石，取 $\gamma_s = 26.0 kN/m^3$；γ_0 为海水容重，kN/m^3，取 $\gamma_0 = 10.3 kN/m^3$；D 为块石当量直径，m；α 为抛投体垫层倾角，(°)；ϕ 为堆石体休止角，(°)。

龙口的保护措施包括：龙口两侧海堤宜采用坡度较缓的堤头边坡，不进占时，应对龙口两侧堤头予以保护。非岩基上龙口应进行护底，对于 1 级、2 级围堤工程宜通过模型试验来确定龙口保护措施和范围。龙口护底构造先铺 0.3～0.5m 厚石渣垫层，必要时可在垫层下铺设一层土工布，再抛块石。块石尺寸根据龙口最大流速决定。龙口护底铺设应遵循"先低后高"、"先近后远"和"先普遍铺再逐步加厚"的原则。

闭气土料可采用当地淤泥及山地壤土。内闭气土体断面可分二类，一是直接在截流堤内侧抛填土料，按自然坡形成闭气土体；二是在截流堤内侧一定距离外筑一道副堤，在其与截流堤之间抛填土料，形成闭气土体，水较浅时选前者，水较深时选后者。闭气土体设计应满足渗透稳定和抗滑稳定的要求。闭气过程中，应充分利用水闸控制围区水位。

4.5 交叉建筑物设计

4.5.1 概述

围垦工程建设中的围堤交叉建筑物一般包括闸、通航孔与泵站等，其设计应与围堤工程设计协调一致，要求经济合理、安全可靠、运用方便、施工简单。交叉建筑物宜采用钢筋混凝土结构，为防止水、盐雾的侵蚀，应根据建筑物的不同部位，选用合适的建筑材料。

4.5.2 闸址选择

闸址尽可能选择地质条件较好的位置，且便于施工和运行管理。选择闸址时，应考虑引、排水畅通和尽可能减少开挖量，并考虑闸槽冲淤的影响。闸址应根据水闸的功能、特点和运用要求，综合考虑地形、地质、水流、潮汐、泥沙、冻土、冰情、施工、管理、周围环境等因素，经技术经济比较后选定。闸址宜选择在地形开阔、岸坡稳定、岩土坚实和地下水水位较低的地点。闸址宜优先选用地质条件良好的天然地基，避免采用人工处理地基。

节制闸或泄洪闸闸址宜选择在河道顺直、河势相对稳定的河段，经技术经济比较后也可选择在弯曲河段裁弯取直的新开河道上。进水闸、分水闸或分洪间闸址宜选择在河岸基本稳定的顺直河段或弯道凹岸顶点稍偏下游处，但分洪闸闸址不宜选择在险工堤段和被保护重要城镇的下游堤段。排水闸（排涝闸）或泄水闸（退水闸）闸址宜选择在地势低洼、出水通畅处，排水闸（排涝闸）闸址且宜选择在靠近主要涝区和容泄区的老堤堤线上。挡潮闸闸址宜选择在岸线和岸坡稳定的潮汐河口附近，且闸址泓滩冲淤变化较小、上游河道有足够的蓄水容积的地点。

若在多支流汇合口下游河道上建闸，选定的闸址与汇合口之间宜有一定的距离。若在平原河网地区交叉河口附近建闸，选定的闸址宜在距离交叉河口较远处。若在铁路桥或Ⅰ级、Ⅱ级公路桥附近建闸，选定的闸址与铁路桥或Ⅰ级、Ⅱ级公路桥的距离不宜太近。

选择闸址应考虑材料来源、对外交通、施工导流、场地布置、基坑排水、施工水电供应等条件。选择闸址应考虑水闸建成后工程管理维修和防汛抢险等条件。选择闸址时，还应考虑占用土地及拆迁房屋少，尽量利用周围已有公路、航运、动力、通信等公用设施，有利于绿化、净化、美化环境和生态环境保护，有利于开展综合经营。

4.5.3 闸的规模

闸的规模应按围区面积、围区功能、当地雨量、围区河道的调蓄能力和区外陆域流入区内的流量以及水位等，通过水力计算确定。闸的水力计算，应根据一定的水闸底槛高程按设计暴雨与设计潮型相遇的情况，经调洪演算后确定需要的闸孔尺寸。当围区河道有一定的库容，排水干河比降较缓时，可按水量平衡原理对围区进行调洪演算；如排水干河比降较陡，围区内洪水水面不能近似视为水平时宜按非恒定流原理进行计算。设计暴雨重现期和设计潮型及组合方式应按《防洪标准》（GB 50201）中各类防护对象不同等级的设计洪水，与多年平均最高水位及最高低水位相遇，经比较取其最不利者。设计暴雨历时可取最大24h或3d。设计排涝历时应根据防护区允许淹没程度来确定。为确定闸规模所选择的设计潮型，应根据设计水位对历年实测的水位过程线进行复合、对比后作适当修正。

4.5.3.1 水闸等级划分及洪水标准

（1）工程等别及建筑物级别。平原区水闸枢纽工程应根据水闸最大过闸流量及其防护对象的重要性划分等别，其等别应按表4.5-1确定。规模巨大或在国民经济中占有特殊重要地位的水闸枢纽工程，其等别应经论证后报主管部门批准确定。

表 4.5-1　　　　　　平原区水闸枢纽工程分等指标表

工程等别	Ⅰ	Ⅱ	Ⅲ	Ⅳ	Ⅴ
规模	大（1）型	大（2）型	中型	小（1）型	小（2）型
最大过闸流量（m³/s）	≥5000	5000~1000	1000~100	100~20	<20
防护对象的重要性	特别重要	重要	中等	一般	—

注　当按表列最大过闸流经及防护对象重要性分别确定的等别不同时，工程等别应经综合分析确定。

水利枢纽中的水工建筑物应根据其所属枢纽工程等别、作用和重要性划分级别，其级别应按表4.5-2确定。

表 4.5-2　　　　　　　　　水闸枢纽建筑物级别划分表

工程等别	永久性建筑物级别		临时性建筑物级别
	主要建筑物	次要建筑物	
Ⅰ	1	3	4
Ⅱ	2	3	4
Ⅲ	3	4	5
Ⅳ	4	5	5
Ⅴ	5	5	—

注　永久性建筑物指枢组工拐运行期内使用的建筑物。主要建筑物指失事后将造成下游灾害或严重影响工程效益的建筑物；次要成筑物指失事后不致造成下游灾害或对工程效益影响不大并易于修复的建筑物；临时性建筑物指枢纽工程施工期间使用的建筑物。

　　山区、丘陵区水利水电枢纽中的水闸，其级别可根据所属枢纽工程的等别及水闸自身的重要性按表 4.5-3 确定。山区、丘陵区水利水电枢纽工程等别应按国家现行的《水利水电工程等级划分及洪水标准》（SL 252）的规定确定。灌排渠系上的水闸，其级别可按现行的《灌溉与排水工程设计规范》（GB 50288）的规定确定。位于防洪（挡潮）堤上的水闸，其级别不得低于防洪（挡潮）堤的级别。对失事后造成巨大损失或严重影响，或采用实践经验较少的新型结构的 2～5 级主要建筑物，经论证并报主管部门批准后可提高一级设计，对失事后造成损失不大或影响较小的 1～4 级主要建筑物，经论证并报主管部门批准后可降低一级设计。

　　（2）洪水标准。平原区水闸的洪水标准应根据所在河流流域防洪规划规定的防洪任务，以近期防洪目标为主，并考虑远景发展要求，按表 4.5-3 所列标准综合分析确定。

　　挡潮闸的设计水位标准应按表 4.5-4 确定，兼有排涝任务的挡潮闸，其设计排涝标准可按表 4.5-5 确定。

　　山区、丘陵区水利水电枢纽中的水闸，其洪水标准应与所属枢纽中永久性建筑物的洪水标准一致，山区、丘陵区水利水电枢纽中永久性建筑物的洪水标准应按 SL 252—2000 的规定确定。

灌排渠系上的水闸，其洪水标准应按表4.5-5确定。

表 4.5-3　　　　　平原区水闸洪水标准表

水闸级别		1	2	3	4	5
洪水重现期 （年）	设计	100～50	50～30	30～20	20～10	10
	校核	300～200	200～100	100～50	50～30	30～20

表 4.5-4　　　　　挡潮闸设计水位标准表

挡潮闸级别	1	2	3	4	5
设计潮水位重现期（年）	≥100	100～50	50～20	20～10	10

注　若确定的设计潮水位低于当地历史最高潮水位时，应以当地历史最高潮水位作为校核潮水标准。

表 4.5-5　　　　　灌排渠系上的水闸防洪标准表

灌排渠系上的水闸级别	1	2	3	4	5
设计洪水重现期（年）	100～500	50～30	30～20	20～10	10

注　灌排渠系上的水闸校核洪水标准，可视具体情况和需要研究确定。

　　位于防洪（挡潮）堤上的水闸，其防洪（挡潮）标准不得低于防洪（挡潮）堤的防洪（挡潮）标准。按规定提高或降低一级设计的水闸，其洪水标准可按提高或降低后的级别确定。

　　平原区水闸闸下消能防冲的洪水标准应与该水闸洪水标准一致，并应考虑泄放小于消能防冲设计洪水标准的流里时可能出现的不利情况。山区、丘陵区水闸闸下消能防冲设计洪水标准，可按表4.5-6确定，并应考虑泄放小于消能防冲设计洪水标准的流量时可能出现的不利情况。当泄放超过消能防冲设计洪水标准的流量时，允许消能防冲设施出现局部破坏，但必须不危及水闸闸室安全。且易于修复，不致长期影响工程运行。

表 4.5-6　　　　山区丘陵区水闸标准闸下消能防冲设计洪水表

水闸级别	1	2	3	4	5
闸下消能防冲设计洪水重现期（年）	1000	50	30	20	10

4级、5级临时性建筑物的洪水标准应根据其结构类别按表4.5-7的规定幅度，结合风险度综合分析合理选定，对失事后果严重的重要工程，应考虑遭遇超标准洪水的应急措施。

表 4.5-7　　　　　　　临时性建筑物洪水标准表

建 筑 物 类 型	建筑物级别	
	4	5
	洪水重现期（年）	
土石结构	20～10	10～5
混凝土、浆砌石结构	10～5	5～3

4.5.4　闸的结构布置

围堤上的水闸若无通航要求可设置胸墙，流量较小的可以做成涵洞型式。闸的挡水水位与围堤设计采用的最高水位相同，闸顶高程应为设计水位加风浪爬高再加规定的安全加高，并且不低于堤顶高程。闸两端的翼墙与土石结构的海堤连接时，在翼墙设计中应考虑风浪的因素。

4.5.4.1　枢纽布置

水闸枢纽布置应根据闸址地形、地质、水流等条件以及该枢纽中各建筑物的功能、特点、运用要求等确定，做到紧凑合理、协调美观，组成整体效益最大的有机联合体。

节制闸或泄洪闸的轴线宜与河道中心线正交，其上、下游河道直线段长度不宜小于5倍水闸进口处水面宽度。位于弯曲河段的泄洪闸，宜布置在河道深泓部位。进水闸或分水闸的中心线与河（渠）道中心线的交角不宜超过30°，其上游引河（渠）长度不宜过长。位于弯曲河（渠）段的进水闸或分水闸，宜布置在靠近河（渠）道深乱的岸边。分洪闸的中心线宜正对河道主流方向。排水闸或泄水闸的中心线与河（渠）道中心线的交角不宜超过60°，其下游引河（渠）宜短而直，引河（渠）轴线方向宜避开常年大风向。滨湖水闸的轴线宜与上游来水方向正交。当上、下游水面较宽阔时，可根据需要设一定长度的导水堤。

水闸枢纽中的船闸、泵站或水电站宜靠岸布置，但船闸不宜与泵站或水电站布置在同一岸侧。船闸、泵站或水电站与水闸的相对位置，应能保证满足水闸通畅泄水及各建筑物安全运行的要求。多泥沙河流上的水闸枢纽，应在进水闸进水口或其他取水建筑物取水口的相邻位置设冲沙闸（排沙闸）或泄洪冲沙闸，并应注意解决进水闸进水口或其他取水建筑物取水口处可能产生的泥沙淤堵问题。

上、下游平水机会较多，且有一般通航要求的水闸，可设置通航孔。通航孔位置应根据过闸安全和管理方便的原则确定但不宜紧靠泵站或水电站。上、下游水位差不大，且有一般过水要求的水闸，可设置过木孔或在岸边设过木道。过木孔或岸边过木道位置应根据水流条件和漂木特点确定，但不宜紧靠泵站或水电站。经常有水流下泄，且有过负要求的水闸，可结合岸墙、翼墙的布置设置鱼道。鱼道下泄水流宜与河道水流斜交，其出口位置不宜紧靠泄洪闸。平原区上游有余水可以利用，且有发电要求的水闸，可结合岸墙、翼墙的布置设置小型水力发电机组或在边闸孔内设置可移式发电装置。水流流态复杂的大型水闸枢纽布置，应经水工模型试验验证。模型试验范围应包括水闸上、下游可能产生冲淤的河段。

4.5.4.2 闸室布置

水闸闸室布置应根据水闸挡水、泄水条件和运行要求，结合考虑地形、地质等因素，做到结构安全可靠、布置紧凑合理、施工方便、运用灵活、经济美观。闸室结构可根据泄流特点和运行要求，选用开敞式、胸墙式、涵洞式或双层式等结构型式。整个闸室结构的重心应尽可能与闸室底板中心相接近，且偏高水位一侧。闸槛高程较高、挡水高度较小的水闸，可采用开敞式；泄洪闸或分洪闸宜采用开敞式；有排冰、过木或通航要求的水闸，应采用开敞式。闸槛高程较低、挡水高度较大的水闸，可采用胸墙式或涵洞式；挡水水位高于泄水运用水位，或闸上水位变幅较大，且有限制过闸单宽流址要求的水闸，也可采用胸墙式或涵洞式。要求面层溢流和底层泄流的水闸，可采用双层式；软弱地基上的水闸，也可采用双层式。开敞式闸室结构可根据地基条件及受力情况等选用整体式或分离式。涵洞式和双层式闸室结构不宜采用分离式。水闸闸顶高程应根据挡水和泄水两种运用情况确定。挡水时，闸顶高程不应低于水闸正常蓄水位（或最高挡水位）加波浪计算高度与相应安全超高值之和；泄水时，闸顶高程不应低于设计洪水位（或校核洪水位）与相应安全超高值之和。水闸安全超高下限值见表 4.5－8。

表 4.5－8　　　　　　　　水闸安全超高下限值表　　　　　　单位：m

运用情况	水闸级别	1	2	3	4、5
挡水时	正常蓄水位	0.70	0.50	0.40	0.30
	最高挡水位	0.50	0.40	0.30	0.20
泄水时	设计洪水位	1.50	1.00	0.70	0.50
	校核洪水位	1.00	0.70	0.50	0.40

位于防洪（挡潮）堤上的水闸，其闸顶高程不得低于防洪（挡潮）堤堤顶高程。闸顶高程的确定，还应考虑软弱地基上闸基沉降的影响，多泥沙河流上、下游河道变化引起水位升高或降低的影响，防洪（挡潮）堤上水闸两侧堤顶可能加高的影响等。

闸槛高程应根据河（渠）底高程、水流、泥沙、闸址地形、地质、闸的施工、运行等条件，结合选用的堰型、门型及闸孔总净宽等，经技术经济比较确定。建造在复式河床上的水闸，当闸基为岩石或坚硬的粘性土时，可选用高、低闸槛的布置型式，但必须妥善布置防渗排水设施。

闸孔总净宽应根据泄流特点、下游河床地质条件和安全泄流的要求，结合闸孔孔径和孔数的选用，经技术经济比较后确定。闸孔孔径应根据闸的地基条件、运用要求、闸门结构型式、启闭机容量，以及闸门的制作、运输、安装等因素，进行综合分析确定。选用的闸孔孔径应符合国家现行的《水利水电工程钢闸门设计规范》(SL 74) 所规定的闸门孔口尺寸系列标准。闸孔孔数少于 8 孔时，宜采用单数孔。

闸室底板型式应根据地基、泄流等条件选用平底板、低堰底板或折线底板。一般情况下，闸室底板宜采用平底板；在松软地基上且荷载较大时，也可采用箱式平底板。当需要限制单宽流量而闸底建基高程不能抬高，或因地基表层松软需要降低闸底建基高程，或在多泥沙河流上有拦沙要求时，可采用低堰底板。在坚实或中等坚实地基上，当闸室高度不大，但上、下游河（渠）底高差较大时，可采用折线底板，其后部可作为消力池的一部分。闸室底板厚度应根据闸室地基条件、作用荷载及闸孔净宽等因素，经计算并结合构造要求确定。闸室底板顺水流向长度应根据闸室地基条件和结构布置要求，以满足闸室整体稳定和地基允许承载力为原则，进行综合分析确定。闸室结构垂直水流向分段长度（即顺水流向永久缝的缝距）应根据闸室地基条件和结构构造特点，结合考虑采用的施工方法和措施确定。对坚实地基上或采用桩基的水闸，可在闸室底板上或闸墩中间设缝分段，对软弱地基上或地震区的水闸，宜在闸墩中间设缝分段。岩基上的分段长度不宜超过 20m，土基上的分段长度不宜超过 35m，当分段长度超过本条规定数值时，宜作技术论证。永久缝的构造型式可采用铅直贯通缝、斜搭接缝或齿形搭接缝，缝宽可采用 2～3cm。

闸墩结构型式应根据闸室结构抗滑稳定性和闸墩纵向刚度要求确定，一般宜采用实体式。闸墩的外形轮廓设计应能满足过闸水流平顺、侧向收缩小、过流能力大的要求。上游墩头可采用半圆形，下游墩头宜采用派线形。闸墩厚度应根据闸孔孔径、受力条件、结构构造要求和施工方法等确定。平面闸门闸墩门槽处最小厚度不宜小于 0.4m。

工作闸门门槽应设在闸墩水流较平顺部位，其宽深比宜取 1.6～1.8。根据管理维修需要设置的检修闸门门槽，其与工作闸门门槽之间的净距离不宜小于 1.5m。当设有两道检修闸门门槽时，闸墩和底板必须满足检修期的结构强度要求。边闸墩的选型布置应符合有关规定，兼作岸墙的边闸墩还应考虑承受侧向土压力的作用，其厚度应根据结构抗滑稳定性和结构强度的需要计算确定。

闸门结构的选型布置应根据其受力情况、控制运用要求、制作、运输、安装、维修条件等，结合闸室结构布置合理选定。挡水高度和闸孔孔径均较大，需由闸门控制泄水的水网宜采用弧形闸门。当永久缝设置在闸室底板上时，宜采用平面闸门。如采用弧形网门时，必须考虑闸墩间可能产生的不均匀沉降对闸门强度、止水和启闭的影响。受涌浪或风浪冲击力较大的挡潮闸，宜采用平面闸门，且闸门面板直布置在迎潮侧。有排冰或过分要求的水闸，宜采用平面闸门或下卧式弧形闸门。多泥沙河流上的水闸，不宜采用下卧式弧形闸门。有通航或抗震要求的水闸，宜采用升卧式平面闸门或双扉式平面闸门。检修闸门应采用平面闸门或叠梁式闸门。露顶式闸门顶部应在可能出现的最高挡水位以上有 0.3~0.5m 的超高。

启闭机型式可根据门型、尺寸及其运用条件等因素选定。选用启闭机的启闭力应等于或大于计算启闭力，同时应符合国家现行的《水利水电工程启闭机设计规范》（SL 41）所规定的启闭机系列标准。当多孔间门启闭频繁或要求短时间内全部均匀开启时，每孔应设一台固定式启闭机。

闸室胸墙结构可根据闸孔孔径大小和泄水要求选用板式或板梁式，孔径不大于 6m 时可采用板式，孔径大于 6m 时宜采用板梁式。胸墙顶宜与闸顶齐平，胸墙底高程应根据孔口泄流量要求计算确定。脚墙上游面底部宜做成流线形，脚墙厚度应根据受力条件和边界支承情况计算确定。对于受风浪冲击力较大的水闸，胸墙上应留有足够的排气。胸墙与闸墩的连接方式可根据闸室地墓、温度变化条件、闸室结构横向刚度和构造要求等采用简支式或固支式。当永久缝设置在底板上时，不应采用固支式。

闸室上部工作桥、检修便桥、交通桥可根据闸孔孔径、闸门启闭机型式及容量、设计荷载标准等分别选用板式、梁板式或板拱式，其与闸墩的连接型式应与底板分缝位置及胸墙支承型式统一考虑。有条件时，可采用预制构件，现场吊装，工作桥的支承结构可根据其高度及纵向刚度选用实体式或刚架式。工作桥、检修便桥和交通桥的梁（板）底高程均应高出最高洪水位 0.5m 以上。若有流冰，应高出流冰面以上 0.2m。

松软地基上的水闸结构选型布置时，间室结构布置应匀称、重量轻、整体性强、刚度大；相邻分部工程的基底压力差小；选用耐久、能适应较大不均匀沉降的止水型式和材料；适当增加底板长度和埋置深度。

冻胀性地基上的水闸，闸室结构应整体性强、刚度大，Ⅲ级冻涨土地基上的 1～3 级水闸和Ⅳ级、Ⅴ级冻涨土地基上的各级水闸，其基础埋深不小于基础设计冻深；在满足地基承载力要求的情况下，减小闸室底部与冻涨土的接触面积。在满足防渗、防冲和水流衔接条件的情况下，缩短进出口长度；适当减小冬季暴露的大、中型水闸铺盖、消力池底板等底部结构的分块尺寸。

地震区水闸，闸室结构布置应匀称、重量轻、整体性强、刚度大。降低工作桥排架高度，减轻其顶部重量，并加强排架柱与闸墩和桥面结构的抗剪连接。在闸墩上分缝，并选用耐久、能适应较大变形的止水型式和材料；加强地基与闸室底板的连接，并采取有效的防渗措施；适当降低边墩（岸墙）后的填土高度，减少附加荷载；上游防渗铺盖采用混凝土结构，并适当布筋。

4.5.4.3 防渗排水布置

水闸防渗排水布置应根据闸基地质条件和水闸上、下游水位差等因素，结合闸室、消能防冲和两岸连接布置进行综合分析确定。均质土地墓上的水闸闸基轮廓线应根据选用的防渗排水设施，经合理布置确定。在工程规划和可行性研究阶段，初步拟定的闸基防渗长度应满足式（4.5-1）要求：

$$L = C\Delta H \tag{4.5-1}$$

式中：L 为闸基防渗长度，即闸基轮廓线防渗部分水平段和垂直段长度的总和，m；ΔH 为上、下游水位差，m；C 为允许渗径系数值。当闸基设板桩时，可采用表 4.5-9 中所列规定值的小值。

表 4.5-9 允许渗径系数值

排水条件 \ 地基类别	粉砂	细砂	中砂	粗砂	中砾、细砾	粗砾夹卵石	轻粉质砂壤土	轻砂壤土	壤土	粘土
有滤层	13～9	9～7	7～5	5～4	4～3	3～2.5	11～7	9～5	5～3	3～22
无滤层	—	—	—	—	—	—	—	—	7～4	4～3

当闸基为中壤土、轻壤土或重砂壤土时，闸室上游宜设置钢筋混凝土或粘土铺盖，或土工膜防渗铺盖，闸室下游护坦底部应设滤层，粘土铺盖的渗透系数应比地基土的渗透系数小 100 倍以上。

当闸基为较薄的壤土层，其下卧层为深厚的相对透水层时，尚应验算粗盖土层抗渗、抗浮的稳定性，必要时可在闸室下游设置深入相对透水层的排水井或排水沟，并采取防止被淤堵的措施。当闸基为粉土、粉细砂、轻砂壤土或轻粉质砂壤土时，闸室上游宜采用铺盖和垂直防渗体（钢筋混凝土板桩、水泥砂浆帷幕、高压喷射灌浆帷幕、混凝土防渗墙、土工膜垂直防渗结构等）相结合的布置形式。垂直防渗体宜布置在闸室底板的上游端，在地震区粉细砂地基上，闸室底板下布置的垂直防渗体宜构成四周封闭的形式。粉土、粉细砂、轻砂壤土或较粉质砂壤土地基除应保证渗流平均坡降和出逸坡降小于允许值外，在渗流出口处（包括两岸侧向渗流的出口处）必须设置级配良好的滤层。

当闸基为较薄的砂性土层或砂砾石层，其下卧层为深厚的相对不透水层时，闸室底板上游端宜设置截水槽或防渗墙，闸室下游渗流出口处应设滤层。截水槽或防渗墙嵌入相对不透水层深度不应小于1.0m。当闸基砂砾石层较厚时，闸室上游可采用铺盖和悬挂式防渗墙相结合的布置形式，闸室下游渗流出口处应设滤层。当闸基为粒径较大的砂砾石层或粗砾夹卵石层时，闸室底板上游端宜设置深齿墙或深防渗墙，闸室下游渗流出口处应设滤层。当闸基为薄层粘性土和砂性土互层时，铺盖前端宜加设一道垂直防渗体，闸室下游宜设排水沟或排水浅井，并采取防止被淤堵的措施。当闸基为岩石地基时，可根据防渗需要在闸室底板上游端设水泥灌浆帷幕，其后设排水孔。闸室底板的上、下游端均宜设置齿墙，齿墙深度可采用0.5～1.5m。

铺盖长度可根据闸基防渗需要确定，一般采用上、下游最大水位差的3～5倍。混凝土或钢筋混凝土铺盖最小厚度不宜小于0.4m，其顺水流向的永久缝缝距可采用8～20m，靠近翼墙的铺盖缝距宜采用小值，缝宽可采用2～3cm。粘土或壤土铺盖的厚度应根据铺盖土料的允许水力坡降值计算确定，其前端最小厚度不宜小于0.6m，逐渐向闸室方向加厚。铺盖上面应设保护层。防渗土工膜厚度应根据作用水头、膜下土体可能产生裂隙宽度、膜的应变和强度等因素确定，但不宜小于0.5mm，土工膜上应设保护层。在寒冷和严寒地区，混凝土或钢筋混凝土铺盖应适当减小水平缝缝距，粘土或壤土铺盖应适当加大厚度，并应避免冬季暴露于大气中。

钢筋混凝土板桩最小厚度不宜小于0.2m，宽度不宜小于0.4m，板桩之间应采用梯形林槽连接。水泥砂浆帷幕或高压喷射灌浆帷幕的最小厚度不宜小于0.1m，混凝土防渗墙最小厚度不宜小于0.2m。地下垂直防渗土工膜厚度不宜小于0.25mm；重要工程可采用复合土工膜，其厚度不宜小于0.5mm。

排水沟断面尺寸应根据透水层厚度合理确定，沟内应按滤层结构要求铺设导渗层。

排水井的井深和井距应根据透水层埋藏深度及厚度合理确定，井管内径不宜小于0.2m。滤水管的开孔率应满足出水量要求，管外应设滤层。侧向防渗排水布置（包括刺墙、板桩、排水井等）应根据上、下游水位、墙体材料和墙后土质以及地下水位变化等情况综合考虑，并应与闸基的防渗排水布置相适应。承受双向水头的水闸，其防渗排水布置应以水位差较大的一向为主，合理选择双向布置形式。

4.5.4.4 消能防冲布置

水闸消能防冲布置应根据闸基地质情况、水力条件以及闸门控制运用方式等因素，进行综合分析确定。水闸闸下宜采用底流式消能。其消能设施的布置型式可按下列情况经技术经济比较后确定；当闸下尾水深度小于跃后水深时，可采用下挖式消力池消能。消力池可采用斜坡面与闸底板相连接，斜坡面的坡度不宜陡于1∶4。当闸下尾水深度略小于跃后水深时，可采用突槛式消力池消能。当闸下尾水深度远小于跃后水深，且计算消力池深度又较深时，可采用下挖式消力池与突槛式消力池相结合的综合式消力池消能。当水闸上、下游水位差较大，且尾水深度较浅时，宜采用二级或多级消力池消能。下挖式消力池、突槛式消力池或综合式消力池后均应设海漫和防冲栖（或防冲墙）。消力池内可设消力墩、消力梁等辅助消能工，如用于大型水闸时，其布置型式和尺寸应通过水工模型试验验证。

当水闸闸下尾水深度较深、且变化较小，河床及岸坡扰冲能力较强时，可采用面流式消能。当水闸承受水头较高，且闸下河床及岸坡为坚硬岩体时，可采用挑流式消能。在夹有较大砾石的多泥沙河流上的水闸，不宜设消力池，可采用抗冲耐解的斜坡护坦与下游河道连接，末端应设防冲墙。在高速水流部位，尚应采取抗冲磨与抗空蚀的措施。对于大型多孔水闸，可根据需要设置隔墩或导墙进行分区消能防冲布置。海漫应具有一定的柔性、透水性、表面粗糙性，其构造和抗冲能力应与水流流速相适应。海漫宜做成等于或缓于1∶10的斜坡，末端应设防冲槽（或防冲堵）。海漫下面应设垫层。

水闸上、下游护坡和上游护底工程布置应根据水流流态、河床土质抗冲能力等因素确定。护坡长度应大于护底（海漫）长度，护坡、护底下面均应设垫层。必要时，上游护底首端宜增设防冲槽（或防冲墙）。

4.5.4.5 两岸连接布置

水闸两岸连接应能保证岸坡稳定，改善水闸进、出水流条件，提高泄流能力和消能防冲效果，满足侧向防渗需要，减轻侧室底板边荷载影响，且有利于外境缘化等。两岸连接布置应与闸室布置相适应。水闸两岸连接宜采用直墙式结构，当水闸上、下游水位差不大时，也可采用斜坡式结构，但应考虑防渗、防冲和防冻等问题。在坚实或中等坚实的地基上，岸墙和翼墙可采用重力式或扶壁式结构。在松软地基上，宜采用空箱式结构。岸墙与边闸墩的结合或分离，应根据闸室结构和地基条件等因素确定。当闸室两侧需设置岸墙时，若闸室在闸墩中间设缝分段，岸墙宜与边闸墩分开；若闸室在闸底板上设缝分段，岸墙可兼作边闸墩，并可做成空箱式。对于闸孔孔数较少、不设永久缝的非开敞式侧室结构，也可以边闸墩代替岸墙。上、下游翼墙宜与闸室及两岸岸坡平顺连接。上游翼墙的平面布置宜采用圆弧式或椭圆弧式，下游翼墙的平面布置宜采用圆弧（或椭圆弧）与直线组合式或折线式。在坚硬的枯性土和岩石地基上，上、下游翼墙可采用扭曲面与岸坡连接的型式。上游翼墙顺水流向的投影长度应大于或等于铺盖长度。下游翼墙的平均扩散角每侧宜采用 $7°\sim12°$，其顺水流向的投影长度应不小于消力池长度。在有侧向防渗要求的条件下，上、下游翼墙的墙顶高程应分别高于上、下游最不利的运用水位。翼墙分段长度应根据结构和地基条件确定，建筑在坚实或中等坚实地基上的翼墙分段长度可采用 $15\sim20m$，建筑在松软地基或回填土的翼墙分段长度可适当减短。

4.5.5 闸的结构设计

4.5.5.1 概述

闸结构设计除考虑常规荷载外，还应充分考虑水、盐雾的运行环境及风浪压力的作用。至少应按以下几种情况验算闸的抗滑稳定和基底应力：外侧为设计高水位，内侧为正常水位；外侧为设计低水位，内侧为最高水位；外侧为设计高水位，内侧为最低水位。在水位差较大的水域，闸外侧的翼墙结构设计，应复核墙前落至最低水位，而墙后地下水位为最高时的稳定情况。当墙后设置排水设施时，要考虑排水设施可能失效或部分失效的情况。闸的结构应力分析可采用结构力学与弹性理论相结合的方法，即顺水流方向基底的反力分布按线性变化计算，横截条的反力分布按变形相容原理计算，前者为直线分布，后者为曲线分布。闸墩对底板的作用力也用结构力学方法计算，算得该作用力的分布后，可对截条按弹性地基梁法计算，不需计算不平衡剪力。水闸结构设计应根据结构受力条件及工程地质条件进行，其内容应包括荷载及其组合，侧室和岸墙、翼墙的稳定计算，结构应力分析。水闸混凝土结构除应满足强度和限裂要求外，还应根据所在部位的工作条件、地区气候和环境等情况，分别满足抗渗、抗冻、抗侵蚀、抗冲刷等耐久性的要求。

各部位的混凝土强度等级应根据计算或耐久性要求确定，但处于二类环境条件下的混凝土强度等级不宜低于C15，处于三类环境条件下的混凝土强度等级不宜低于C20，处于四类环境条件下的以及有抗冲耐磨要求的混凝土强度等级不宜低于C25。混凝土的限裂宽度应根据所处的环境条件确定，但处于二类环境条件下的混凝土最大裂缝宽度计算值不应超过0.20mm，处于三类环境条件下的混凝土最大裂缝宽度计算值不应超过0.15mm，处于四类环境条件下的混凝土最大裂缝宽度计算值不应超过0.10mm。混凝土的抗渗等级应根据所承受的水头、水力梯度、水质条件及渗流水的危害程度等情况确定，但防渗段水力梯度小于10的混凝土抗渗等级不得低于W4，水力梯度等于或大于10的混凝土抗渗等级不得低于W6，寒冷和严寒地区水闸防渗段水力梯度小于10和等于或大于10的混凝土抗渗等级应分别不低于W6和W8。混凝土的抗冻等级应根据气候分区、年冻融循环次数、结构构件的重要性及其检修条件等情况确定，但温和地区和长期处于水下的混凝土抗冻等级不应低于F50，寒冷地区年冻融循环次数少于 100 次和等于或多于 100 次的混凝土抗冻等级分别不应低于 F100 和 F150，严寒地区年冻融循环次数少于 100 次和等于或多于 100 次的混凝土抗冻等级分别不应低于 F200 和 F300。

当水闸部分结构采用砌石时，选用的条石或块石应能抗风化，冻融损失率应小于 1%，单块重量不宜小于 30kg，砌筑砂浆强度等级不应低于 M7.5。砌石结构应采取有效的防渗排水措施，严寒、寒冷地区水闸砌石结构还应采取保温防冻措施。7 度及 7 度以上地震区的水闸除应认真分析地震作用和做好抗震计算外，尚应采取安全可靠的抗震措施。当地震烈度为 6 度时，可不进行抗震计算，但对 6 度地震区的 I 级水闸仍应采取适当的抗震措施。

4.5.5.2 荷载计算及组合

作用在水闸上的荷载可分为基本荷载和特殊荷载两类。基本荷载主要有水闸结构及其上部填料和永久设备的自重；相应于正常蓄水位或设计洪水位情况下水闸底板上的水重；相应于正常蓄水位或设计洪水位情况下的净水压力。相应于正常蓄水位或设计洪水位情况下的扬压力（即浮托力与渗透压力之和）；土压力、淤沙压力、风压力，相应于正常蓄水位或设计洪水位情况下的浪压力、冰压力、土的冻胀力，其他出现机会较多的荷载等。特殊荷载主要有相应于校核洪水位情况下水闸底板上的水重，相应于校核洪水位情况下的静水压力，相应于校核洪水位情况下的扬压力，相应于校核洪水位情况下的浪压力、地震荷载，其他出现机会较少的荷载等。

水闸结构及其上部填料的自重应按其几何尺寸及材料重度计算确定，闸门、启闭机及其他永久设备应尽量采用实际重量。作用在水间底板上的水重应按其实际体积及水的重度计算确定。多泥沙河流上的水闸，还应考虑泥沙对水的重度的影响。作用在水闸上的静水压力应根据水闸不同运用情况时的上、下游水位组合条件计算确定。多泥沙河流上的水闸，还应考虑含沙址对水的重度的影响。作用在水侧基础底面的扬压力应根据地基类别、防渗排水布置及水闸上、下游水位组合条件计算确定。作用在水闸上的土压力应根据填土性质、挡土高度、填土内的地下水位、填土顶面坡角及超荷载等计算确定。对予向外侧移动或转动的挡土结构，可按主动土压力计算；对于保持静止不动的挡土结构，可按静止土压力计算。

作用在水闸上的淤沙压力应根据水闸上、下游可能淤积的程度及泥沙重度等计算确定。作用在水闸上的风压力应根据当地气象台站提供的风向、风速和水闸受风面积等计算确定，计算风压力时应考虑水闸周边地形、地貌及附近建筑物的影响。作用在水闸上的浪压力应根据水闸闸曲风向、风速、风区长度（吹程）、风区内的平均水深以及闸前实际波态的判别等计算确定。作用在水闸上的冰压力、土的冻胀力、地震荷载以及其他荷载，可按国家现行的有关标准的规定计算确定。施工过程中各个阶段的临时荷载应根据工程实际情况确定。

设计水闸时，应将可能同时作用的各种荷载进行组合。荷载组合可分为基本组合和特殊组合两类。基本组合由基本荷载组成，特殊组合由基本荷载和一种或几种特殊荷载组成，但地震荷载只应与正常蓄水位情况下的相应荷载组合。计算闸室稳定和应力时的荷载组合可按表 4.5-10 的规定采用。必要时还可考虑其他可能的不利组合。计算岸墙、翼墙稳定和应力时的荷载组合可按表 4.5-10 采用，并应验算施工期、完建期和检修期（墙前无水和墙后有地下水）等情况。

4.5.5.3 闸室稳定计算

闸室稳定计算宜取两相邻顺水流向水久缝之间的闸段作为计算单元。

（1）土基上的闸室稳定计算。在各种计算情况下，闸室平均基底应力不大于地基允许承载力，最大基底应力不大于地基允许承载力的 1.2 倍；闸室基底应力的最大值与最小值之比不大于规范规定的允许值；沿闸室基底面的抗滑稳定安全系数不小于规定的允许值。

表 4.5-10　荷　载　组　合　表

荷载组合	计算情况	自重	水重	静水压力	扬压力	土压力	淤沙压力	风压力	浪压力	冰压力	土的冻胀力	地震荷载	其他	说　明
基本组合	完建情况	√	—	—	—	√	—	—	—	—	—	—	√	必要时可考虑地下水引起的扬压力
	正常蓄水位情况	√	√	√	√	√	√	√	√	—	—	—	√	按正常蓄水位组合计算水重、静水压力、扬压力及冰压力
	设计洪水位情况	√	√	√	√	√	√	√	√	—	—	—	—	按设计洪水位组合计算水重、静水压力、扬压力和浪压力
	冰冻情况	√	√	√	√	√	√	√	—	√	√	—	√	按正常蓄水位组合计算水重、静水压力、扬压力及冰压力
	施工情况	√	—	—	—	√	—	√	—	—	—	—	√	应考虑施工过程中各个阶段的临时荷载
特殊组合	检修情况	√	—	√	√	√	√	√	√	—	—	—	—	按正常蓄水位组合（必要时可按设计洪水位条件）计算水重或冬季低水位条件下计算静水压力、扬压力及浪压力
	校核洪水位情况	√	√	√	√	√	√	√	√	—	—	—	—	按校核洪水位组合计算水重、静水压力、扬压力及浪压力
	地震情况	√	√	√	√	√	√	—	√	—	—	√	—	按正常蓄水位组合计算水重、静水压力、扬压力及浪压力

（2）岩基上的闸室稳定计算。在各种计算情况下，闸室最大基底应力不大于地基允许承载力。在非地震情况下，闸室基底不出现拉应力。在地震情况下，闸室基底拉应力不大于 100kPa；沿闸室基底面的抗滑稳定安全系数不小于规范规定的允许值，闸室基底应力应根据结构布置及受力情况，分别进行计算：当结构布置及受力情况对称时，计算式（4.5－2）为

$$P_{\min}^{\max} = \frac{\sum G}{A} \pm \frac{\sum M}{W} \qquad (4.5-2)$$

式中：$P_{\min}^{\max}$ 为闸室基底应力的最大值或最小值，kPa；$\sum G$ 为作用在闸室上的全部竖向荷载（包括闸室基础底面上的扬压力在内），kN；$\sum M$ 为作用在闸室上的全部竖向和水平向荷载对于基础底面垂直水流方向的形心轴的力矩，kN·m；A 为闸室基底面的面积，m²；W 为闸室基底面对底面垂直水流方向的形心轴的截面矩，m³。

当结构布置及受力情况不对称时，按式（4.5－3）计算：

$$P_{\min}^{\max} = \frac{\sum G}{A} \pm \frac{\sum M_x}{W_x} \pm \frac{\sum M_y}{W_y} \qquad (4.5-3)$$

式中：$\sum M_x$、$\sum M_y$ 为作用在闸室上的全部竖向和水平向荷载对于基础底面形心轴 x、y 的力矩，kN·m；M_x、M_y 为闸室基底面对于该底面形心轴 x、y 的截面矩，m³。

土基上闸室基底应力最大值与最小值之比的允许值，见表4.5－11。

土基上沿闸室基底面的抗滑稳定安全系数，应按式（4.5－4）、式（4.5－5）计算：

$$K_c = \frac{f \sum G}{\sum H} \qquad (4.5-4)$$

$$K_c = \frac{\operatorname{tg}\varphi_0 \sum G + C_0 A}{\sum H} \qquad (4.5-5)$$

式中：K_c 为沿闸室基底面的抗滑稳定安全系数；f 为闸室基底面与地基之间的摩擦系数；$\sum H$ 为作用在闸室上的全部水平向荷载，kN；φ_0 为闸室基础底面与土质地基之间的摩擦角，（°）；

C_0 为闸室基底面与土质地基之间的粘结力，kPa。

表 4.5-11   土基上闸室基底应力最大值与最小值之比的允许值

地基土质	荷 载 组 合	
	基本组合	特殊组合
松软	1.50	2.00
中等坚实	2.00	2.50
坚实	2.50	3.00

注　1. 对于特别重要的大型水闸其闸室基底应力最大值与最小值之比的允许值按表列数值适当减小。

　　2. 对于地震区的水闸，闸室基底应力最大值与最小值之比的允许值可按表列数值适当增大。

　　3. 对于地基特别坚实或可压缩土层很薄的水闸，可不受本表的规定限制，但要求闸室基底不出拉应力。

对于土基上采用钻孔灌注桩基础的水闸，若验算沿闸室底板底面的抗滑稳定性，应计入桩体材料的抗剪断能力。岩基上沿闸室基底面的抗滑稳定安全系数，应按式 (4.5-6) 计算：

$$K_c = \frac{f' \sum G + C' A}{\sum H} \qquad (4.5-6)$$

式中：K_c 为闸室基底面与岩石地基之间的抗剪断摩擦系数；C' 为闸室基底面与岩石地基之间的抗剪断粘结力，kPa。

当闸室承受双向水平向荷载作用时，应验算其合力方向的抗滑稳定性，其抗滑稳定安全系数应按土基或岩基分别不小于规定的允许值。在没有试验资料的情况下，闸室基底面与地基之间的摩擦系数 f 值，可根据地基类别相关数值选用。见表 4.5-12。闸室基底面与土质地基之间摩擦角 φ_0 值及粘结力 C_0 值可根据土质地基类别的规定采用，见表 4.5-13。

按表上表的规定采用 φ_0 值及粘结力 C_0 值时，应按式（4.5-7）折算闸室基底面与土质地基之间的综合摩擦系数。

$$f_0 = \frac{\text{tg}\varphi_0 \sum G + C_0 A}{\sum G} \qquad (4.5-7)$$

式中：f_0 为闸室基底面与土质地基之间的综合摩擦系数。

f 值

地 基 类 别		f
粘土	软弱	0.2～0.25
	中等坚硬	0.25～0.35
	坚硬	0.35～0.45
壤土、粉质壤土		0.25～0.40
砂壤土、粉沙土		0.35～0.40
细砂、极细砂		0.40～0.45
中砂、粗砂		0.45～0.50
砂砾石		0.40～0.50
砾石、卵石		0.50～0.55
碎石土		0.40～0.50
软质岩石	极软	0.40～0.45
	软	0.45～0.55
	较软	0.55～0.60
硬质岩石	较坚硬	0.60～0.65
	坚硬	0.65～0.70

表 4.5－13 **φ_0 值及粘结力 C_0 值**

土质地基类别	φ_0	C_0
粘性土	0.9φ	$(0.2～0.3)C$
砂性土	$(0.85～0.9)\varphi$	0

注 φ 为室内饱和固结快剪（粘性土）或饱和快剪（砂性土）实验测得的内摩擦角，(°)；C 为室内饱和固结快剪试验测得的粘结力，kPa。

对于粘性土地基，如折算的综合摩擦系数大于 0.45，或对于砂性土地基，如折算的综合摩擦系数大于 0.50，采用的 φ_0 值及粘结力 C_0 值均应有论证。对于特别重要的大型水闸工程，采用的 φ_0 值及粘结力 C_0 值还应经现场地基土对混凝土板的抗滑强度试验验证。

闸室基底面与岩石地基之间的抗剪断摩擦系数 f' 值及抗剪断粘结力 C 值可根据室内岩石抗剪断试验成果，并参照类似工程实践经验及表 4.5－14 所列数值选用。但选用的 f'、C 值不应超过闸室基础混凝土本身的抗剪断参数值。

表 4.5-14 f'、C 值（岩石地基）

岩石地基类别		f'	C（MPa）
硬质岩石	坚硬	1.5~1.3	1.5~1.3
	较坚硬	1.3~1.1	1.3~1.1
软质岩石	较软	1.1~0.9	1.1~0.7
	软	0.9~0.7	0.7~0.3
	极软	0.7~0.4	0.3~0.05

注　如岩石地基内存在结构面、软弱层（带）或断层的情况，应按《水利水电工程地质勘察规范》（GB 50287）的规定选用。

土基上沿闸室基底面抗滑稳定安全系数的允许值，见表 4.5-15。

表 4.5-15　土基上沿闸室基底面抗滑稳定安全系数的允许值

荷载组合		水 闸 级 别			
		1	2	3	4
基本组合		1.35	1.30	1.25	1.20
特殊组合	Ⅰ	1.20	1.15	1.10	1.05
	Ⅱ	1.10	1.05	1.05	1.00

岩基上沿闸室基底面抗滑稳定安全系数的允许值，见表 4.5-16。

表 4.5-16　岩基上沿闸室基底面抗滑稳定安全系数的允许值

荷载组合		按式（4.5-4）计算			按式（4.5-6）计算
		水闸级别			
		1	2、3	4、5	
基本组合		1.10	1.08	1.05	3.00
特殊组合	Ⅰ	1.05	1.03	1.00	2.50
	Ⅱ		1.00		2.30

注　1. 特殊组合Ⅰ适用于施工情况、检修情况及校核洪水位情况；2. 特殊组合Ⅱ适用于地震情况。

当沿闸室基底面抗滑稳定安全系数计算值小于允许值时，可在原有结构布置的基础上，结合工程的具体情况，采用一种或几种抗滑措施：将闸门位置移向低水位一侧，或将水闸底板向高水位一侧加长；适当增大闸室结构尺寸；增加闸室底板的齿墙深度；增加铺盖长度或帷幕灌浆深度，或在不影响防渗安全的条件下将排水设施向水闸底板靠近；利用钢筋混凝土铺盖作为阻滑板，但闸室自身的抗滑稳定安全系数不应小于 1.0（计算由阻滑板增加的抗滑力时，阻滑板效果的折减系数可采用 0.80），阻滑板应满足抗裂要求；增设钢筋混凝土抗滑桩或预应力锚固结构。

当闸室设有两道检修闸门或只设一道检修闸门，利用工作闸门与检修闸门进行检修时，应按式（4.5-8）进行抗滑稳定计算。

$$K_f = \frac{\sum V}{\sum U} \qquad (4.5-8)$$

式中：K_f 为闸室抗滑稳定安全系数；$\sum V$ 为作用在闸室上全部向下的铅直力之和，kN；$\sum U$ 为作用在闸室基底面上的扬压力，kN。

不论水闸级别和地基条件，在基本荷载组合条件下，闸室抗滑稳定安全系数不应小于 1.10；在特殊荷载组合条件下闸室抗滑稳定安全系数不应小于 1.05。

4.5.5.4 岸墙、翼墙稳定计算

岸墙、翼墙稳定计算宜取单位长度或分段长度的墙体作为计算单元。

（1）土基上的岸墙、翼墙稳定计算。在各种计算情况下，岸墙、翼墙平均基底应力不大于地基允许承载力，最大基底应力不大于地基允许承载力的 1.2 倍。岸墙、翼墙基底应力的最大值与最小值之比不大于表 4.5-11 规定的允许值。岸墙、翼墙基底面的抗滑稳定安全系数不小于表 4.5-15 规定的允许值。

（2）岩基上的岸墙、翼墙稳定计算。在各种计算情况下，岸墙、翼墙最大基底应力不大于地基允许承载力。翼墙抗倾覆稳定

安全系数不小于式（4.5－9）计算的允许值。沿岸墙、冀墙基底面的抗滑稳定安全系数不小于表4.5－16规定的允许值。

岸墙、翼墙的基底应力和基底面的抗滑稳定安全系数应按式（4.5－2）计算。当沿岸墙、翼墙基底面的抗滑稳定安全系数计算值小于允许值时，可采用一种或几种抗滑措施：适当增加底板宽度；在基底增设凸榫；在墙后增设阻滑板或锚杆；在墙后改填摩擦角较大的填料，并增设排水；在不影响水闸正常运用的条件下，适当限制墙后的填土高度，或在墙后采用其他减载措施。

岩基上翼墙的抗倾覆稳定安全系数，应按式（4.5－9）计算：

$$K_0 = \frac{\sum M_V}{\sum M_H} \qquad (4.5-9)$$

式中：K_0 为翼墙抗倾覆稳定安全系数；$\sum M_V$ 为对翼墙前趾的抗倾覆力矩，kN·m；$\sum M_H$ 为对翼墙前趾的倾覆力矩，kN·m。

不论水闸级别，在基本荷载组合条件下，岩基上翼墙的抗倾覆安全系数不应小于1.50，在特殊荷载组合条件下，岩基上翼墙的抗倾覆安全系数不应小于1.30。

4.5.5.5 结构应力分析

水闸结构应力分析应根据各分部结构布置型式、尺寸及受力条件等进行。开敞式水闸闸室底板的应力分析可按下列方法选用：土基上水闸闸室底板的应力分析可采用反力直线分布法或弹性地基梁法。相对密度小于或等于0.5的砂土地基，可采用反力直线分布法。粘性土地基或相对密度大于0.50的砂土地基，可采用弹性地基梁法；当采用弹性地基梁法分析水闸闸室底板应力时，应考虑可压缩土层厚度与弹性地基梁半长之比值的影响，当比值小于0.25时，可按基床系数法（文克尔假定）计算；当比值大于2.0时，可按半无限深的弹性地基梁法计算。当比值为0.25～2.0时，可按有限深的弹性地基梁法计算；岩基上水闸闸室底板的应力分析可按基床系数法计算。开敞式水闸闸室底板的应力可按闸门门槛的上、下游段分别进行计算，并计入闸门门槛切口处分配于闸墩和底板的不平衡剪力。

当采用弹性地基梁法时，可不计闸室底板自重。但当作用在基底面上的均布荷载为负值时，则仍应计及底板自重的影响，计及的百分数则以使作用在基底面上的均布荷载值等于零为限度确定。当采用弹性地基梁法时，可按表 4.5-17 的规定计及边荷载计算百分数。

表 4.5-17 边荷载计算百分数

地基类别	边荷载使计算闸段底板内力减少（%）	边荷载使计算闸段底板内力增加（%）
砂性土	50	100
粘性土	0	100

注 1. 对于粘性土地基上的老闸加固，边荷载的影响可按本表规定适当减小。
　　2. 计算采用的边荷载作用范围可根据基坑开挖及墙后土料回填的实际情况研究确定，通常可采用弹性地基梁长度的 1 倍或可压缩层厚度的 1.2 倍。

开敞式或胸墙与闸墩简支连接的胸墙式水闸，墩应力分析方法应根据闸门型式确定，平面闸门闸墩的应力分析可采用材料力学方法，弧形闸门闸墩的应力分析宜采用弹性力学方法。涵洞式、双层式或胸墙与闸墩固支连接的胸墙式水闸，其闸室结构应力可按弹性地基上的整体框架结构进行计算。受力条件复杂的大型水闸闸室结构宜视为整体结构采用空间有限单元法进行应力分析，必要时应经结构模型试验验证。水闸底板和闸墩的应力分析，应根据工程所在地区的气候特点、水闸地基类别、运行条件和施工情况等因素考虑温度应力的影响。为减少水闸底板或闸墩的温度应力，宜采用下列一种或几种防裂措施：适当减小底板分块尺寸及闸墩长高比；在可能产生温度裂缝的部位预留宽缝，两侧增设插筋或构造补强钢筋，回填微膨胀性混凝土；结合工程具体情况，采取控制和降低混凝土浇筑温度的工程措施，并加强混凝土养护；对于严寒、寒冷地区水闸底板和闸墩，其冬季施工期和冬季运用期均应采取适当的保温防冻措施。闸室上部工作桥、检修便桥、交通桥以及两岸岸墙、翼墙等结构应力，可根据各自的结构布置型式及支承情况采用结构力学方法进行计算。

4.6 保滩促淤设计

4.6.1 概述

保滩措施适用于受侵蚀的滩涂，促淤措施适用于涂面高程较低，不符合生产开发要求而沿岸泥沙输移量较大的滩涂。采用保滩促淤措施，应有工程岸段的地形、岸滩组成物质、水位、海流、风向、风力、波浪、含沙量等基本资料和对岸滩冲淤变化规律的分析作依据。

（1）保滩促淤措施类别的选用。保滩促淤措施可分为工程措施和生物措施两大类。工程措施有：建丁坝、顺坝（离岸坝）、丁顺坝组合运用及抛石促淤和护坎等；生物措施有种植红树林、芦苇等。以潮流为主要侵蚀动力的地段，以筑丁坝为好。以风浪为主要侵蚀动力的地段，以筑顺坝为好。但顺坝应辅以丁坝（隔坝），以防止形成沿岸潮沟。当出现二级滩地时，可考虑采用护坎保护高滩。但强潮河口护坎本身不易维护，故不宜采用。在合适高程的滩面上，可根据当地气候等条件种植不同植物。

（2）保滩促淤工程总体布局。力求达到阻水缓流，减少冲刷；保持沙路畅通，加大落淤效果；因地制宜，就地取材，降低工程造价；不使环境恶化，工程措施与非工程措施相结合。

4.6.2 丁坝的布置和断面

（1）丁坝的布置。丁坝应成组布置，单个丁坝效果较差不宜采用。丁坝轴线宜与强浪向平行，与潮流向基本正交。丁坝对保滩和促淤都有作用，一般长丁坝用于促淤，短丁坝用于保滩。在凹岸丁坝间距可取坝长的 2～3 倍，在顺直海岸丁坝间距可取坝长的 3～4 倍，重要工程应有专门论证。丁坝宜采用勾头形式，勾头应朝向主要来沙方向。各丁坝坝头的连线，应与潮流向大致平行，不要使个别坝头突出或凹进。促淤丁坝坝顶高程可取平均高水位附近。保滩丁坝坝顶高程可略高于平均低水位。坝顶高程的确定还应考虑施工方便和工程造价。

（2）丁坝断面设计。丁坝坝身均宜有一定的纵向坡度，即坝根略高些，坝头略低些。坝面宽度一般由施工条件确定，无交通要求时可取用1～2m。坝面如用块体保护时，应满足安放块体的要求。丁坝边坡一般采用1：1.5～1：2.0，坝头部分宜放缓至1：3～1：5，也可参照当地类似工程经验。对于沙质和淤泥质地基，除淤涨型岸带外，丁坝坡脚需有一定的防冲刷保护措施，坝头部分保护范围应加大，长丁坝和强潮河口丁坝坝头部分应作专门的论证。

4.6.3 顺坝的布置和断面

（1）顺坝的布置。顺坝（离岸坝）的离岸距离应视其功能而定。消浪保滩性质的顺坝（含潜堤），其合理的离岸距离应根据波要素、水深、地形和顺坝本身断面通过水槽试验确定；促淤顺坝离岸距离，主要根据要求促淤的范围而定，与丁坝配合使用的顺坝宜布置在丁坝坝头的连线上。顺坝应设隔堤。顺坝可连续建筑，也可设置口门。设口门有利于泥沙进入，增加淤积。但口门的尺寸应慎重选择，过大的口门会降低促淤效果，过小的口门将加剧口门的冲刷。留有口门的促淤顺坝坝顶高程，应高于平均高水位，连续建筑的促淤顺坝坝顶高程应分期加高，初期的坝顶高程应稍低。在顺坝内已淤积较高时，再行加高到平均高水位以上，起保滩作用消浪顺坝坝顶高程，宜设置在设计水位以下半倍波高附近。

（2）顺坝断面设计。顺坝坝顶宽度应根据消浪要求和施工时的交通要求而定，如坝顶用块体保护时，则其宽度应满足安放块体的要求。顺坝坝坡应根据所使用的结构、材料能在波浪作用下保持稳定而定；从保滩促淤效果而言，外侧坡宜稍缓，内侧坡宜稍陡。砂质地基上的顺坝外坡脚，需有一定的防冲刷保护措施。

4.6.4 丁、顺坝坝体结构和材料

坝体以透水性材料构筑为好，一般以抛石为主，也可用栅栏坝、桩坝和网坝等。栅栏坝、桩坝均需打桩，施工比较困难，只能用于浅水地区，如拟采用时应与抛石坝作技术经济比较后确定。抛石坝坝身，也可采用土工编织袋充泥作堤芯，以减少石料用量，充泥袋堤芯面上应铺一层无纺土工布作反滤层，其上再铺厚 50cm 左右的碎石或石渣层，然后再筑护面。在软土和粉沙地基上筑较高的坝时，宜在地基面上先铺一层土工布或其他加筋材料，并加垫层，其铺设范围应包括坡脚保护部分在内。坝体护面视波浪强弱条件可用散抛块石、干砌块石、浆砌块石、硅块体或网格箱笼装石等。块体的单块重量、砌体的必要厚度，可参考附近已有工程经验或经计算确定，重要工程应通过试验确定。长丁坝和强潮河口丁坝的坝头保护应通过对坝头冲刷坑深度、形态、位置的具体分析后确定。冲刷坑一般采用抛石保护，其范围为冲刷坑靠坝头侧的边坡，抛石前应在坡面上先铺一层土工织物无纺布反滤层。动力条件特强的坝头保护结构，可考虑采用沉井、沉箱等整体结构。

4.6.5 生物促淤

在气候温和地带、涂面高程合适的滩面上，可种植喜水、耐盐、抗浪力强的植物，形成植物带，用以保滩促淤。保滩促淤植物种类宜选用本土的物种，具体应根据气候条件、涂面高程、涂泥底质和波浪动力等选用。

芦苇是上海地区滩涂围垦中选用的典型植物种类，滩涂在中潮位以上滩面即可种植芦苇促淤。利用芦苇促进滩面淤涨这一方法具有投资少、实施简便以及有利于土壤改良和改善生态环境等方面的长处，并可用作造纸原料，已得到普遍肯定和广泛采用。

大面积的芦苇群落，都是人工采用芦苇根茎种植在长有秧草的滩涂上而开始生长的。上海市水务局自 1980 年始，每年在崇明、长兴、横沙三岛四周滩涂、长江口南岸滩涂和杭州湾北岸上

海岸段滩涂种植 2 万～3 万亩芦苇。芦苇的生命力强，根茎发达，个体大，繁殖快，由于有秋草的保护，芦苇根不至被水流冲走，一旦长出上茎叶，就无须人工管理，并能逐步将秋草分隔包围并最后取代，形成纯芦苇群落。据对南汇县东海农场外滩涂上的芦苇丛作现场波浪观察，发现滩涂上波高随水深的减小而迅速减小，当植物冠顶未被淹没时水面非常平静，几乎没有波动。这种静稳的环境导致了沉积作用占主导，芦苇丛起到消浪缓流、截沙助淤，促淤固滩的作用，从而使滩涂不断淤高。

1984～1987 年，上海市水利局对南汇东滩种植芦苇后的滩涂淤积效果进行观察。南汇东滩的芦苇分布完整，长势良好。一年四季生长情况大体如下：3 月开始发芽，4 月开始长高，根茎发育，5 月长高到 70cm 左右，6 月发育至最盛时期，并持续到 9 月。11 月下旬或 12 月开始全面收割。由于芦苇的消能捕沙作用与芦苇的生长高度、茂密程度成正比，因而芦苇的保淤作用存在季节性变化。市水利局在南汇东滩现场由南向北依次布置了塘角嘴、石皮勒、三三马路、插网港、三门闸、四团洪、潘家洪等 8 个断面，进行滩面高程观测。

在三门闸、石皮勒、潘家洪等 4 个断面上，对从 1980 年以来高程 3m 以上的淤积量进行统计，结果表明高潮滩夏春季节普遍淤积，最大淤积量主要出现在 6～8 月，占全年淤积量的 84.9%。10 月以后至第二年的 2 月则普遍冲刷，冲刷量占全年淤积量的 55.2%。普遍出现淤积的季节正是芦苇发育旺盛之际；而发生冲刷的季节则出现在潮位较低、芦苇已收割的裸滩时期。

4.7　围垦工程设计典型工程案例

4.7.1　莆田县后海围垦工程排涝闸技改设计
4.7.1.1　工程概况

莆田县后海围垦工程是福建省重点围垦工程，围垦总面积 3.03 万亩，工程包括主付海堤长 2633m，排涝闸及纳潮闸各一座。后海排涝闸建于 1978 年，闸址位于海堤东侧，控制上游流域面积 61.5km²，排涝闸计 10 孔，净宽 54m(8×6m+2×3m)，旧闸门板为铸铁梁板，启闭设备中 2 扇小孔闸门选用螺杆启闭机，启闭力 25t，8 扇大孔闸门配备 2 台移动式液压启闭机，启闭力 2×25t，原设计排涝闸主要功能是挡潮和汛期排涝，排涝闸按五年一遇洪水设计，十年一遇洪水校核，最大排洪流量为 640m³/s，按Ⅲ级建筑物结构设计。1991 年工程续建，对垦区开发重新调整，即由原来的单一农业开发变成农业和水产养殖业并重，辅以其他项目的多目标综合性开发，垦区水产开发面积 1.35 万亩，其中规格化精养池 0.56 万亩，淹没区水面 0.8 万亩，这部分生产用水交换频繁，且淹没区需利用捧涝闸排水结合捕捞，因此排涝闸除挡潮和排涝外，平时还需调节水量，每潮排水小潮 51 万 m³、大潮 102 万 m³。排涝闸经工程运行发现，原排涝闸铸铁闸门板存在断裂等现象，难以保证工程正常运行。本次技术改造中，保持原排涝闸闸孔数不变，改铸铁闸板为钢筋混凝土梁板及改油压启闭机为固定双吊点螺杆启闭机，经实施运行，效果良好。

4.7.1.2 工程破坏

排涝闸自 1991 年工程续建参与堵口分流，1992 年工程竣工验收转入正式投产运行后，三扇铸铁闸板出现断裂破坏，1992 年 11 月 27 日及 12 月 12 日，2 孔 3m 宽门板断裂；1993 年 10 月 4 日，东侧第 3 孔 6m 宽门板断裂。

4.7.1.3 破坏原因初步分析

排涝闸 3 扇闸板的断裂破坏均发生在大风期间，内水位 -1.00～-1.35m，外水位 3.20m～3.80m，初步分析，破坏原因有如下几点：①铸铁（HT150）属脆性材料，弹性性能不佳。②铸铁闸板长期浸泡于海水中，强度下降，经不起风浪反复冲击。③2 台油压启闭机为非标准产品，经常出现机械故障，且启闭时间长，对铸铁闸板的运行安全产生一定的影响。④由于缺少检修时使用的闸门板，内外闸墩无检修桥，外闸墩偏低，检修时无法挡住潮水等，也不利于闸板的安全运行管理。

4.7.1.4　改造设计原则

排涝闸改造设计遵循以下原则：①降低排洪能力。②满足垦区生产需要。③安全可靠，管理方便。④施工工期短，造价适当。

4.7.1.5　改造方案选择

（1）第一方案。把排涝闸定位为以排涝为主结合淹没区水产养殖捕捞生产和水位调节相结合的方案，将原 10 孔闸门（2×3m+8×6m=54m）改为 13 孔（由东向西为 2×3m+2×2.5m+5×6m+4×2.5m=51m），即把其中 3 大孔中间加墩后改为 6 个净宽为 2.5m 的小孔，利用 8 个小孔平时开启调节水量，5 个大孔只在汛期排涝。铸铁门板改为钢筋混凝土梁板；将移动式液压启闭机改为固定螺杆启闭机。

（2）第二方案。保持原排涝孔数不变，总宽仍为 54m。铸铁门板改为钢筋混凝土梁板；将移动式液压启闭机改为固定螺杆启闭机。

（3）方案比较。第一方案的改造思路是：后海垦区水产养殖面积 1.35 万亩，生产用水交换频繁、量大，且淹没区内水产需结合排水捕捞，仅靠东侧 2 个 3m 孔已无法满足，需要增加孔数作为平时水位调节和捕捞，经计算，增加 6 个小孔有利于正常水位调节。可见，第一方案进行闸孔改造对排涝闸运行调度有利，其运行安全的可靠性也较好。同时，铸铁门板改为钢筋混凝土梁板，消除了闸板的安全隐患，启闭设备改造也利于工程正常安全运行。

对第一方案中的新砌闸墩进行抗滑稳定复核，复核的三种运行工况及复核成果如下：①外水位 5.30m（黄零高程，以下同），内水位 −1.00m，不考虑风浪压力影响，求得抗滑安全系数 $K=$ 1.33＞1.3，满足要求。②外水位 5.30m，内水位 −1.00m，并考虑风浪爬高 3.00m 所产生的静水压力影响，求得抗滑安全系数 $K=0.88＜1.3$，不满足要求。③外水位 5.30m，内水位

—1.00m，并考虑风浪爬高 3.00m 引起动水压力影响，求得抗滑安全系数 $K＝1.13＜1.3$，不满足要求。

复核计算表明只有在第一种运行工况满足要求，如果另外二种运行工况要满足规范要求，则需采取工程措施，包括采用混凝土墩，把墩深嵌入地基并加锚筋（锚筋插入底板以下 2m），或是上部加梁压重等，这无疑将增加工程造价，延长施工期限，施工难度大，也破坏工程外观，从而反映了第一方案的缺点所在。

第二方案优点：①克服了增设闸墩、围墙及水下施工难度大的缺点，避免加大管理单位的工程投资，较经济、可行。②铸铁门板改为钢筋混凝土梁板，消除了闸板的安全隐患。③双吊点螺杆启闭机省内水利工程已有采用，运行尚属正常。

方案比较可知，第二方案较经济、可行。

4.7.1.6 技改方案设计

排涝闸改造的设计内容包括净宽 6m 及 3m 钢筋混凝土闸板结构分析和启闭机选择，钢结构检修闸板形式及尺寸，检修用的钢筋混凝土桥，外海闸墩加高，配电设备及主结线，其中以钢筋混凝土闸板和启闭机选择为主要内容。

（1）设计考虑因素。技改方案设计考虑以下几点：①原备用柴油机组，仅 125 马力偏小，改为 250 匹，供电线路考虑位于海区，常发生故障，改为电缆埋设。②适当减少启闭机双吊点之间距离，经与厂方协商，由原来的 4.0m 改为 3.5m。③螺杆与吊耳不直接连接，而是通过一个叉形板间接相连，当关机螺杆因惯性下降时，可起缓冲作用，避免顶起底座。④闸板重心通过计算确定，并在纵向留有间隔，待试运行后根据两端与闸槽壁的间隙再作调整，以求平衡。⑤由于排涝闸所处工作环境恶劣，原闸槽上部与机房相通，因此机房内雾气重，设备受腐蚀严重，因此把闸槽顶部封闭，仅留两个通孔观察升降情况，并设松木盖板。

（2）设计内容。①荷载计算：外水位取历史最高水位 5.30m，内水位取—1.00m，波浪压力取保证率为 1‰ 的波高 3m 推算之。②闸板分块预制：按等荷载原则分 3 块，自上而下高度为 1.64m、1.34m、0.85m（底部 0.15m 为松木兼作止水）。③结构及尺寸：净宽 6m 的面板厚 10cm，变截面主梁，最大梁高 50cm，端部 34cm，净宽 3m 的面反厚 10cm，变截面主梁，最大梁高 30cm，混凝土标号采用 300♯，钢筋采用Ⅰ级、Ⅱ级，按Ⅲ级建筑物设计。④按常规方法分别对梁、板进行抗拉强度核算，同时验算其抗裂安全系数。⑤启闭机选择：为节省投资及方便维修养护，采用本省惠安机械厂产品 QPL2×25t 手电两用启闭机，启门力 2×25t，起门速度电动 0.25m/min，配套电机 11kW。⑥表面防腐：采用新产品环氧乳液涂料，该产品具有良好的抗碳化、抗氯离子侵蚀能力，有较高的抗压强度和强度。

4.7.1.7　实施效果

后海捧涝闸技术改造方案，经实施运行后表明，工程运行较为正常，各项技术指标符合设计要求，工程改造效果良好。

在工程设计中采用风力 12 级、风速 40m/s，但有资料表明，风速超过 40m/s，甚至达 50m/s 以上也发生过，因此海区风浪的冲击是本工程旧铸铁闸板断裂破坏的不可忽视的因素，考虑铸铁构件属脆性材料，且海水对铸铁材料的侵蚀作用有待进一步探讨，故在海区围垦工程中，建议暂不采用铸铁材料作为主要受力构件，对于钢筋混凝土闸板，建议闸板表面进行防腐处理，以提高其在海水中的抗腐蚀能力。闸门启闭设备采用非标准产品，对工程运行安全不利，建议采用通过质量认证的标准产品。

4.7.2　江南海涂围垦工程软土地基处理设计

4.7.2.1　工程概况

江南海涂围垦工程位于浙江省苍南县东海岸、鳌江出水口南岸，东濒东海，南接琵琶山、肥艚港，西依江南平原。围垦工程由海堤、排涝水闸及围区配套工程组成，围垦区总面积 2.9 万 hm²。主要任务是围涂造地，发展水产养殖，进行土地开发，建设高标准海堤，提高围区防洪防潮能力，促进城市化建设和滨海工业发展。本工程为Ⅲ等工程，主要建筑物级别为 3 级，海堤挡潮标准为 50 年一遇，高水位遭遇 50 年一遇风浪，按允许部分越浪设计。堤顶高程 8.40m，滩涂高程－2.00m 左右，海堤高 10.4m 左右。

工程区域属台州湾河口滨海相沉积平原，滩涂面比较平缓，地势由西向东渐低。经钻探揭露，工程区内主要分布有 3 个地质层、7 个亚层，分别为 1—1 层淤泥、1—2 淤泥质粉质粘土、2—1 层淤泥、2—2 层淤泥、2—3 层淤泥质粘土、3—1 层粘土、3—2 层粉质粘土。具有高含水量、高压缩性、高灵敏度、低强度、低承载力的特点，在正常压缩条件下，必然会产生很大的沉降，影响工程的安全。地基土物理力学指标见表 4.7－1。

4.7.2.2 地基处理设计

（1）地基处理方案确定。海堤沿线地基为淤泥、淤泥质粉质粘土及粉质粘土，厚度在 38～40m，为深厚的软土地基，地基承载力及强度皆满足不了上部荷载的要求，地基必须进行处理。目前常用的地基处理方式有：塑料排水板排水固结法、土工织物加筋法、爆破挤淤法、水泥搅拌桩、强夯块石墩等。就本工程的自然地理条件而言，水泥搅拌桩、强夯块石墩成本相对较高，同时由于施工机械一般要求在陆上施工，而本工程涂面高程较低，大面积使用比较困难，所以对塑料排水板结合土工织物加筋法、爆破挤淤法两种进行比较。

塑料排水板处理地基利用在软土地基中打设竖向的塑料排水板，大大缩短地基排水渗径，加速地基固结速率，从而快速提高地基的承载能力。土工织物加筋则利用土工材料的加筋作用，分散均布上部荷载，调整地基应力，同时对地基形成一定的侧限作用，形成复合地基，以提高地基承载力本工程沿线涂面高程在平均低水位左右。目前采用 GPS 定位系统辅助水下铺设土工织物及打设塑料排水板应用较多、工程经验较丰富，其铺设（打设）精度和进度可满足工程施工要求。因此塑料排水板结合土工织物加筋处理软土地基在本工程中较为适用。

爆破挤淤法通过爆破挤淤置换了地基中一定深度内强度极低的软土层，使得地基土中可压缩土层大大减少，快速提高地基的

表 4.7—1

江南海涂围垦工程地基土物理力学指标表

土层编号	土层名称	土层厚度(m)	天然含水量(%)	重度(kN/m³)	孔隙比	直剪 粘聚力固快(kPa)	内摩擦角固快(度)	剪 粘聚力快剪(kPa)	内摩擦角快剪(度)	压缩系数	竖向固结系数	水平固结系数	压缩模量	地基土承载力标准值
1—1	淤泥	0.0~3.9	62.8	16.4	1.727	8.7	9.5	4	1.5	1.265	0.806	1.015	2.05	45
1—2	淤泥质粉质粘土	0.0~4.1	51	17.2	1.396	0.5	13.5	4.8	3.3	1.365	0.754	1.415	1.8	60
2—1	淤泥	21~29	59.5	16.5	1.655	10.8	12.5	7.5	3.7	1.439	1.161	1.261	1.98	50
2—2	淤泥	2.7~7.6	56.1	16.7	1.573	12.6	14.8	11	4.4	1.028	1.174	1.263	2.54	55
2—3	淤泥质粘土	0.0~3.2	53	16.8	1.472	14.5	15.3	14	4.3	0.93	1.27	1.46	2.7	65
3—1	粘土	0.0~2.1	47.1	17.3	1.342	18	16	15	5.5	0.877	1.115	1.21	2.73	85
3—2	粉质粘土	未揭穿	34.6	18.9	0.935	18.4	17.3	16	6.6	0.65	1.01	1.184	4.3	100

承载能力，其工后沉降较小，加载速度较快。由于本工程石方运距较长，石方单价较高，而堤身爆填石方数量较大，投资较大，比塑料排水板排水固结法高 1.8 万元/m，且受处理深度所限，在堤身下卧层中仍有部分软土未置换仍有较大的工后沉降发生。

因此，地基处理方案采用塑料排水板结合土工织物加筋处理。排水板处理宽度 78m，间距 1.2m，正方形布置。为加快地基土的固结、缩短工期、减小涂抹及井阻作用采用 SPB－1C 型排水板。外镇压层排水板深度 23m，堤中心 38.4m 范围深度 30m，内侧行车道范围深度 25m。排水板顶面水平排水通道采用 80cm 厚的碎石垫层。碎石垫层顶面及底面各设一道 100kN/m 裂膜丝机织布，主要起加筋和调整地基不均匀沉降作用，详细结构见图 4.7－1。

（2）设计计算。

①固结度计算：

a. 瞬时加载固结度计算：

$$\overline{U}=\overline{QU_{rz}}+(1-Q)\overline{U}\quad Q=A_1/(A_1+A_2)\qquad(4.7-1)$$

$$\overline{U_{rz}}=1-(1-\overline{U_z})(1-\overline{U_r})\quad \overline{U_z}=1-\frac{8}{\pi^2}e^{-\frac{\pi^2 Tv}{4}}\qquad(4.7-2)$$

$$T_v=\frac{C_V t}{H^2}\quad \overline{U_z}=1-\frac{-8Th}{e^{F(n)+J+\pi G}}\qquad(4.7-3)$$

$$T_v=\frac{C_H t}{de^2}\quad F(n)=\frac{n^2}{n^2-1}\ln(n)-\frac{3n^2-1}{4n^2}\qquad(4.7-4)$$

式中：$\overline{U}$ 为总平均固结度；A_1、A_2 分别为塑料排水板处理部分土层、塑料排水板处理以下土层起始孔隙水压力分布曲线所包围的面积；$\overline{U_{rz}}$、$\overline{U}$ 分别为塑料排水板处理部分土层、塑料排水板处理以下土层的平均固结度；$\overline{U_z}$、$\overline{U_r}$ 分别为塑料排水板处理部分土层的竖向、水平排水平均固结度；C_V、C_H 分别为竖向、水平固结系数；H 为土层的竖向排水距离；t 为固结时间；d 为排水板影响范围的直径；n 为井径比；J 为涂抹因子；G 为井阻因子。

b. 分级加载固结度计算。

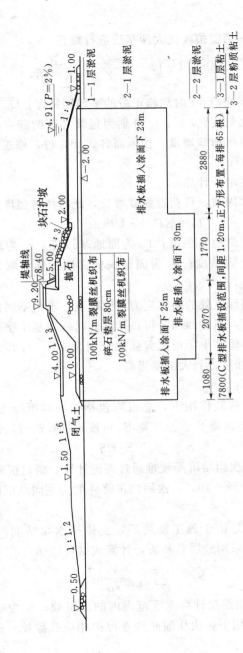

图 4.7 - 1　江南海涂围垦工程地基结构示意图（单位：m）

瞬时加载固结度按改进太沙基法进行修正。

$$\overline{U'_t} = \sum_{t}^{n} \overline{U_{rz}^{t}}\left(t - \frac{t_n - t_{n-1}}{2}\right)\frac{\Delta P_n}{\sum \Delta P} \qquad (4.7-5)$$

式中：$\overline{U'_t}$ 为多级加荷，t 时刻修正后的平均固结度；$\overline{U_{rz}}$ 为瞬时加荷条件的平均固结度；t_{n-1}、t_n 分别为每级加荷的起点和终点时间；ΔP_n 为第 n 级荷载增量。按上面各式计算得，修正后土层的平均固结度 0.91。

②地基强度增长计算：

地基经排水固结，可获得强度增长，此时抗剪强度为：

$$\Gamma_t = \eta(\Gamma_0 + \sigma_z U \mathrm{tg}\varphi_{cu}) \qquad (4.8-6)$$

式中：Γ_t 为 t 时刻地基强度；Γ_0 为原地基强度；σ_z 为地基附加应力；U 为综合固结度；φ_{cu} 为固结快剪强度指标，取 12.5°；η 为强度折减系数，$\eta = 0.85$。

由地基不同深度处的附加应力乘固结度，求得不同深度地基抗剪强度的增值，通过回归分析，推算此时的地基十字板抗剪强度。处理前、后地基十字板抗剪强度分别为 $4.2+1.17z$、$31.75+0.76z$，地基强度得到大幅度提高。

③沉降计算：

软土地基在荷载作用下，总沉降包括：瞬时沉降 S_d、主结沉降 S_c 和次固结沉降 S_s。总沉降 S_∞ 可按式（4.7-7）计算：

$$S_\infty = S_d + S_c + S_s \qquad (4.7-7)$$

瞬时沉降和次固结沉降较难通过理论计算，瞬时沉降一般为主固结沉降的 20%～40%。次固结沉降一般为主固结沉降的 5%～10%。

主固结沉降是由于施工加荷后，土体排水固结而产生的沉降。这部分沉降采用分层总和法，计算式（4.7-8）：

$$S_c = \sum_{i=1}^{n} \frac{e_{1i} - e_{2i}}{1 + e_{1i}}h_i \qquad (4.7-8)$$

式中：n 为地基压缩层计算深度范围内的土层数；e_{1i} 为第 i 层土平均自重应力作用下，由压缩曲线查得的相应孔隙比；e_{2i} 为第 i

层土平均自重应力加平均附加应力作用下，由压缩曲线查得的相应孔隙比；h_i 为第 i 层土的厚度。

由于在计算过程中较难将瞬时沉降、主固结沉降、次固结沉降三者区分开，所以在计算中，通过计算主固结沉降，再用沉降计算经验系数修正。根据类似软土地基上筑堤的经验，本次沉降计算经验系数取 1.5。经计算地基总沉降量见表 4.7-2。

表 4.7-2　　　　　　　　地　基　总　沉　降　量　　　　　　单位：cm

总沉降量	排水板范围沉降量	排水板以下沉降量	工后沉降	工后沉降的 60%
414	366	48	81	448.6

（3）预留沉降加高。经固结度计算，排水板处理区，当工程完工时，排水板处理范围固结度可达 91%，仅剩余一小部分沉降未完成；排水板以下沉降大部分未完成。但在软土地基中，排水板以下部分固结完成历时漫长，沉降将非常缓慢，不必将全部工后沉降量预留。本次以工后沉降的 60% 作为预留沉降加高的控制指标，堤顶预留沉降加高 50cm。

4.7.2.3　原位观测设计

本工程海堤地基为深厚的软土地基。含水量高，压缩性大，强度低，地基采用塑料排水板结合土工织物加筋排水固结法处理。其加固效果显著，已由很多工程实例所证明和被工程界广泛接受，但由于地基的复杂性和土性的多异性，目前尚有很多问题难以完全用理论计算的方法进行精确计算。岩土工程的发展，试验研究是一种重要的方法和手段。实践证明，在软土地基上建筑堤坝的实践中，原位观测是一种直接和有效的方法和手段，对控制工程质量、验证设计、指导施工、控制工程投资，具有十分重要的作用。原位观测通过在堤身和地基中埋设适当齐全的观测仪器和设备，在施工过程中全程监测堤身和地基的应力应变情况，固结沉降和强度增长情况，及时对测试成果进行反馈、分析、验证和完善设计，并及时指导施工，是实行信息化施工的重要依据。

（1）原位观测的目的。控制施工加载速率，指导施工，确保安全。地基强度和变形观测，是本工程原位测试的重点，通过原位观测，能更准确地控制施工填筑速率，及时掌握固结效果，保障堤身的整体稳定，分析和预测坝基的沉降情况。同时通过原位观测可掌握堤基和堤身变形协调的情况，分析沉降变形的趋势和对结构安全的影响。为优化工程设计提供直接的依据。现有的计算理论和方法存在自身的局限。原位观测试验可通过直接的原型测试成果和第一手数据，掌握堤身和地基的应力应变情况，对验证和完善设计，改进深厚软基筑坝的分析计算方法，优化工程设计，提高理论水平，起到积极的促进作用。为施工后期分析工后沉降及预留超高提供依据。核算堤身沉降工程量，为堤身沉降工程量计算和竣工决算提供依据。软土地基筑堤，堤身的沉降工程量和成本所占的比重较大，施工过程中现场测量条件差，控制困难。借助原位测试，由独立的专业单位进行监测，为监理和业主控制工程成本，进行工程量核算，提供直接的依据。

（2）原位观测项目内容和布置。本工程原位观测布置的项目主要包括地表沉降观测、分层沉降观测、水平位移观测、孔隙水压力观测、地基十字板强度原位测试、水位观测等。根据本工程的实际，要求每400m布置1个原位观测主控断面，每个原位观测主控断面主要工作内容为：地表沉降（每个断面布置4～10个点），分层沉降（3孔，最大深度40m），孔隙水压力（4孔），测斜（2孔、最大深度40m）；十字板强度（6孔、分两次、每次3孔），水位（2孔）。

（3）原位观测项目的控制指标。为了控制填筑速度，保障工程安全，在排水板处理堤段加载期间，原位观测的控制指标如下：日沉降量不大于30mm，日侧向位移不大于6mm，地基超静孔隙水压力不大于荷载所产生应力的60%。

软土地基由于土颗粒细、孔隙比大、含水量大、透水性差、强度低、压缩性高，在这类地基上修建工程主要问题是地基强度低，加荷后变形大，建筑物极易失稳。如果对软基处理不当，不仅增加工程量，耗资过高，拖延工期，甚至可能会造成工程失败。为了解决这个问题，人们在长期的建设实践中，积累了许多的经验，研究出许多的先进技术，塑料排水板结合土工织物加筋排水 固结法加固软基就是其中比较成熟的方法。本案例详细介绍了江南海涂围垦工程地基处理方案确定、固结度计算、地基强度增长计算、沉降计算、预留沉降加高、原位观测设计的成果。

5 中小型围垦工程施工

5.1 围堤工程施工

5.1.1 概述

施工单位应严格按照经过批准的设计文件进行施工，不应擅自变更。工程开工前，施工单位应根据设计文件和建设单位要求编制施工计划，并报主管部门批准。施工计划中应包括安全度汛及防台避风措施。本章未作具体规定处，应按线性《堤防工程施工规范》（SL 260）、《堤防工程施工质量评定与验收规程》（SL 239）规定执行。

5.1.2 施工测量放样

施工单位进场后，建设单位应及时提供工程及主要建筑物的控制点及其坐标，并应与当地或国家坐标系统建立关系。

建设工程区域的内部测量工作应由施工单位完成，应对建设单位移交的测量资料认真复核确认，以此为基础布置工程内部的控制网点和施工基线，并根据施工基线施工放样。测量方法和要求按照《水利水电工程施工测量规范》（SL 52）的规定执行外，结合围垦围堤工程特点补充以下工作：

（1）在施测建筑物地基原始纵横断面、放定建筑物轮廓边线及清基边线中，沿围堤轴线每 50m 及地形或断面而突变处应设里程桩，同时加测横断面，施测范围以超过两侧边线 20m 为宜。

（2）在堤坝的控制测量中，堤身一般每升高 1m 试测一次，堤身各类填料的分界边线也应标出。

（3）对施工中可能破坏的各种边桩、坡桩，都应在桩外一定距离内加设引桩。对放定的各种测量标志及样桩应有检查、防护及补救措施。

5.1.3　地方材料

滩涂治理和海围堤工程使用的地方材料，其物理性质和性能、化学性质必须满足设计要求。开工前施工单位应对建设单位或设计单位提供的料场有关资料进行复查核实。施工单位应根据料场条件和建筑物的施工条件及要求，合理安排料场的使用顺序，同时还需考虑必要的备料措施。

5.1.4　地基的处理与施工

陆上施工时，应先清理地基上表面，去除杂草、树根、淤泥和腐殖土，对淤泥层较厚的要有专门处理措施。对需开挖基坑者，应避免扰动坑底土层，做好基坑排水工作，维护基坑边坡稳定。

（1）砂垫层及碎石垫层的施工。垫层材料宜选用级配良好无树根草皮的洁净中粗砂，含泥量小于 5%。若用细砂，应掺入 30%～50% 的碎石，碎石的粒径不宜大于 50mm，亦可采用其他透水性强、性能稳定、无污染的材料，但需有充分依据。陆上垫层施工宜用分层密实方法，分层厚度可取 150～300mm，无论何种密实方法都应满足设计密度要求，必要时，可通过现场密实试验确定有关施工参数。水下垫层的施工应根据具体情况，可分别采用水下作业、露滩作业或其他方法施工。

（2）土工合成材料垫层施工。作垫层用的土工合成材料，应按照设计提出的技术指标要求，对实物进行抽检合格后方可使用。土工织物应根据施工条件拼成一定宽度。宽度一般为 10～30m，其铺设长度为建筑物横向铺设土工织物的设计宽度。土工织物宜在大潮低水位露滩时铺设，相邻两大块土工织物用搭接法联结，搭接宽度陆上不小于0.5m，水下不小于1.5m。应重视做好土工织物铺设前的准备工作，铺设后立即检查铺设位置、搭接宽度、张紧程度等，如不符要求应重新铺设。

（3）压载施工。压载施工与堤身填筑相配合，严格遵守施工顺序，要防止堤身一味加高而压载施工未能跟上导致地基失稳的情况发生。压载一般采用船舶平抛施工，应合理选择施工潮水位，均匀抛投。有条件时亦可采用陆上机械进行端进法立抛施工；压载较厚或有多级镇压层时，应根据地基承载力分层施工并确定间歇时间。

（4）预压固结法施工。在竖向排水体施工之前应完成水平排水垫层的施工。当用间隔布置的砂沟、塑料盲沟、水平排水板作为排水垫层时，应保证它们之间以及与竖向排水体之间的连续通水性。排水砂井、袋装砂井的施工参照《建筑地基处理技术规范》（JGJ 79）执行。塑料排水带材料的通水性能和强度应符合设计要求，并应按《塑料排水板质量检验标准》（JTJ/T 257）的规定经抽检验收合格后方可使用。塑料排水带需用专门机械插设，除有特别论证外，均应采用套管法施工。套管截面尺寸在保证刚度前提下，尽可能接近塑料排水带截面尺寸。下沉套管应采用静压或振动法，不得用打入法或水冲法施工，施工方法和要求应按《塑料排水板施工规程》（JTJ/T 256）的规定执行。当采用堆载预压时，应根据设计要求分级堆载，严格控制堆载的速率，施工中堆载的控制标准按表5.1-1的规定确定。各级堆载的间歇时间应根据地基固结计算或现场试验观测情况确定，地基发生滑动后必须间歇一段时间，待地基变形小于表5.1-1的规定时方可继续加载。当采用真空预压加载时，应根据场地形状、大小、施工能力将加固处理的场地划分成若干区，各区之间根据加固要求，可以搭接或保留一定距离，施工方法和要求可根据工程特点参照有关真空预压规范执行。真空预压加载时应有安全措施保持薄膜下长期维持在高真空度水平上，一次加压到设计荷载，其竖向变形和侧向位移可不受表

5.1-1 的限制，当连续 5 天实测沉降速率不大于 6mm/d 时即可停止加荷。当采用真空、堆载联合作用加固地基时，应先进行真空预压，待真空度稳定后再加堆载，然后继续抽真空到沉降稳定为止。无论堆载预压还是真空预压，施工中皆需观测地基的沉降、侧向位移、孔隙水压力的变化，对出现的问题要及时处理。对Ⅰ、Ⅱ等工程应划定典型的试验区提前进行施工，测取试验参数以指导大面积施工，同时进行现场荷载试验以检验排水预压的效果。

表 5.1-1　　　　　　　　　　堆载的控制标准

项　　目	地基有竖向排水通道	地基无竖向排水通道
空隙水压力消散率	＞0.6	＞0.6
地表垂直沉降	＜25mm/d 且 100mm/W	＜10mm/d 且 40mm/W
地表水平位移	＜10mm/d	＜6mm/d

（5）爆炸置换法施工。爆炸置换法施工应根据需置换的淤泥层厚度和物理力学特性确定爆填的方法和程序。外坡脚还应用爆夯处理配合，以便形成密实稳定的抛石体。施工期间应及时分段进行断面检测，以有效控制爆填断面的尺寸和形状。施工中应加强安全观测和管理。

（6）强夯法的施工。强夯法的施工可参照《建筑地基处理技术规范》（JGJ 79）执行。

5.1.5　海堤填筑施工

（1）围堤土方填筑标准。堤身各部分材料的性能和品质应符合设计要求，对闭气土料，如就地在堤内取土，取土坑距坡脚的距离一般不应小于 50m；当在堤外取土时，取土坑距坡脚的距离应不小于 100m，且取土坑之间不得连通以免形成串沟。围堤填筑应根据设计要求的荷载～时间关系曲线分级加载，当分段加载时，最小分段长度不宜小于 200m。

（2）围堤土方填筑施工的其他注意事项。当用人力运土筑堤时，应分层铺土分层夯实，每层厚度不超过 0.3m，不具备夯实条件的土堤，在其自然沉实期间，需不断培土加高。当用自卸车运土、推土机平整筑堤时，填土应从最低处开始分层铺土分层压实，每层铺上厚度应不大于 0.4m。当利用运土车辆的压实代替碾压时，应注意车辆压实的普遍性，压不到的部位须辅以人工夯实。当采用泥浆泵吹填筑堤时，应分段分仓施工，一般每段可分 2～3 个仓，在仓内作业时应分层吹填，每层厚度取 0.3～1m，待下层吹填土基本固结后方可进行上一层土的吹填，必要时可采取措施加速下层土的排水固结。堤身填筑经较长时间停工后，应对其填土表面进行清理和翻毛后方可继续填筑。在软基上或用高含水量土料筑堤时，应通过对地基和堤身变形的观测以控制填土的速率。石方堤身之后的闭气土方施工前，应先理平抛石堤内坡，并铺设好反滤层。水下闭气土方施工应从闭气土方坡脚开始向抛石堤推进，分层进行。可从海底取泥用自卸泥驳抛投，也可先用充泥管袋在闭气土方坡脚处筑堤，用吹填法填充闭气土方。陆上闭气土方宜用自卸车抛填，从抛石堤一侧逐步向内坡方向扩展，对有密实度要求的应分层铺设分层密实。施工期间须防止内外水位差所形成的渗流破坏。

（3）充泥管袋筑堤应。制作充泥管袋的材料应满足设计要求，其缝制强度应达到袋布强度的 50% 以上。在潮间带施工时应采用露滩作业，按所充管袋在一个低潮期间完成充填任务的要求配备吹挖泥设备。

（4）围堤石方填筑。石方填筑可利用船舶平抛与陆上立抛相结合的方法分段进行。平抛时要根据水位确定船型，水下抛石的每层厚度不宜大于 2.5m，抛填要均匀，高差不应大于 1m，并要避免漏抛。立抛时可不分层或者采用分层阶梯式进占法，进占高度不得大于地基极限承载高度。填筑时堆石堤内外堤坡要按设计断面留有护坡厚度，边填筑边埋坡。

（5）围堤护坡的施工。首先围堤护坡的施工应参照国家有关规范，同时围堤护坡施工应在堤身变形基本稳定后实施，在变形期间可采用临时防护措施，护坡施工时应沿堤轴线分段并沿高程自下而上分层进行。对直接受潮水波浪影响的施工部位，每次受淹后皆应进行检查整理，影响严重的部位应先用砂、碎石袋子以保护。采用土工合成材料作为护坡反滤层的有关要求参考"5.1.4"地基处理与施工。预制混凝土块护坡的制作与安放按港口工程技术规范中有关规范执行，对模袋混凝土护坡应按《土工合成材料应用技术规范》（GB 50290）和《土工合成材料测试规程》（SL/T 235）并参照《堤防工程施工规范》（SL 260）的有关规定执行。

5.2 交叉建筑物的施工

交叉建筑物水下部分宜修筑围堰采用干地法施工。围堰宜采用易于施工及易于拆除的结构形式。交叉建筑物施工除应满足设计要求外，还应按国家有关施工技术规范执行。

5.3 施工质量评定与工程验收

滩涂治理和围堤工程的施工质量评定与工程验收应按《堤防工程施工质量评定与验收规程》（SL 239）的规定执行。对于水下工程等项目，应由质量监督部门会同建设、设计、监理等有关各方，根据工程具体情况拟出质量评定标准与验收办法予以实施。滩涂治理和围堤工程的项目划分按附录 H 进行。

5.3.1 围垦工程施工的现状

（1）围垦地基处理。目前的围垦工程中利用排水板固结的处理工艺已经广为采用，与土工合成材料结合取得了广泛的认可和采纳。近些年利用爆破排挤淤泥的方法也在围堤施工中得到了运用，为围垦工程的实施提供多种选择。

（2）围垦工程的堤坝结构。围堤的结构一般为土石混合结构，外侧为方石结构抵挡潮水的影响，内侧一般为土方闭气结构。在砂石采集容易的地区也可以采用吹填粉砂土构筑堤坝。围堤的断面结果上主要是采用斜坡堤或者斜坡为主的断面复合堤。另外，轻质混凝土构成的轻型结构在河口地区也有采用。

（3）围堤的防护。对堤面的防护形式有干干砌石、泥浆砌石、灌注砌石、混凝土防护等。目前灌砌石的应用较为广泛。为了提高降低潮汐的影响，抗击较大的波浪异性体防护面也成为围堤工程的首先，如空心块、扭工块、扭王块等。混凝土栅栏板在有些堤面也得到了应用。

（4）施工技术措施。较为先进的施工设备为围垦工程施工提供了必要的技术支持，深水插板船、土工布水上定位铺设船等设备的改进和应用，有力地推动了围垦工程施工技术的发展，确保了施工的质量；闭气土方筑堤机、平板开底驳等设备的投入，创新了施工工艺，不仅提高了施工效率也提高了施工的质量。

（5）围堤工程施工的几种方式。①先修建围垦区域的促淤坝，后修建围堤。②直接修建围堤。③先修建促淤坝然后向围垦区内填土方，再构建围堤。

5.3.2 围垦工程施工中的质量控制措施

目前的围垦工程主要的施工工艺包括了抛弃石块和理砌块石，铺设软体排，水力冲泥灌袋构筑围堤的堤身，用混凝土或者石块构建大堤的护坡护脚，安装减少波浪冲击的异性混凝土块，最后在大堤的前面修建防浪墙。施工用的主要材料也随之改变，砂石、土工布、水泥、钢材等。这样的施工工艺发展使得对整个施工过程的质量控制也成为了较为困难的问题。下面就针对几个重点的控制节点进行简要的介绍：

（1）传统施工工艺的质量控制。

1）软基础的抛沙。基础抛沙法基础施工的目的就是要改善基础，加快基础排水固结的速度，提高承载能力，保证堤身的进占施工的安全和稳定，为了确保施工质量和抛沙地段准确程度，经测量放样规范抛沙范围并做好标记，标记在满潮的时候应可以露出水面，以起到指示抛沙船作业的目的每潮水抛沙施工完成的地段在退潮后应进行人工的平整，以避免水流对抛沙的不良影响，力求抛沙面的平整。为了防止施工结束后的沙基受到潮水和风浪的影响而流失沙基材料，在抛沙结束后就应当及时进行下一道工序：抛石压载施工，即在沙基的基础上抛铺一层碎石渣，厚度控制在 30cm，退潮后进行人工的平整和压密，并在上层进行抛石压载进行保护。这样是为了保证整个沙基不被水冲刷，而导致沙基流失，也可以对围堤区域进行预压，延长排水固结的时间可能，提高整个基础的承载能力和稳定。

2）堤身的进占。首先，在堤身进占前应当对施工的机械设备进行准备，以保证整个施工的顺利完成。施工条件的准备时，土石材料的开采和准备应保证施工的用量；施工现场的交通布置要合理和完备，满足进出车辆的顺利往来，保证大型施工机械的搬移和运转；保证抛沙施工所达到的范围大于堤身前 100m 以上的范围；合拢的闸门施工应早于整个堤身的施工。

其次，在施工中应当保证进占的原则。第一，先压载后堤身，这是指压载施工要在棱体回填土的范围。这可以与堤身填土相互平衡，防止堤身填土是出现滑坡，并对整个基础进行预压，提高基础的承载能力。第二，先填充石棱体后闭气土，这是指内外海棱体进占施工应在回填土之前进行，这是为了保护闭气土有较高的利用效率，减少风浪、潮水冲刷而造成的材料流失，保证施工进程的顺利和堤身的抗浪能力。第三，先深水区后浅滩段，这是指在深水区或者堵口区，基础抛沙船、石块压载等施工项目应先于整个浅滩的进程，即将深水区先行回填并使之与浅滩的高程一致。该措施是为了避免当堤身进占施工至深水区时海堤不断缩小而造成的激流破坏基础，造成材料流失。

最后，控制堤身的高程。在整个施工的过程中还应当控制好堤身进占的高程，即当抛石压载和棱体基础施工中应当控制每个阶段的高程，在进占一个阶段后在进行二阶段的回填施工。这个阶段不可过快，因为整个基础在施工的过程中还没有完全稳定，因此应控制堤身进占的高程，主要是确保施工平面不受潮水的影响。

（2）塑料排水板施工质量的控制。另一种施工的方法是采用塑料排水板对软基础进行处理。在利用此种方法进行施工时应当注意以下几点：①控制插板的深度。在对设计图纸明确标明打设深度的情况下，可根据设计参数进行施工。如在图纸中没有标明深度的情况下，应根据地质勘测的刨面图进行实际的验算。计算的时候可以按照勘探孔为依据，勘探孔一般采用内插法，计算深度作为施工采用的深度值。另外还可以结合现场施工的情况进行操作，将排水板尽量插入地基，以满足质量需求。②控制回带的数量。在设计中一般都会规定回带的长度，且回带根数应小于总根数的 5%，因此应当在施工中控制回带的数量。一般产生回带的原因有设备和操作、地质原因。设备的原因主要有套管的摩擦力过大，造成合理拔出时的力大于基础对排水板的摩擦力；另一个原因，锚靴设计不合理，在拔出时不能及时的脱离，造成拔管时带回。针对这两种情况，首先应检查套管的前端，是否存在夹泥的现象，套管的内部是否存在异物，阻碍了排水板在套管内的正常进出；另外，排水板在进入套管口的时候，还会因为海风的影响而造成阻力的增大，因此在必要的时候可以调整排水板与风向的协调控制。对第二种情况，应调整锚靴的长度和套管底部的夹角以便锚靴脱钩。③排水板的垂直度控制。这个控制的目的就是要保证排水板插入时的垂直，主要是在横纵向进行控制。一般的控制是在机架顶部挂锤球，通过肉眼来进行比较和锤球与套管的偏差，以此控制垂直度，但是这样的方法容易受到外部环境的干扰而失准。因此可以采用增设支架的方式来控制插板的垂直插入，也就是利用对设备的改进来实现机械控制垂直度的目的。

在围垦工程施工中，应当对重点施工环节进行把握，尤其是在围堤施工和排水施工中，应保证按照工程设计的要求进行合理的安排和控制，即合理的安排施工时间、顺序，控制施工工艺达到设计标准,并在施工中根据实际情况进行合理的技术改进提高施工的质量。

5.4 工程案例

5.4.1 台州市路桥区黄礁涂围垦工程
5.4.1.1 工程概况

黄礁涂围垦面积约为10224亩,主要由围堤、水闸及围区配套工程组成。围堤采用100年一遇设计高水位加100年一遇设计波浪,允许部分越浪;水闸防潮标准采用100年一遇设计,排涝标准采用20年一遇24h暴雨24h排出。

(1)工程区为低山丘陵、岛屿和滨海平原,岛屿高程一般在150m以下,围区滩涂坡度平缓,涂面稳定,其高程一般 $0 \sim -3.5$ m之间,属典型的滨海平原地貌。山坡覆盖层主要为第四系全新统坡残积(dl—elQ$_4$)粉质粘土夹碎石。滩涂覆盖层为第四系全新统海积(mQ$_4$)淤泥与淤泥质土、坡洪积(dl—plQ$_4$)含砂、粉质粘土碎块石及第四系上更新统冲湖积(al—lQ$_3$)粘土等。

(2)设计流域地处东南沿海,气候温和,雨量充沛,属亚热带季风气候区,全年季节变化明显,降水量年内分配不均。黄礁涂所在地20年一遇高水位4.56m,低水位−3.35m,高潮多年平均水位1.99m,低潮多年平均水位−1.56m。

5.4.1.2 施工部署

(1)工程难点。本工程的特点是施工工程量大,围垦工程主要由围堤、水闸及围区配套工程组成,部分分项工程需水上作业,且施工受加荷速率及潮汛影响,因此短时间内施工强度较大,施工时必须充分发挥机械化作业的优势,才能保质保量地完成施工任务。

(2)施工方案。根据本工程的施工特点、自然条件、工期要求等情况,工程施工原则上采取平行与流水作业相结合,水上施工与陆上施工相结合的施工方法。将本工程划分成三个工区：1 工区负责大港湾围堤，石料取自子云山石料场；2 工区道士冠排水闸的施工，基坑开挖出石料利用填筑于大港湾围堤；3 工区负责白果山围堤的施工，石料取自白果山石料场。海堤施工工区按先下后上，先深后浅进行交叉作业。同时根据实际情况，堤基处理与抛石填筑分成水上及陆上两部分。

根据本工程的施工特点、自然条件、工期要求等情况，围堤工程施工原则上采取平行与流水作业相结合，其主要施工方案为：①基础处理土工布在施工营地的土工布拼接场进行拼宽，根据施工部位退潮露滩情况采取船铺或陆上人工铺设，水下铺布由专用水上铺布船根据 GPS 定位进行铺设，陆上铺布采用人工候潮铺设。②对于不露滩的大港湾海堤段排水碎石垫层采用带有定位系统的自航平板驳抛填；而对于不露滩部分塑料排水板采用专用插板船候潮 GPS 水下定位施打塑料排水板，其余则采用轨道式专用插板机候潮施工。③围堤迎潮面灌砌块石挡墙、灌砌石护面在堤身抛石沉降稳定、并结合观测资料具体分析后进行施工。外坡埋砌块石施工，采用反铲挖机在退潮时按设计断面进行埋坡。

5.4.1.3　基础处理工程施工技术

本工程海堤堤身基础处理采用塑料排水板、土工布加碎石垫层的复合加固法，并结合压载的处理方法。其中堤基塑料排水板打设间距 1.4m，正方形排列，插入涂面以下深度白果山段围堤为 4～22m，大港湾段围堤为 15～29m，排水板插打共计 1702530m；另 30kN/m 有纺土工布铺设 155093m²，120kN/m 高强有纺土工布铺设 228247m²，排水碎石垫层抛填 130212m³。为了减小冲刷，土工布铺设和碎石垫层的施工间隔时间不能太长，应及时覆盖压实。

（1）基础处理工程施工流程。本围垦采用塑料排水板法进行基础处理施工的工序流程为：施工测量放样——30kN/m 有纺土工布铺设——碎石垫层抛填——塑料排水板插设——上层

120kN/m高强有纺土工布铺设。

（2）土工布铺设施工技术要点。本工程白果山段围堤滩地高程较高，可采用人工在退潮时直接将30kN/m有纺土工布铺设于滩涂面上，用竹桩穿麻绳插入涂泥中分段压牢，而大港湾段围堤涂面高程较低，退潮时基本不露滩，则采用专用的土工布铺设船进行水下GPS定位铺设，同时铺设船上自备挖掘机抛碎石压沉排布，做到随铺随压。铺设质量的关键是定位后的压沉，土工布到位后不再位移及飘浮。为了更好控制好土工布铺设质量，还应注意以下要点：①土工布铺设前，滩面应加以平整，铺设基面上的杂物应清除干净。土工布的径向（或纵向）必须垂直堤坝轴线铺设，径向有纺土工布铺设宽度比碎石垫层设计宽度两侧延伸1m，平行堤坝轴线方向土工布严禁搭接。②土工布铺设时，由船上检测系统实时反映出土工布铺设轨迹，发现偏差，立即进行调整。并打印土工布铺设轨迹图，作为原始资料存档。③土工布材料质量应铺设平顺，松紧适度并与基面密贴；不出现扭曲和折叠，径向不搭接对铺设过程中有损坏处，应修补或更换。

（3）排水碎石垫层施工技术。本工程碎石垫层直接铺设在基底30kN/m土工布上，主要为排水插板提供生产和施工条件，碎石垫层设计宽度基本同排水板处理宽度，由于部分滩地小潮时无法露滩，同时考虑到施工工期要求，碎石垫层采取水上船抛及陆上车抛两部分方式施工。本工程碎石垫层采取如下质量控制措施：①严格控制原材料的质量，对不符合设计要求的材料不得使用。②加强抛填区的测量工作，当各区段碎石垫层数量达到设计要求后进行下一道工序施工。③结合海上抛填的施工经验，抛填时采用船只行驶顶流、偏角的方法，以达到抛填料抛填均匀。尽快排水插板及第一层抛石覆盖，防止冲刷。

（4）塑料排水板施工。本工程海堤基础处理塑料排水板采用槽型土工聚合物排水带，宽10cm，型号为C型。排水板采用正方形布置，间距1.4m。排水板插入涂面以下深度白果山海堤为4～22m，大港湾海堤为15～29m，其中大港湾海堤部分堤段

（桩号为 D＋360）插板需插入至岩基。对于白果山海堤堤基排水板施工则利用退潮露滩时间，在已填筑好的碎石垫层上铺设枕木轨道插板机作业；对于基本不露滩的大港湾海堤堤段，排水板采用专用插板船水下 GPS 定位候潮进行施打。塑料排水板的施工对于本围垦基础工程来说相当重要，采取以下施工技术：①根据排水板施工区段及水域的风流、水流条件合理地确定抛锚系缆。锚缆系统必须稳定可靠，使用方便，并随时根据水位变化调整锚缆长度。②插板机插板时应准确定位，在转盘和打设过程中避免损坏，防止淤泥进入板芯堵塞输水通道，影响排水效果。③打入地基的塑料排水板应为整板，如确需接长，每根带只允许有一个接头，接长带的使用量不得超过总打设根数的 10％，且应分散使用。④插设应垂直，并应达到设计深度，并采取防止发生回带的措施，若回带 500mm 以上应补打。发生回带的根数不超过总根数的 5％。⑤严格控制间距和深度，一般排水板间距允许偏差为 ±100mm，正误差不得连续出现，抽查量不应少于 2％；垂直度偏差不应大于 1.5％；并应随机抽取一定数量的孔数校核排水板插设深度。

5.4.1.4　堤身抛石填筑施工

根据本工程的施工条件，堤身抛石采用陆抛。堤身抛石采用天然混合级配石料，抛填层兼作施工路面，利用抛填车辆碾压密实，堤顶按设计要求预留沉降超高。根据设计及潮水位情况，围堤堤身抛石采用 5t 自卸汽车装石料进行立抛进占，堤身抛填施工应薄层轮加，均衡上升，同时做好堤身沉降观测工作。抛石填筑的基本原则是先深后浅，先点后线，薄层轮加，均衡上升。

抛填过程施工加载按设计加载曲线进行，每层加载间隔时间根据设计要求的横堤加荷曲线图进行控制，施工过程中根据原位观测资料作适当调整，以确保施工期安全。抛填根据设计加载曲线分层进行，每层厚度控制在 70～150cm 左右（第一层可适量加厚），每层间歇期不少于 30～60d，高程 4.50m 以上部分抛石厚度不得大于 70cm。

5.4.1.5 堤身闭气土施工

本工程海堤堤身闭气土方位于堤身内侧,堤身抛石与内侧子堤之间,共计约 79.56 万 m³。施工时,土方按石方领先,土方紧跟的原则施工。取土区取土时应从远到近。闭气土施工,平均水位以下闭气土方采用船抛,用抓斗挖泥船挖泥、液压对开驳运输抛填。平均高水位以上闭气土方采用绗架筑堤。

筑坝土料分层填筑,分层厚度不大于 50cm,沿堤轴线往返进,采用梅花形投料,这样有利于土料脱水,加快自然固结速度,相应降低堤身荷载。在填筑面表层沿海塘轴线每隔 20m 横向开挖排水沟进行排水。土方闭气过程需按照加载曲线进行,按"薄层轮加,均衡上升"的原则分层梯级推进,保持与石坝平行,进度稍微滞后,高程略低。

在总加荷分级的前提下,每级按 30～50cm 左右厚度的薄层分层填筑,薄层填筑时间间隔以前一层可以上人为原则。施工中要防止填筑面土体龟裂,当层面曝露时间过长时,应适当洒水湿润。填筑施工中除沉降、位移观测外,还必须分层分段取样进行容重试验,当含水量比较大时,应适当增加间歇时间。

工程实践表明,本围垦工程所采取的施工技术能使该工程能做到一次性合拢截流成功,这些施工措施可为同类工程提供参考。

5.4.2 某海堤施工方案

5.4.2.1 工程概述

该海堤工程总长为 1220m,堤顶宽度为 49.5～71.5m,堤顶高程 6.00～7.00m。海堤结构型式采用抛石斜坡式结构,工程内容包括清淤置换、水抛棱体和抛石护底、铺袋装碎石＋袋装砂垫层、水上施打塑料排水板、堤心石、护面结构、堆载预压、防浪墙、道路路面结构和构筑物等。桩号 K28＋500～K29＋160 段高程 0.00m 以上海堤陆抛施工,全长 660m,陆抛块石工程量约 45 万 m³。

路堤石方填筑工程桩号从 K29＋160～K29＋220,总长

60m，填筑结构形式与海堤同侧结构型式，工程量约 35000m³。

5.4.2.2　施工布置

（1）临时设施布置。临时设施包括生产、生活等临建设施，利用现有的生产、生活设施，不再增加其他临建设施。但为了缩短块石运距，并方便计量，称量地磅转移至 B 区高程 5.00m 平台上近海堤段，在海堤填筑施工前先建好地磅基础，待水抛施工完毕后即进行地磅安装。

（2）临时施工道路布置。前期采用现地已有的施工道路，通过 B 区备料场高程 5.00m 平台修筑一条施工道路至海堤与路堑交接处（桩号约 K29＋160），路端随着回填高程上升而逐渐加高。当海堤陆抛第一级抛填至设计高程（4.00m）后，即通过 B 区开挖部位高程 5.00m 平台修筑一条临时施工道路至海堤及路堤填筑部位，用于后期海堤及路堤填筑运输交通。

5.4.2.3　施工技术措施

（1）海堤陆抛工程施工。①施工分段分级。陆抛填筑主要为 K28＋500～K29＋160 桩号段高程 0m 以上陆抛堤心石施工，根据围堤设计要求分四段进行施工：第Ⅰ段 K29＋160～K29＋000、第Ⅱ段 K29＋000～K28＋280、第Ⅲ段 K28＋280～K28＋600、第Ⅳ段 K28＋600～K28＋500（堵口合龙段）。第Ⅰ段分三级进行施工，即：第一级高程 0.00～4.00m、第二级高程 4.00～8.00m、第三级高程 8.00m 以上（含超载卸压层）部分；第Ⅱ段、Ⅲ段、Ⅳ段分两级进行施工，即：第一级高程 0～4.00m、第二级高程 4.00m 以上（含超载卸压层）部分。②施工工艺流程。陆抛施工工艺流程见图 5.4-1。③施工准备。测量放线，钉出海堤中桩和两侧边桩；组织机

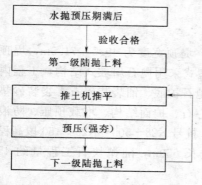

图 5.4-1　陆抛施工工艺流程图

械设备及人员，并修好施工便道；对相关施工人员进行现场技术及安全交底；进行夯前测量，按 10m×10m 方格网测量高程。

（2）施工方法。陆抛采用自卸汽车运输石料直接卸至堤上，推土机进行推平，自颗珠山岛沿堤轴线向前分层推进，每级回填层厚暂定 4～5m，先抛填堤轴线处，后两侧抛填，堤轴线处暂定 10～15m 宽，两侧宽度基本相同，分层高度及宽度以后可根据现场回填检测情况作适当调整，堤轴线处抛填超前约 15～20m，堤两侧随后跟进抛填，成锥形推进，每级向前推进约 30m 时块石垫层与扭王块体必须同时跟进施工，防止陆抛过程中因风浪作用对堤身造成破坏，每级抛填需达到设计高程后先进行预压，达到设计预压时间后进行下一级堤心石抛填，最后一级在强夯施工后进行超载预压卸荷。陆抛施工前应先将路堤清淤（挤淤）置换段回填至约高程 2.00m 形成通道，再进行陆抛施工。每段之间抛填锥形推进时可持续进行施工，第 I 段堤轴线处抛填起始宽度约 15m，向前逐渐变窄，至桩号 K28＋800 处变为宽度约 10m 宽，后宽度不变向前进行抛填施工，两侧宽度大致相等跟进施工。每级经过预压后，坡面采用长臂反铲进行埋坡，同时人工进行配合整理坡面，达到设计坡面要求。

施工方法见图 5.4－2。

堤身回填在达到设计最高水位（高程 2.15m）后，则可根据设计要求改为山皮石（70％石料、30％土料的混合料）进行上层回填。回填最后一级（层）堤身回填时，为便于日后堤轴线处电缆沟的开挖施工，堤轴线处约 2m 范围内采用混合料进行填筑，混合料中石料最大粒径控制在 20cm 以下，填筑底标高相对电缆沟底设计高程 30.00～50.00cm，通过强夯预压施工后，先进行测量放线，后采用小型反铲（斗容 0.5～0.8m³）进行电缆沟开挖并辅以人工开挖清理成型。

各级陆抛回填施工资源配置情况如表 5.4－1。

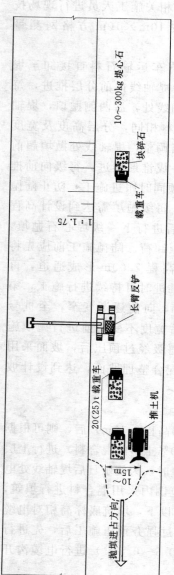

载重车

10～300kg 堤心石

块碎石

长臂反铲

20(25)t 载重车

推土机

抛填进占方向

10～15日

1:1.75

海堤陆抛堤心石抛填施工方法平面示意图

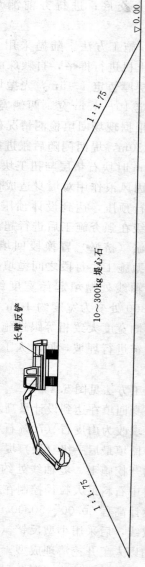

长臂反铲

10～300kg 堤心石

1:1.75

▽0.00

1:1.75

海堤陆抛堤心石抛填施工方法剖面示意图

图 5.4-2 施工方法示意图

表 5.4 - 1 　　　　　陆抛回填施工资源配置

部　　位		工程量 （m³）	进度安排 （年-月-日）	资源配置
K29+160～ K29+000	高程 0.00 ～4.00(5.00) 填筑	70000	2004－01－29～ 2004－02－05	反铲 6 台，自卸汽车 12 台，推土机 2 台，操作手 40，管理人员 5 人，指挥人员 4 人等
K29+000～ K28+800		76000	2004－02－06～ 2004－02－20	
K28+800～ K28+600		75000	2004－02－21～ 2004－03－06	
K28+600～ K28+500		45000	2004－03－07～ 2004－03－15	
K29+160～ K29+000	高程 4.00 (5.00) 以上 填筑	60000	2004－04－06～ 2004－04－10	反铲 12 台，自卸汽车 21 台，推土机 2 台，操作手 56，管理人员 10 人，指挥人员 6 人等
K29+000～ K28+800		42000	2004－04－21～ 2004－04－25	
K28+800～ K28+600		50000	2004－05－06～ 2004－05－10	
K28+600～ K28+500		32000	2004－05－16～ 2004－05－19	
K29+160～ K29+000	高程 4.00 (5.00) 以上 强夯超载 预压	9000	2004－04－11～ 2004－07－10	25T 夯机（自带 15T 夯锤）2 台，作业人员 10 人，管理人员 6 人等
K29+000～ K28+800		10000	2004－04－26～ 2004－07－25	
K28+800～ K28+600		10700	2004－05－11～ 2004－08－10	
K28+600～ K28+500		5000	2004－05－20～ 2004－08－17	
海堤面层整平碾压		1 项	2004－08－11～ 2004－08－25	振动压路机 1 台，自卸汽车 6 台，推土机 1 台，操作人员 16 人，管理人员 6 人等

　　（3）堵口合龙施工。①堵口时间选择。堵口时间的选择应考虑合宜的天气条件和与总工程进度配合两个方向，选在水位低、

潮差小、风浪小、天气暖和、流量小的时段集中力量突击进行施工，避免在台风、大潮、多雨、严寒和酷暑时段内堵口；此外，堵口必须与整个海堤工程进度匹配，堵口前非堵口海堤段已填筑至预定标高能抵御大潮，堵口段基础自理和相应的防护工作均已完成，堵口完成后又应有足够的时间加高培厚堵口段海堤，达到设计断面。②堵口布置与防护。本工程采用单一口门方案，口门位置考虑到地质条件、水深以及从两侧山体抛石相向推进的工效等因素，初步选定在桩号 K28＋500～K28＋600 区段，口门尺寸按照口门处控制流速确定，控制流速根据口门过水期的设计潮型进行水力计算求得，一般取 2～3m/s，宽度取为 100～150m。堵口的防护包括护底和两侧堤头保护，护底结构采用先铺设一层土工布，其上压抛块石层，铺设护底的施工顺序按照"先低后高"、"先近后远"和"先普遍再逐步加厚"的原则；两侧堤头保护主要是防止堵口水流、立轴漩涡和堤身渗流对堤头造成的破坏，堤头坡度可适当放缓，外坡一般采用大块石保护。③堵口顺序与方法。不同的堵口顺序会出现不同尺寸的口门，遇到不同的水力条件，形成不同的堵口难度，从而也要求不同的施工方法、强度及设备，本工程拟采用平立堵结合的方法，既能获得较好的堵口水力条件和地基稳定条件，又能发挥陆上施工力量，利用陆抛提高效率，加快进度，降低成本。具体实施方案为：在高程 0.00m 以下采用水抛块石平堵，将口门底槛抬高，压缩口门宽度，此时应注意流速冲刷作用和加荷集中引起的地基稳定问题，立堵进占时，还应注意堤头保护，采用小潮期，集中力量，采用立堵封口完毕。但由于堵口合龙施工两分隔段不是同一施工单位施工，进度和速度均可能不能达到统一协调，则应考虑先施工完堵口段的一端预留一定宽度的堵口长度，堵口裹头采用扭王块体进行保护，防止风浪冲刷破坏，待达到设计堵口要求时集中力量进行堵口合龙。

（4）强夯施工。堤身回填达到面层设计标高后即进行强夯施工，施工工艺为三遍点夯一遍普夯，第一、第二遍点夯间距为

8m×4m，第一遍、二遍夯点交错矩阵布置，第三遍点夯间距为4m×4m，与第一遍、第二遍夯点也尽量呈交错矩阵布置，普夯夯点间距为2.2m×2.2m～2.4m×2.4m。

强夯点夯能量为不小于1800kJ，普夯能量为1000kJ，夯锤重量取为120kN，锤底面积为4～4.5m²。点夯每点夯击击数不小于8击，普夯每点夯击击数为3击，强夯控制标准为最后二击平均贯入量不大于10cm，满夯为连续搭夯。如每遍点夯夯点总贯入量大于90cm，需在原点上进行回填后再补夯一次。强夯间歇设计暂定为第一遍夯后间歇时间15天，第二遍夯后间歇时间20天，第三遍夯后间歇时间25天，以后根据现场试验参数进行调整。

强夯起始标高根据设计要求按回填至海堤面层后进行强夯，加强夯后下沉量约50cm（也可根据实际夯沉量进行调整）。强夯加固范围为海堤路堤两侧向外扩伸1.5m。夯坑回填，取与路堤该分层相近似的石质材料，用推土机将夯坑填平。面层强夯完成后，应采用细料进行分层压实，细料粒径不大于15cm，采用振动压路机进行碾压整平至设计标高，振动压路机取自重不小于150kN的碾压设备，碾压遍数为4～6遍（来回为一遍），碾压时应控制碾压速度，碾压搭接宽度为不少于1/3倍的碾压宽度，碾压密实度应大于95%（重型击实标准）。

（5）施工要求。①在海堤填筑施工时宜根据设计要求填筑，每级填筑需通过水平位移、垂直沉降和孔隙水压力控制填筑速率，其控制标准由业主、设计单位、监理、检测单位和施工单位一起根据现场实际施工情况和当地施工经验研究确定。②每级填筑预压时间要求如下：

K28＋500～K28＋600段：高程0.00～4.00m不应小于60天、高程4.00m以上不应小于80天；

K28＋600～K29＋000段：高程0.00～4.00m不应小于60天、高程4.00m以上不应小于90天；

K29＋000～K29＋160段：高程0.00～5.00m不应小于60天、高程5.00m以上不应小于90天。③预压卸载控制标准应根据实测资料推算的剩余沉降量满足设计要求，在压缩层的平均总固结度大于95％时可进行卸载。④设置平面控制和高程控制点，同时在断面高程变化处设置断面标，在堤中心线位置每100～200m设置一个里程标。⑤海堤填筑过程中派专人在抛填部位负责指挥石料运输卸料，每班在抛填施工前由施工技术人员向指挥人员进行交底。⑥强夯施工过程中要设专人负责监控并进行记录，检查夯锤重和落距，并检查每个夯点的夯击次数和每击的夯沉量等，并作好检查记录。

（6）路堤石方填筑施工。①路堤与海堤结合处清淤。清淤前先修建施工道路至清淤部位，通过降低颗珠山西侧近海堤段高程5.00m平台，采取局部挖填方式，路面坡度不大于8％。清淤采用反铲进行挖装，自卸汽车运输卸料至颗珠山东侧凹口处。清淤施工程序为由岸向海侧施工，清淤经监理验收合格后在基槽内水上抛填开山石，水上填筑与清淤的间隔时间不应超过1个月，抛填前应对所抛区域进行回淤测量，控制回淤厚度不大于1m。施工时以实际挖泥土质判别，不允许出现欠挖、浅点情况（即不得留淤泥夹层）。清淤至近岸部分时要求交接带淤泥边坡稳定，施工图示稳定边坡为1∶4，也可根据现场实际情况调整，如淤泥深小于2m时，则可直接采取回填挤淤方式。②路堤原地面及坡面处理。路堤原地面及坡面上的表层土及浮渣应在填筑前予以清除，清除表层土及浮渣采用反铲并辅以人工进行清理，自卸汽车运输，直至露出基岩。坡面还应爆破开挖形成台阶（可垂直进行钻孔），台阶宽度不小于1m，台阶高度根据原始山体坡比相对应变化。③路堤填筑。路堤填筑应先进行清淤段回填，采用自卸汽车运料直接卸料于回填部位，进行分级填筑，路堤按两级进行分级填筑，高程5.00m以下为第一级，高程5.00m以上为第二级。回填施工自底层开始，在中桩和两边处插立竹竿，在竹竿上，以红油漆将分层层位线标出，以便随时在层位面和边坡面挂线检查和施工控制。填筑方向应与道路中线平行，以利运输车慢速行驶均匀卸料，填筑料及方法与海堤相应段层相同，每层回填通过推土机推平时进行来回碾压密实。

路堤回填施工资源配置情况见表5.4-2：

表5.4-2　　　　路堤回填施工资源配置情况表

部　　位	工程量	进度安排 （年-月-日）	资源配置
路堤高程 5.00以下填筑	20000m³	2004-01-26～ 2004-01-31	反铲6台，自卸汽车12台，推土机2台，操作手40，管理人员5人，指挥人员4人等
路堤高程 5.00以上填筑	15000m³	2004-04-01～ 2004-04-05	反铲12台，自卸汽车21台，推土机2台，操作手56，管理人员10人，指挥人员6人等
路堤面层整 平碾压	1项	2004-07-05～ 2004-07-06	振动压路机1台，自卸汽车6台，推土机1台，操作人员16人，管理人员6人等

5.4.2.4　质量控制措施

（1）块石取料部位采用反铲严格按设计要求进行分级选料。

（2）严格按规定进行分级分层填筑堤身。

（3）从选料源头至回填部位指派专人进行石料控制，不合格料严禁进入施工部位。

（4）做好单点强夯试验，定出各项强夯参数，强夯过程中严格按各项参数进行控制。

（5）每道工序验收合格后才能进行下道工序施工。

5.4.2.5　安全技术措施

（1）回填部位指派专人进行车辆指挥卸料。

（2）现场设备各行其道，严禁四处穿梭，闲杂人等严禁进入施工区，并设置各种现场警示牌。

（3）汽车卸料时不得太接近卸料陡坎边沿，主要通过推土机进行推填整平。

（4）强夯施工过程中密切注意堤身及边坡变化，注意垮塌。

6 中小型围垦工程监理

6.1 概述

为加强对中小型围垦工程建设监理单位和监理人员施工监理活动的管理，监理单位应按照国务院水行政主管部门批准的资格等级和业务范围承担监理业务，并接受水行政主管部门的监督和管理。

中小型围垦工程建设项目施工监理应按有关规定择优选择监理单位。

监理单位应遵守国家法律、法规、规章，独立、公正、公平、诚信、科学地开展监理工作，履行监理合同约定的职责。

中小型围垦工程建设项目施工监理应以合同管理为中心，有效控制工程建设项目质量、投资、进度等目标，加强信息管理，并协调建设各方之间的关系。

中小型围垦工程建设项目施工监理依据主要包括：

（1）国家和水利部有关工程建设的法律、法规和规章。

（2）水利行业工程建设有关技术标准及其强制性条文。

（3）经批准的工程建设项目设计文件及其他相关文件。

（4）监理合同、施工合同等合同文件。

监理单位为实施施工监理而进行的审核、核查、检验、认可与批准，并不免除或减轻责任方应承担的责任。

监理单位应积极采用先进的项目管理技术和手段实施监理

工作。

监理单位的合理化建议或高效工作使工程建设项目取得了显著的经济效益，监理单位可按有关规定或监理合同约定，获得相应的奖励。

因监理单位的直接原因致使工程项目遭受了直接损失，监理单位应按有关规定或监理合同约定予以相应的赔偿。

6.2　监理组织及监理人员

6.2.1　监理单位

监理单位与发包人应依照《水利工程建设监理合同示范文本》签订监理合同。

监理单位开展监理工作，应严格遵守国家法律、法规、规章和政策，维护国家利益、社会公共利益和工程建设当事人各方合法权益。不得与所承担监理项目的承包人、设备和材料供货人发生经营性隶属关系，也不得是这些单位的合伙经营者。禁止转让、违法分包监理业务。不得聘用无监理岗位证书的人员从事监理业务。不得采取不正当竞争手段获取监理业务。

监理单位应依照监理合同约定，组建项目监理机构，配置满足监理工作需要的监理人员，并在监理合同约定的时间内，将总监理工程师及其他主要监理人员派驻到监理工地。人员配置如有变化，应事先征得发包人同意。

监理单位应按照国家的有关规定给工程现场监理人员购买人身意外保险及其他有关险种。

监理单位应建立现代企业制度，加强内部管理，对监理人员进行技术、管理培训，建立监理人员考核、评价、选拔、培养和奖惩制度。

监理单位应按有关规定参加年检，并将年检结果通知发包人。

两个以上监理单位可成立监理联合体或联营体，共同承揽监理业务。国家和有关部门对联合体或联营体资格有规定的，应遵照其规定。监理联合体各方应明确一个监理单位为责任方。联合体的总监理工程师由责任方派出，联营体的总监理工程师由其法定代表人委托。

监理服务范围和服务时间发生变化时，监理合同中有约定的，监理单位和发包人应按监理合同执行；监理合同无约定的，监理单位应与发包人另行签订监理补充协议，明确相关工作、服务内容和报酬。

6.2.2 监理机构

监理机构应在监理合同授权范围内行使职权。发包人不得擅自做出有悖于监理机构在合同授权范围内所做出的指示的决定。

监理机构的基本职责与权限应包括：

（1）协助发包人选择承包人、设备和材料供货人。

（2）审核承包人拟选择的分包项目和分包人。

（3）查并签发施工图纸。

（4）审批承包人提交的各类文件。

（5）签发指令、指示、通知、批复等监理文件。

（6）监督、检查施工过程及现场施工安全和环境保护情况。

（7）监督、检查工程施工进度。

（8）检验施工项目的材料、构配件、工程设备的质量和工程施工质量。

（9）处置施工中影响或造成工程质量、安全事故的紧急情况。

（10）审核工程计量，签发各类付款证书。

（11）处理合同违约、变更和索赔等合同实施中的问题。

（12）参与或协助发包人组织工程验收，签发工程移交证书；监督、检查工程保修情况，签发保修责任终止证书。

（13）主持施工合同各方之间关系的协调工作。

（14）解释施工合同文件。

（15）监理合同约定的其他职责与权限。

监理机构应制定与监理工作内容相适应的工作制度和管理制

度。监理机构应将总监理工程师和其他主要监理人员的姓名、监理业务分工和授权范围报送发包人并通知承包人。监理机构进驻工地后，应将开展监理工作的基本工作程序、工作制度和工作方法等向承包人进行交底。监理机构应在完成监理合同约定的全部工作后，将履行合同期间从发包人处领取的设计文件、图纸等资料归还发包人，并履行保密义务。

6.2.3 监理人员

水利工程建设监理实行注册管理制度，总监理工程师、监理工程师、监理员均系岗位职务，各级监理人员应持证上岗。

监理人员应遵守监理守则，具体包括：

（1）遵纪守法，坚持求实、严谨、科学的工作作风，全面履行义务，正确运用权限，勤奋、高效地开展监理工作。

（2）努力钻研业务，熟悉和掌握建设项目管理知识和专业技术知识，提高自身素质和技术、管理水平。

（3）提高监理服务意识，增强责任感，加强与工程建设有关各方的协作，积极、主动开展工作，尽职尽责，公正廉洁。

（4）未经许可，不得泄露与本工程有关的技术和商务秘密，并应妥善做好发包人所提供的工程建设文件资料的保存、回收及保密工作。

（5）除监理工作联系外，不得与承包人和材料、工程设备供货人有其他业务关系和经济利益关系。

（6）不应出卖、出借、转让、涂改、伪造资格证书或岗位证书。

（7）监理人员只能在一个监理单位注册，未经注册单位同意不得承担其他监理单位的监理业务。

（8）遵守职业道德，维护职业信誉，严禁徇私舞弊。

中小型围垦工程建设监理实行总监理工程师负责制。总监理工程师应负责全面履行监理合同中所约定的监理单位的职责。

监理工程师应按照总监理工程师所授予的职责权限开展监理工作，是执行监理工作的直接责任人，并对总监理工程师负责。

主要职责应包括：参与编制监理规划，编制监理实施细则；预审承包人提出的分包项目和分包人；预审承包人提交的施工组织设计、施工措施计划、施工进度计划和资金流计划；预审或经授权签发施工图纸；核查进场材料、构配件、工程设备的原始凭证、检测报告等质量证明文件及其质量情况；审批分部工程开工申请报告；协助总监理工程师协调参建各方之间的工作关系。按照职责权限处理施工现场发生的有关问题，签发一般监理文件；检验工程的施工质量，并予以确认或否认；审核工程计量的数据和原始凭证，确认工程计量结果；预审各类付款证书；提出交更、索赔及质量和安全事故处理等方面的初步意见；按照职责权限参与工程的质量评定工作和验收工作；收集、汇总、整理监理资料，参与编写监理月报，填写监理日志；施工中发生重大问题和遇到紧急情况时，及时向总监理工程师报告、请示；指导、检查监理员的工作。必要时可向总监理工程师建议调换监理员。

监理员的主要职责包括核实进场原材料质量检验报告和施工测量成果报告等原始资料；检查承包人用于工程建设的材料、构配件、工程设备使用情况，并做好现场记录；检查并记录现场施工程序、施工工法等实施过程情况；检查和统计计日工情况；核实工程计量结果；核查关键岗位施工人员的上岗资格；检查、监督工程现场的施工安全和环境保护措施的落实情况，发现异常情况及时向监理工程师报告；检查承包人的施工日志和试验室记录；核实承包人质量评定的相关原始记录；当监理人员数量较少时，监理工程师可同时承担监理员的职责。

6.3 施工监理工作程序、方法与制度

6.3.1 基本工作程序

围垦工程施工监理的工作程序主要包括：签订监理合同，明确监理范围、内容和责权；依据监理合同，组建现场监理机构，选派总监理工程师、监理工程师、监理员和其他工作人员；熟悉

工程建设有关法律、法规、规章以及技术标准，熟悉工程设计文件、施工合同文件和监理合同文件；编制项目监理规划；进行监理工作交底；编制各专业、各项目监理实施细则；实施施工监理工作；督促承包人及时整理、归档各类资料；参加验收工作，签发工程移交证书和工程保修责任终止证书；结清监理费用；向发包人提交有关档案资料、监理工作总结报告；向发包人移交其所提供的文件资料和设施设备。

6.3.2　主要工作方法

现场记录：监理机构认真、完整记录每日施工现场的人员、设备和材料、天气、施工环境以及施工中出现的各种情况。

发布文件：监理机构采用通知、指示、批复、签认等文件形式进行施工全过程的控制和管理。

旁站监理：监理机构按照监理合同约定，在施工现场对工程项目的重要部位和关键工序的施工，实施连续性的全过程检查、监督与管理。

巡视检验：监理机构对所监理的工程项目进行的定期或不定期的检查、监督和管理。

跟踪检测：在承包人进行试样检测前，监理机构对其检测人员、仪器设备以及拟订的检测程序和方法进行审核；在承包人对试样进行检测时，实施全过程的监督，确认其程序、方法的有效性以及检测结果的可信性，并对该结果确认。

平行检测：监理机构在承包人对试样自行检测的同时，独立抽样进行的检测，核验承包人的检测结果。

协调：监理机构对参加工程建设各方之间的关系以及工程施工过程中出现的问题和争议进行的调解。

6.3.3　主要工作制度

技术文件审核、审批制度。根据施工合同约定由双方提交的施工图纸以及由承包人提交的施工组织设计、施工措施计划、施工进度计划、开工申请等文件均应通过监理机构核查、审核或审批，方可实施。

原材料、构配件和工程设备检验制度。进场的原材料、构配件和工程设备应有出厂合格证明和技术说明书，经承包人自检合格后，方可报监理机构检验。不合格的材料、构配件和工程设备应按监理指示在规定时限内运离工地或进行相应处理。

工程质量检验制度。承包人每完成一道工序或一个单元工程，都应经过自检，合格后方可报监理机构进行复核检验。上道工序或上一单元工程未经复核检验或复核检验不合格，不得进行下道工序或下一单元工程施工。

工程计量付款签证制度。所有申请付款的工程量均应进行计量并经监理机构确认。未经监理机构签证的付款申请，发包人不应支付。

会议制度。监理机构应建立会议制度，包括第一次工地会议、监理例会和监理专题会议。会议由总监理工程师或由其授权的监理工程师主持，工程建设有关各方应派员参加。

施工现场紧急情况报告制度。监理机构应针对施工现场可能出现的紧急情况编制处理程序、处理措施等文件。当发生紧急情况时，应立即向发包人报告，并指示承包人立即采取有效紧急措施进行处理。

工作报告制度。监理机构应及时向发包人提交监理月报或监理专题报告；在工程验收时，提交监理工作报告；在监理工作结束后，提交监理工作总结报告。

工程验收制度。在承包人提交验收申请后，监理机构应对其是否具备验收条件进行审核。并根据有关水利工程验收规程或合同约定，参与、组织或协助发包人组织工程验收。

6.4 施工准备阶段的监理工作

6.4.1 监理机构的准备工作

监理机构进场前要做好准备工作。首先依据监理合同约定，适时设立现场监理机构，配置监理人员，并进行必要的岗前培训。然后建立监理工作规章制度；接收、收集并熟悉有关工程建设资料，包括：工程建设法律、法规、规章和技术标准，工程建设项目设计文件及其他相关文件，合同文件及相关资料等。接收由发包人提供的交通、通信、试验及办公设施和食宿等生活条件，完善工作和生活环境。最后组织编制监理规划和监理实施细则，在约定的期限内报送发包人。

6.4.2 施工准备的监理工作

（1）施工条件的检查。开工前，监理机构要检查发包人提供的施工条件的完成情况，主要包括：首批开工项目施工图纸和文件的供应；测量基准点的移交；施工用地的征用；首次工程预付款的付款；施工合同中约定应由发包人提供的道路、供电、供水、通信等条件。同时，还应检查承包人派驻现场的主要管理、技术人员数量及资格是否与施工合同文件一致；如有变化，应重新审查并报发包人认定。承包人进场施工设备的数量和规格、性能是否符合施工合同约定要求。检查进场原材料、构配件的质量、规格、性能是否符合有关技术标准和技术条款的要求，原材料的储存量是否满足工程开工及随后施工的需要。检查承包人试验室具备的条件是否符合有关规定要求。检查承包人对发包人提供的测量基准点复核情况，并督促承包人在此基础上完成施工测量控制网的布设及施工区原始地形图的测绘。检查砂石料系统、混凝土拌和系统以及场内道路、供水、供电、供风等施工辅助设施的准备。检查承包人的质量保证体系。检查承包人的施工安全、环境保护措施、规章制度的制定及关键岗位施工人员的资格。检查承包人中标后的施工组织设计、施工措施计划、施工进度计划和资金流计划等技术文件是否完成并提交给监理机构审批。检查应由承包人负责提供的设计文件和施工图纸文件是否完成交提交给监理机构审批。检查按照施工规范要求需要进行的各种施工工艺参数的试验是否完成并提交给监理机构审核。上述检查工作完成后，监理单位审核承包人在施工准备完成后递交的项目工程开工申请报告。

（2）施工图纸的核查与签发。监理机构收到施工图纸后，应在施工合同约定的时间内完成核查或审批工作，确认后签字、盖章。监理机构应在与有关各方约定的时间内，主持或与发包人联合主持召开施工图纸技术交底会议，并由设计单位进行技术交底。监理机构应按有关工程施工质量评定规程的要求，组织进行工程项目划分，征得发包人同意后，报工程质量监督机构认定。

6.5 施工实施阶段的监理工作

6.5.1 开工条件的控制

监理机构应严格审查工程开工应具备的各项条件，并审批开工申请。合同项目开工时，监理机构应在施工合同约定的期限内，经发包人同意后向承包人发出进场通知，要求承包人按约定及时调遣人员和施工设备、材料进场进行施工准备。进场通知中应明确合同工期起算日期。监理机构应协助发包人按施工合同约定向承包人移交施工设施或施工条件，包括施工用地、道路、测量基准点以及供水、供电、通信设施等。承包人完成开工准备后，应向监理机构提交开工申请。监理机构经检查确认发包人和承包人的施工准备满足开工条件后，签发开工令。由于承包人原因使工程未能按施工合同约定时间开工的，监理机构应通知承包人在约定时间内提交赶工措施报告并说明延误开工原因。由此增加的费用和工期延误造成的损失由承包人承担。由于发包人原因使工程未能按施工合同约定时间开工的，监理机构在收到承包人提出的顺延工期的要求后，应立即与发包人和承包人共同协商补救办法。由此增加的费用和工期延误造成的损失由发包人承担。

分部工程开工。监理机构应审批承包人报送的每一分部工程开工申请，审核承包人递交的施工措施计划，检查该分部工程的开工条件，确认后签发分部工程开工通知。

单元工程开工。第一个单元工程在分部工程开工申请获批准后自行开工，后续单元工程凭监理机构签发的上一单元工程施工质量合格证明方可开工。

混凝土浇筑开仓。监理机构应对承包人报送的混凝土浇筑开仓报审表进行审核。符合开仓条件后方可签发。

6.5.2 工程质量控制

（1）工程质量控制的制度体系。监理机构应建立和健全质量控制体系，并在监理工作过程中不断改进和完善。同时，还应应监督承包人建立和健全质量保证体系，并监督其贯彻执行。

监理机构应按照有关工程建设标准和强制性条文及施工合同约定，对所有施工质量活动及与质量活动相关的人员、材料、工程设备和施工设备、施工工法和施工环境进行监督和控制，按照事前审批、事中监督和事后检验等监理工作环节控制工程质量。

监理机构应按有关规定或施工合同约定，核查承包人现场检验设施、人员、技术条件等情况。

监理机构应对承包人从事施工、安全、质检、材料等岗位和施工设备操作等需要持证上岗的人员的资格进行验证和认可。对不称职或违章、违规人员，可要求承包人暂停或禁止其在本工程中工作。

（2）材料和工程设备的检验。对于工程中使用的材料、构配件，监理机构应监督承包人按有关规定和施工合同约定进行检验，并应查验材质证明和产品合格证。对于承包人采购的工程设备，监理机构应参加工程设备的交货验收；对于发包人提供的工程设备，监理机构应会同承包人参加交货验收。材料、构配件和工程设备未经检验，不得使用；经检验不合格的材料、构配件和工程设备，应督促承包人及时运离工地或做出相应处理。监理机构如对进场材料、构配件和工程设备的质量有异议时，可指示承包人进行重新检验；必要时，监理机构应进行平行检测。监理机构发现承包人未按有关规定和施工合同约定对材料、构配件和工程设备进行检验，应及时指示承包人补做检验；若承包人未按监理机构的指示进行补验，监理机构可按施工合同约定自行或委托其他有资质的检验机构进行检验，承包人应为此提供一切方便并承担相应费用。监理机构在工程质量控制过程中发现承包人使用了不合格的材料、构配件和工程设备时，应指示承包人立即整改。

（3）施工设备的检查。监理机构应督促承包人按照施工合同约定保证施工设备按计划及时进场，并对进场的施工设备进行评定和认可。禁止不符合要求的设备投入使用，并应要求承包人及时撤换。在施工过程中，监理机构应督促承包人对施工设备及时进行补充、维修、维护，满足施工需要。旧施工设备进入工地前，承包人应提供该设备的使用和检修记录，以及具有设备鉴定资格的机构出具的检修合格证，经监理机构认可，方可地场。

监理机构若发现承包人使用的施工设备影响施工质量和进度时，应及时要求承包人增加或撤换。

监理机构应审批承包人制定的施工控制网和原始地形图的施测方案，并对承包人施测过程进行监督，对测量成果进行签认，或参加联合测量，共同签认测量结果。监理机构应对承包人在工程开工前实施的施工放线测量进行抽样复测或与承包人进行联合测量。

监理机构应审批承包人提交的工艺参数试验方案，对现场试验实施监督，审核试验结果和结论，并监督承包人严格按照批准的工法进行施工。

（4）施工过程中的质量控制。监理机构应督促承包人按施工合同约定对工程所有部位和工程使用的材料、构配件和工程设备的质量进行自检，并按规定向监理机构提交相关资料。

监理机构应采用现场察看、查阅施工记录以及对材料、构配件、试样等进行抽检的方式对施工质量进行严格控制；应及时对承包人可能影响工程质量的施工工法以及各种违章作业行为发出调整、制止、整顿直至暂停施工的指示。

监理机构应严格旁站监理工作，特别注重对易引起渗漏、冻融、冲刷、汽蚀等部位的质量控制。

监理机构发现由于承包人使用的材料、构配件、工程设备以及施工设备或其他原因可能导致工程质量不合格或造成质量事故时，应及时发出指示，要求承包人立即采取措施纠正。必要时，责令其停工整改。

监理机构发现施工环境可能影响工程质量时，应指示承包人采取有效的防范措施。必要时，应停工整改。

监理机构应对施工过程中出现的质量问题及其处理措施或遗留问题进行详细记录和拍照，保存好照片或音像片等相关资料。

监理机构应参加工程设备供货人组织的技术交底会议；监督承包人按照工程设备供货人提供的安装指导书进行工程设备的安装。

监理机构应审核承包人提交的设备启动程序并监督承包人进行设备启动与调试工作。

（5）工程质量检验。承包人应首先对工程施工质量进行自检。未经承包人自检或自检不合格、自检资料不完善的单元工程（或工序），监理机构有权拒绝检验。

监理机构对承包人经自检合格后报验的单元工程（或工序）质量，按有关技术标准和施工合同约定的要求进行检验，检验合格后方予签认。

监理机构可采用跟踪检测、平行检测方法对承包人的检验结果进行复核。平行检测的检测数量，混凝土试样不应少于承包人检测数量的 3％，重要部位每种标号的混凝土最少取样 1 组；土方试样不应少于承包人检测数量的 5％；重要部位至少取样 3 组。跟踪检测的检测数量，混凝土试样不应少于承包人检测数量的 7％；土方试样不应少于承包人检测数量的 10％。平行检测和跟踪检测工作都应由具有国家规定的资质条件的检测机构承担。平行检测的费用由发包人承担。

工程完工后需覆盖的隐蔽工程、工程的隐蔽部位，应经监理机构验收合格后方可覆盖。在工程设备安装完成后，监理机构应督促承包人按规定进行设备性能试验，其后应提交设备操作和维修手册。

工程质量评定。监理机构应监督承包人真实、齐全、完善、规范地填写质量评定表。包人应按规定对工序、单元工程、分部工程、单位的工程质量等级进行自评。监理机构应对承包人的工程质量等级自评结果进行复核。监理机构应按规定参与工程项目外观质量评定和工程项目施工质量评定工作。

（6）质量事故的调查处理。质量事故发生后，承包人应按规定及时提交事故报告。监理机构在向发包人报告的同时，指示承包人及时采取必要的应急措施并保护现场，做好相应记录。监理机构应积极配合事故调查组进行工程质量事故调查、事故原因分析，参与处理意见等工作。监理机构应指示承包人按照批准的工程质量事故处理方案和措施对事故进行处理。经监理机构检验合格后，承包人方可进入下一阶段施工。

6.5.3 工程进度控制

（1）控制性总进度计划的编制。监理机构应在工程项目开工前依据施工合同约定的工期总目标、阶段性目标等，协助发包人编制控制性总进度计划。随着工程进展和施工条件的变化，监理机构应及时提请发包人对控制性总进度计划进行必要的调整。

（2）施工进度计划的审批。监理机构应在工程项目开工前依据控制性总进度计划审批承包人提交的施工进度计划。在施工过程中，依据施工合同约定审批各单位工程进度计划，逐阶段审批年、季、月施工进度计划。

施工进度计划审批的程序包括承包人应在施工合同约定的时间内向监理机构提交施工进度计划；监理机构应在收到施工进度计划后及时进行审查，提出明确审批意见。必要时召集由包人、设计单位参加的施工进度计划审查专题会议，听取承包人的汇报，并对有关问题进行分析研究。如施工进度计划中存在问题，监理机构应提出审查意见，交承包人进行修改或调整。审批承包人提交的施工进度计划或修改、调整后的施工进度计划。

施工进度计划审查的主要内容包括在施工进度计划中有无项

目内容漏项或重复的情况；施工进度计划与合同工期和阶段性目标的响应性与符合性；施工进度计划中各项目之间逻辑关系的正确性与施工方案的可行性；关键路线安排和施工进度计划实施过程的合理性；人力、材料、施工设备等资源配置计划和施工强度的合理性；材料、构配件、工程设备供应计划与施工进度计划的衔接关系；本施工项目与其他各标段施工项目之间的协调性；施工进度计划的详细程度和表达形式的适宜性；对发包人提供施工条件要求的合理性；其他应审查的内容。

（3）实际施工进度的检查与协调。监理机构应编制描述实际施工进度状况和用于进度控制的各类图表。监理机构应督促承包人做好施工组织管理，确保施工资源的投入，并按批准的施工进度计划实施。监理机构应做好实际工程进度记录以及承包人每日的施工设备、人员、原材料的进场记录，并审核承包人的同期记录。监理机构应对施工进度计划的实施全过程，包括施工准备、施工条件和进度计划的实施情况，进行定期检查，对实际施工进度进行分析和评价，对关键路线的进度实施重点跟踪检查。监理机构应根据施工进度计划，协调有关参建各方之间的关系，定期召开生产协调会议，及时发现、解决影响工程进度的干扰因素，促进施工项目的顺利进展。

（4）施工进度计划的调整。监理机构在检查中发现实际工程进度与施工进度计划发生了实质性偏离时，应要求承包人及时调整施工进度计划。监理机构应根据工程变更情况，公正、公平处理工程变更所引起的工期变化事宜。当工程变更影响施工进度计划时，监理机构应指示承包人编制变更后的施工进度计划。监理机构应依据施工合同和施工进度计划及实际工程进度记录，审查承包人提交的工期索赔申请，提出索赔处理意见报发包人。施工进度计划的调整使总工期目标、阶段目标、资金使用等发生较大的变化时，监理机构应提出处理意见报发包人批准。

（5）停工与复工。当发包人要求暂停施工，承包人未经许可即进行主体工程施工，承包人未按照批准的施工组织设计或工法施工，并且可能会出现工程质量问题或造成安全事故隐患时，或者承包人有违反施工合同的行为时，监理机构可视情况决定是否下达暂停施工通知当工程继续施工将会对第三者或社会公共利益造成损害时，为了保证工程质量、安全所必要时，发生了须暂时停止施工的紧急事件时，或者承包人拒绝服从监理机构的管理，不执行监理机构的指示，从而将对工程质量、进度投资控制产生严重影响时，监理机构应下达暂停施工通知。

监理机构下达暂停施工通知，应征得发包人同意。发包人应在收到监理机构暂停施工通知报告后，在约定时间内予以答复；若发包人逾期未答复，则视为其已同意，监理机构可据此下达暂停施工通知，并根据停工的影响范围和程度，明确停工范围。若由于发包人的责任需要暂停施工，监理机构未及时下达暂停施工通知时，在承包人提出暂停施工的申请后，监理机构应在施工合同约定的时间内予以答复。下达暂停施工通知后，监理机构应指示承包人妥善照管工程，并督促有关方及时采取有效措施，排除影响因素，为尽早复工创造条件。在具备复工条件后，监理机构应及时签发复工通知，明确复工范围，并督促承包人执行。监理机构应及时按施工合同约定处理因工程停工引起的与工期、费用等有关的问题。由于承包人的原因造成施工进度拖延，可能致使工程不能按合同工期完工，或发包人要求提前完工，监理机构应指示承包人调整施工进度计划，编制赶工措施报告，在审批后发布赶工指示，并督促承包人执行。监理机构应按照施工合同约定处理因赶工引起的费用事宜。监理机构应督促承包人按施工合同约定按时提交月、年施工进度报告。

6.5.4 工程投资控制

（1）工程投资控制监理的内容。工程投资控制的主要监理工作应包括：审批承包人提交的资金流计划；协助发包人编制合同项目的付款计划；根据工程实际进展情况，对合同付款情况进行分析，提出资金流调整意见；审核工程付款申请；签发付款证书；根据施工合同约定进行价格调整；根据授权处理工程变更所引起的工程费用变化事宜；根据授权处理合同索赔中的费用问题；审核完工付款申请，签发完工付款证书；审核最终付款申请，签发最终付款证书。

（2）工程计量。可支付的工程量包括：经监理机构签认，并符合施工合同约定或发包人同意的工程变更项目的工程量以及计日工。经质量检验合格的工程量。承包人实际完成的并按施工合同有关计量规定计量的工程量。

在监理机构签发的施工图纸（包括设计变更通知）所确定的建筑物设计轮廓线和施工合同文件约定应扣除或增加计量的范围内，应按有关规定及施工合同文件约定的计量方法和计量单位进行计量。

工程计量的程序为：工程项目开工前，监理机构应监督承包人按有关规定或施工合同约定完成原始地面地形的测绘以及计量起始位置地形图的测绘，并审核测绘成果。工程计量前，监理机构应审查承包人计量人员的资格和计量仪器设备的精度及率定情况，审定计量的程序和方法。在接到承包人计量申请后，监理机构应审查计量项目、范围、方式，审核承包人提交的计量所需的资料、工程计量已具备的条件，若发现问题，或不具备计量条件时，应督促承包人进行修改和调整，直至符合计量条件要求，方可同意进行计量。监理机构应会同承包人共同进行工程计量；或监督承包人的计量过程，确认计量结果；或依据施工合同约定进行抽样复核。在付款申请签认前，监理机构应对支付工程量汇总成果进行审查。若监理机构发现计量有误，可重新进行审核、计量，进行必要的修正与调整。

当承包人完成了每个计价项目的全部工程量后，监理机构应要求承包人与其共同对每个项目的历次计量报表进行汇总和总体量测，核实该项目的最终计量工程量。

（3）付款申请和审查。只有计量结果被认可，监理机构方可受理承包人提交的付款申请。承包人应按照附录 E 的表格式样，在施工合同约定的期限内填报付款申请报表。监理机构在接到承包人付款申请后，应在施工合同约定时间内完成审核。付款申请表填写要符合规定，证明材料齐全；申请付款项目、范围、内容、方式符合施工合同约定；质量检验签证齐备；工程计量有效、准确。付款单价及合价无误。因承包人申请资料不全或不符合要求，造成付款证书签证延误，由承包人承担责任。未经监理机构签字确认，发包人不应支付任何工程款项。

（4）预付款支付。监理机构在收到承包人的工程预付款申请后，应审核承包人获得工程预付款已具备的条件。条件具备、额度准确时，可签发工程预付款付款证书。监理机构应在审核工程价款月支付申请的同时审核工程预付款应扣回的额度，并汇总已扣回的工程预付款总额。监理机构在收到承包人的工程材料预付款申请后，应审核承包人提供的单据和有关证明资料，并按合同约定随工程价款月付款一起支付。

（5）工程价款月支付。工程价款月支付每月一次。在施工过程中，监理机构应审核承包人提出的月付款申请，同意后签发工程价款月付款证书。

工程价款月支付申请包括：本月已完成并经监理机构签认的工程项目应付金额；经监理机构签认的当月计日工的应付金额；工程材料预付款金额；价格调整金额；承包人应有权得到的其他金额；工程预付款和工程材料预付款扣回金额；保留金扣留金额；合同双方争议解决后的相关支付金额。

工程价款月支付属工程施工合同的中间支付，监理机构可按照施工合同的约定，对中间支付的金额进行修正和调整，并签发付款证书。

工程变更支付。监理机构应依照施工合同约定或工程变更指示所确定的工程款支付程序、办法及工程变更项目施工进展情况，在工程价款月支付的同时进行工程变更支付。

（6）计日工支付。监理机构可指示承包人以计日工方式完成一些未包括在施工合同中的特殊的、零星的、漏项的或紧急的工作内容。在指示下达后，监理机构应检查和督促承包人按指示的要求实施，完成后确认其计日工作作量，并签发有关付款证明。监理机构在下达指示前应取得发包人批准。承包人可将计日工支付随工程价款月支付一同申请。

（7）保留金支付。合同项目完工并签发工程移交证书之后，监理机构应按施工合同约定的程序和数额签发保留金付款证书。当工程保修期满之后，监理机构应签发剩余的保留金付款证书。如果监理机构认为还有部分剩余缺陷工程需要处理，报发包人同意后，可在剩余的保留金付款证书中扣除与处理工作所需费用相应的保留金余款，直到工作全部完成后再支付剩余的保留金。

（8）完工支付。监理机构应及时审核承包人在收到工程移交证书后提交的完工付款申请及支持性资料，签发完工付款证书，报发包人批准。

审核内容包括：到移交证书上注明的完工日期止，承包人按施工合同约定累计完成的工程金额；承包人认为还应得到的其他金额；发包人认为还应支付或扣除的其他金额。

（9）最终支付。监理机构应及时审核承包人在收到保修责任终止证书后提交的最终付款申请及结清单，签发最终付款证书，报发包人批准。

审核内容包括：承包人按施工合同约定和经监理机构批准已完成的全部工程金额；承包人认为还应得到的其他金额；发包人认为还应支付或扣除的其他金额。

（10）施工合同解除后的支付。因承包人违约造成施工合同解除的支付，监理机构应就合同解除前承包人应得到但未支付的下列工程价款和费用签发付款证书，但应扣除根据施工合同约定应由承包人承担的违约费用，包括：已实施的永久工程合同金额，工程量清单中列有的、已实施的临时工程合同金额和计日工金额，为合同项目施工合理采购、制备的材料、构配件、工程设备的费用，承包人依据有关规定、约定应得到的其他费用。

因发包人违约造成施工合同解除的支付。监理机构应就合同解除前承包人所应得到但未支付的工程价款和费用签发付款证书，主要包括：已实施的永久工程合同金额；工程量清单中列有的、已实施的临时工程合同金额和计日工金额；为合同项目施工合理采购、制备的材料、构配件、工程设备的费用；承包人退场费用；由于解除施工合同给承包人造成的直接损失；承包人依据有关规定、约定应得到的其他费用。

因不可抗力致使施工合同解除的支付。监理机构应根据施工合同约定，就承包人应得到但未支付的工程价款和费用签发付款证书，包括：已实施的永久工程合同金额；工程量清单中列有的、已实施的临时工程合同金额和计日工金额；为合同项目施工合理采购、制备的材料、构配件、工程设备的费用；承包人依据有关规定、约定应得到的其他费用。

监理机构应按施工合同约定，协助发包人及时办理施工合同解除后的工程接收工作。

价格调整：监理机构应按施工合同约定的程序和调整方法，审核单价、合价的调整。当发包人与承包人对价格调整协商不一致时，监理机构可暂定调整价格。价格调整金额随工程价款月支付一同支付。

6.5.5 合同管理的其他工作

工程变更的提出、审查、批准、实施等过程应按施工合同约定的程序进行。监理机构可根据工程的需要并经发包人同意，指示承包人实施变更，变更类型主要包括：增加或减少施工合同中的任何一项工作内容；取消施工合同中任何一项工作（但被取消的工作不能转由发包人或其他承包人实施）；改变施工合同中任何一项工作的标准或性质；改变工程建筑物的形式、基线、标高、位置或尺寸；改变施工合同中任何一项工程经批准的施工计划、施工方案；追加为完成工程所需的任何额外工作；增加或减少合同中项目的工程量超过合同约定的百分比。

（1）工程变更的提出和提交。承包人可依据施工合同约定或工程需要提出工程变更建议；设计单位可依据有关规定或设计合同约定在其职责与权限范围内提出对工程设计文件的变更建议；

承包人可依据监理机构的指示，或根据工程现场实际施工情况提出变更建议；监理机构可依据有关规定、规范，或根据现场实际情况提出变更建议。工程变更建议书提出时，应考虑留有为发包人与监理机构对变更建议进行审查、批准设计单位进行变更设计以及承包人进行施工准备的合理时间；在特殊情况下，如出现危及人身、工程安全或财产严重损失的紧急事件时，工程变更不受时间限制，但监理机构仍应督促变更提出单位及时补办相关手续。

（2）工程变更审查。监理机构对工程变更建议书审查时，要保证变更后不降低工程质量标准，不影响工程完建后的功能和使用寿命；工程变更在施工技术上可行、可靠；工程变更引起的费用及工期变化经济合理；工程变更不对后续施工产生不良影响。

监理机构审核承包人提交的工程变更报价时，如果施工合同工程量清单中有适用于变更工作内容的项目时，应采用该项目的单价或合价；如果施工合同工程量清单中无适用于变更工作内容的项目时，可引用施工合同工程量清单中类似项目的单价或合价作为合同双方变更议价的基础；如果施工合同工程量清单中无此类似项目的单价或合价，或单价或合价明显不合理和不适用的，经协商后，由承包人依照招标文件确定的原则和编制依据，重新编制单价或合价，经监理机构审核后，报发包人确认。当发包人与承包人协商不能一致时，监理机构应确定合适的暂定单价或合价，通知承包人执行。

（3）工程变更的实施。经监理机构审查同意的工程变更建议书需报发包人批准。经发包人批准的工程变更，应由发包人委托原设计单位负责完成具体的工程变更设计工作。监理机构核查工程变更设计文件、图纸后，应向承包人下达工程变更指示，承包人据此组织工程变更的实施。监理机构根据工程的具体情况，为避免耽误施工，可将工程变更分两次向承包人下达：先发布变更指示（变更设计文件、图纸），指示其实施变更工作；待合同双方进一步协商确定工程变更的单价或合价后，再发出变更通知

（变更工程的单价或合价）。

（4）索赔管理。监理机构应受理承包人和发包人提起的合同索赔，但不接受未按施工合同约定的索赔程序和时限提出的索赔要求。监理机构在收到承包人的索赔意向通知后，应核查承包人的当时记录，指示承包人做好延续记录，并要求承包人提供进一步的支持性资料。监理机构在收到承包人的中期索赔申请报告或最终索赔申请报告后，依据施工合同约定，对索赔的有效性、合理性进行分析和评价，对索赔支持性资料的真实性逐一进行分析和审核，对索赔的计算依据、计算方法、计算过程、计算结果及其合理性逐项进行审查，对于由施工合同双方共同责任造成的经济损失或工期延误，应通过协商一致，公平合理地确定双方分担的比例，必要时要求承包人再提供进一步的支持性资料。监理机构应在施工合同约定的时间内做出对索赔申请报告的处理决定，报送发包人并抄送承包人。若合同双方或其中任一方不接受监理机构的处理决定，则按争议解决的有关约定或诉讼程序进行解决。监理机构在承包人提交了完工付款申请后，不再接受承包人提出的在工程移交证书颁发前所发生的任何索赔事项；在承包人提交了最终付款申请后，不再接受承包人提出的任何索赔事项。

（5）违约管理。对于承包人违约，监理机构应依据施工合同约定，在及时进行查证和认定事实的基础上，对违约事件的后果做出判断；及时向承包人发出书面警告，限其在收到书面警告后的规定时限内予以弥补和纠正；承包人在收到书面警告的规定时限内仍不采取有效措施纠正其违约行为或继续违约，严重影响工程质量、进度，甚至危及工程安全时，监理机构应限令其停工整改，并要求承包人在规定时限内提交整改报告；承包人继续严重违约时，监理机构应及时向发包人报告，说明承包人违约情况及其可能造成的影响；当发包人向承包人发出解除合同通知后，监理机构应协助发包人按照合同约定派员进驻现场接收工程，处理解除合同后的有关合同事宜。由于发包人违约，致使工程施工无法正常运行，在收到承包人书面要求后，监理机构及时与发包人协商，解决违约行为，赔偿承包人的损失，并促使承包人尽快恢复正常施工。在承包人提出解除施工合同要求后，监理机构应协助发包人尽快进行调查、认证和澄清工作，并在此基础上，按有关规定和施工合同约定处理解除施工合同后的有关合同事宜。

（6）工程担保和保险。监理机构应根据施工合同约定，督促承包人办理各类担保，并审核承包人提交的担保证件。在签发工程预付款付款证书前，监理机构应依据有关法律、法规及施工合同的约定，审核工程预付款担保的有效性。监理机构应定期向发包人报告工程预付款扣回的情况。当工程预付款已全部扣回时，应督促发包人在约定的时间内退还工程预付款担保证件。在施工过程中和保修期，监理机构应督促承包人全面履行施工合同约定的义务。当承包人违约，发包人要求保证人履行担保义务时，监理机构应协助发包人按要求及时向保证人提供全面、准确的书面文件和证明资料。监理机构在签发保修责任终止证书后，应督促发包人在施工合同约定的时间内退还履约担保证件。

险监理机构应督促承包人按施工合同约定的险种办理应由承包人投保的保险，并要求承包人在向发包人提交各项保险单副本的同时抄报监理机构。监理机构应按施工合同约定对承包人投保的保险种类、保险额度、保险有效期等进行检查。当监理机构确认承包人未按施工合同约定办理保险时，应指示承包人尽快补办保险手续；当承包人拒绝办理保险时，应协助发包人代为办理保险，并从应支付给承包人的金额中扣除相应投保费用。当承包人已按施工合同约定办理了保险，其为履行合同义务所遭受的损失不能从承保人处获得足额赔偿时，监理机构在接到承包人申请后，应依据施工合同约定界定风险与责任，确认责任者或合理划分合同双方分担保险赔偿不足部分费用的比例。

（7）工程分包。监理机构在施工合同约定允许分包的工程项目范围内，对承包人的分包申请进行审核，并报发包人批准。只有在分包项目最终获得发包人批准，承包人与分包人签订了分包合同后，监理机构才能允许分包人进入工地。

分包的管理：监理机构应要求承包人加强对分包人和分包工程项目的管理，加强对分包人履行合同的监督。分包工程项目的施工技术方案、开工申请、工程质量检验、工程变更和合同支付等，应通过承包人向监理机构申报。分包工程只有在承包人检验合格后，才可由承包人向监理机构提交验收申请报告。

（8）化石和文物保护。一旦在施工现场发现化石、钱币、有价值的物品或文物、古建筑结构以及有地质或考古价值的其他遗物，监理机构应立即指示承包人按有关文物管理规定采取有效保护，防止任何人移动或损害上述物品，并立即通知发包人。必要时，可下达暂停施工通知。

监理机构应审核承包人由于对文物采取保护措施而发生的费用和工期延误的索赔申请，提出意见后报发包人批准。

（9）施工合同解除和争议解决。施工合同的解除：监理机构在收到施工合同解除的任何书面通知或要求后，应认真分析合同解除的原因、责任和由此产生的后果，并按施工合同约定处理合同解除和解除后的有关合同事宜。

争议的解决：争议解决期间，监理机构应督促发包人和承包人仍按监理机构就争议问题做出的暂时决定履行各自的职责，并明示双方，根据有关法律、法规或规定，任何一方均不得以争议解决未果为借口拒绝或拖延按施工合同约定应进行的工作。

（10）清场与撤离。监理机构应依据有关规定或施工合同约定，在签发工程移交证书前或在保修期满前，监督承包人完成施工场地的清理，做好环境恢复工作。

监理机构应在工程移交证书颁发后的约定时间内，检查承包人在保修期内为完成尾工和修复缺陷应留在现场的人员、材料和施工设备情况，承包人其余的人员、材料和施工设备均应按批准的计划退场。

6.5.6 信息管理

（1）监理信息管理体系。监理机构应建立监理信息管理体系，内容包括：设置信息管理人员并制定相应岗位职责。制定包括文档资料收集、分类、整编、归档、保管、传阅、查阅、复制、移交、保密等的制度。制定包括文件资料签收、送阅与归档及文件起草、打印、校核、签发、传递等在内的文档资料的管理程序。常用报告、报表格式应采用有关规范所列的和水利部印发的其他标准格式；文件格式应遵守国家及有关部门发布的公文管理格式，如文号、签发、标题、关键词、主送与抄送、密级、日期、纸型、版式、字体、份数等。建立信息目录分类清单、信息编码体系，确定监理信息资料内部分类归档方案。建立信息采集、分析、整理、保管、归档、查询系统及计算机辅助信息管理系统。

（2）监理文件。按规定程序起草、打印、校核、签发监理文件。监理文件应表述明确、数字准确、简明扼要、用语规范、引用依据恰当。按规定格式编写监理文件，紧急文件应注明急件字样，有保密要求的文件应注明密级。

（3）通知与联络。监理机构与发包人和承包人以及其他人的联络应以书面文件为准。特殊情况下可先口头或电话通知，但事后应按施工合同约定及时予以书面确认。监理机构发出的书面文件，监理机构应加盖公章，总监理工程师或其授权的监理工程师应签字并加盖本人注册印鉴。监理机构发出的文件应做好签发记录，并根据文件类别和规定的发送程序，送达对方指定联系人，并由收件方指定联系人签收。监理机构对所有来往文件均应按施工合同约定的期限及时发出和答复，不得扣压或拖延，也不得拒收。监理机构收到政府有关管理部门和发包人、承包人的文件，均应按规定程序办理签收、送阅、收回和归档等手续。在监理合同约定期限内，发包人应就监理机构书面提交并要求其做出决定的事宜予以书面答复；超过期限，监理机构未收到发包人的书面答复，则视为发包人同意。对于承包人提出要求确认的事宜，监理机构应在约定时间内做出书面答复，逾期未答复，则视为监理机构认可。

（4）文件的传递。承包人向发包人报送的文件均应报送监理机构，经监理机构审核后转报发包人；发包人关于工程施工中与承包人有关事宜的决定，均应通过监理机构通知承包人。所有来往的文件，除书面文件外还宜同时发送电子文档。不符合文件报送程序规定的文件，均视为无效文件。

（5）监理日志、报告与会议纪要。监理人员应及时、认真地按照规定格式与内容填写好监理日志。总监理工程师应定期检查。监理机构应在每月的固定时间，向发包人、监理单位报送监理月报。监理机构应根据工程进展情况和现场施工情况，向发包人、监理单位报送监理专题报告。监理机构应按照有关规定，在各类工程验收时，提交相应的验收监理工作报告。在监理服务期满后，监理机构应向发包人、监理单位提交项目监理工作总结报告。监理机构应对各类监理会议安排专人负责做好记录和会议纪要的编写工作。会议纪要应分发与会各方。但不作为实施的依据。监理机构及与会各方应根据会议决定的各项事宜，另行发布监理指示或履行相应文件程序。

（6）档案资料管理。监理机构应督促承包人按有关规定和施工合同约定做好工程资料档案的管理工作。监理机构应按有关规定及监理合同约定，做好监理资料档案的管理工作。凡要求立卷归档的资料，应按照规定及时归档。监理资料档案应妥善保管。在监理服务期满后，对应由监理机构负责归档的工程资料档案逐项清点、整编、登记造册，向发包人移交。

6.5.7　工程验收与移交

（1）监理机构的验收和移交职责。监理机构应按照国家和水利部的有关规定做好各时段工程验收的监理工作，其主要职责如下：①协助发包人制定各时段验收工作计划。②编写各时段工程验收的监理工作报告，整理监理机构应提交和提供的验收资料。③参加或受发包人委托主持分部工程验收，参加阶段验收、单位工程验收、竣工验收。④督促承包人提交验收报告和相关资料并协助发包人进行审核。⑤督促承包人按照验收鉴定书中对遗留问题提出的处理意见完成处理工作。⑥验收通过后及时签发工程移交证书。

（2）分部工程验收。①在承包人提出验收申请后，监理机构应组织检查分部工程的完成情况并审核承包人提交的分部工程验收资料。监理机构应指示承包人对提供的资料中存在的问题进行补充、修正。②监理机构应在分部工程的所有单元工程已经完建且质量全部合格、资料齐全时，提请发包人及时进行分部工程验收。③监理机构应参加或受发包人委托主持分部工程验收工作，并在验收前准备应由其提交的验收资料和提供的验收备查资料。④分部工程验收通过后，监理机构应签署或协助发包人签署《分部工程验收签证》，并督促承包人按照《分部工程验收签证》中提出的遗留问题及时进行完善和处理。

（3）阶段验收。①监理机构应在工程建设进展到基础处理完毕、截流、水库蓄水、机组启动、输水工程通水以及堤防工程汛前、除险加固工程过水等关键阶段之前，提请发包人进行阶段验收的准备工作。②如需进行技术性初步验收，监理机构应参加并在验收时提交和提供阶段验收监理工作报告和相关资料。③在初步验收前，监理机构应督促承包人按时提交阶段验收施工管理工作报告和相关资料，并进行审核，指示承包人对报告和资料中存在的问题进行补充、修正。④根据初步验收中提出的遗留问题处理意见，监理机构应督促承包人及时进行处理，以满足验收的要求。

（4）单位工程验。①监理机构应参加单位工程验收工作，并在验收前按规定提交和提供单位工程验收监理工作报告和相关资料。②在单位工程验收前，监理机构应督促承包人提交单位工程验收施工管理工作报告和相关资料，并进行审核，指示承包人对报告和资料中存在的问题进行补充、修正。③在单位工程验收前，监理机构应协助发包人检查单位工程验收应具备的条件，检验分部工程验收中提出的遗留问题的处理情况，并参加单位工程质量评定。④对于投入使用的单位工程，在验收前，监理机构应审核承包人因验收前无法完成、但不影响工程投入使用而编制的尾工项目清单，和已完工程存在的质量缺陷项目清单及其延期完工、修复期限和相应施工措施计划。⑤督促承包人提交针对验收中提出的遗留问题的处理方案和实施计划，并进行审批。⑥投入使用的单位工程验收通过后，监理机构应签发工程移交证书。

（5）合同项目完工验收。①当承包人按施工合同约定或监理指示完成所有施工工作时，监理机构应及时提请发包人组织合同项目完工验收。②监理机构应在合同项目完工验收前，按规定整编资料，提交合同项目完工验收监理工作报告。③监理机构应在合同项目完工验收前，检验前述验收后尾工项目的实施和质量缺陷的修补情况；审核拟在保修期实施的尾工项目清单；督促承包人按有关规定和施工合同约定汇总、整编全部合同项目的归档资料，并进行审核。④督促承包人提交针对已完工程中存在质量缺陷和遗留问题的处理方案和实施计划，并进行审批。⑤验收通过后，监理机构应按合同约定签发合同项目工程移交证书。

（6）竣工验收应符合下列规定。①监理机构应参加工程项目竣工验收前的初步验收工作。②作为被验收单位参加工程项目竣工验收，对验收委员会提出的问题做出解释。

6.6 环保监理

围垦工程建设具有工程量大、施工期长的特点。在工程施工期间，环境影响因素多，如不采取措施进行控制，势必对工程区域的环境造成破坏，通过开展施工期环境保护监理工作，有利于确保各项环境保护措施的落实到位，最大程度减免工程兴建对环境的不利影响，将环境损失减低到最低的程度，使水利水电工程建设成为一个绿色工程，提高综合经济效益和社会效益水利工程建设环境保护监理是水利工程建设监理的派生分支，它着重研究水利工程建设中环境维护的问题，是环境保护工作的一个方面，是水利工程建设中环境保护工作的重要内容，也是水利工程建设监理的重要组成部分，同时又具有相对社会化和专业化的独立性。我国于1995年在黄河小浪底水利建设工程中首先引入环境保护监理模式，在随后的世界银行贷款项目山西省万家山引黄工程和长江三峡工程等水利工程建设中积累了成功的实践经验，取得了良好的环境保护效果，带动了我国水利工程建设环境保护监理工作的开展。水利水电工程是以防洪、灌溉、发电、供水等为目标的除害兴利的综合性工程，具有显著的社会经济效益和环境效益，但在建设过程中难免对施工区域原有的自然环境和生态平衡产生一定的影响，其环境影响开始于勘探、选址，重点发生在施工建设期，因此水利水电工程对施工区环境的影响程度主要取决于施工期环境保护措施的落实程度。实施水利水电工程施工期环境保护监理，是在整个施工期全面监督环境保护措施的实施、及时处理解决临时出现的环境污染事件的重要举措。

6.6.1　环境保护监理工作制度

（1）文件审核、审批制度。水利工程建设施工单位编制的施工组织设计和施工措施计划中的环境保护措施、专项环境保护措施方案等均应报工程建设环境保护监理机构审核。环境保护监理机构对水利工程建设施工单位编制的施工组织设计和施工措施计划中的环境保护措施、专项环境保护措施方案的审核意见作为工程施工监理机构批准上述文件的基本条件之一。

（2）重要环境保护措施和环境问题处理结果的检查、认可制度在施工承包单位完成了重要的环境保护措施后，应报环境保护监理机构检查、认可。环境保护监理工程师应跟踪检查要求承包人限期处理的环境问题的情况。若处理合格，可以认可；若未处理或处理不合格，则应采取进一步的监理措施。

（3）会议制度。环境保护监理机构应建立环境保护监理专题会议制度。包括环境保护监理第一次工地会议、环境保护监理例会和环境保护监理专题会议。对环境保护监理例会，应明确召开会议的时间、地点、主要参加单位与人员、会议议程、会议纪要等。

（4）工作记录制度。环境保护监理人员应做好工作记录，即

"环境保护监理日记"，描述巡视检查情况、环境问题、分析问题发生的原因及责任单位，提出初步处理意见等。

（5）文件通知制度。环境保护监理工程师与工程承包商之间只是工作上的关系，双方所办事项都应通过文件函递和签字确认。当工程情况紧急时，可先行口头通知，事后仍需以书面文件递交确认。

（6）现场环境紧急事件报告处理制度。环境保护监理机构应针对环境保护监理范围内可能出现的紧急情况，制定环境紧急事件报告制度和处理措施预案。

（7）工作报告制度。环境保护监理机构应按月及时向委托人（发包人）提交《环境保护监理月报》，报告环境保护监理机构现场工作情况及环境保护监理范围内的环境状况。对于重大环境问题，环境保护监理机构应在调查研究的基础上，向委托人（发包人）提交《环境保护监理专题报告》。在环境保护监理工作结束后，应及时向委托人（发包人）提交《环境保护监理工作报告》。

（8）环境验收制度。在单位工程完工验收、合同项目完工验收中，均应有环境保护监理机构参加，检查认可施工承包人按照合同要求完成环境保护的情况（地面恢复、植被恢复、废弃物、建筑垃圾的处理等）以及施工过程中的环境保护档案资料的整理等情况。整理提交环境保护监理工作报告和档案资料，参加工程竣工验收前的环境保护专项验收。

6.6.2 环境保护监理工作方法

（1）巡视检查。巡视检查是指环境保护监理机构对监理范围内（施工区、生活区和移民区）的环境和环境保护工作进行定期和不定期的日常监督、检查，这是环境保护监理工作的一种主要工作方法。现场巡视检查的主要内容有：检查承包人落实项目有关环境保护措施的情况；对监理范围内的环境状况进行日常巡查，对存在重大环境问题的施工区或生活区的环境情况和环境保护措施的实施进行跟踪检查。

（2）旁站监理。旁站监理是指环境保护监理机构对一些重要环境问题所采取的连续性的全过程监督和检查。重要的环境问题一般有：经检查发现的重大环境问题的处理、对施工区内环境影响较大的污染源的防护、对环境破坏性大的废弃物的处理、重要文物的保护等。

（3）现场记录。现场记录是指环境保护监理机构在实施巡视检查、旁站监理等过程中完成的现场环境状况和环境保护情况等记录，一般包括现场环境情况描述、环境监测数据、环境保护措施落实情况等。记录形式包括文字、数据、图表等多种形式。

（4）跟踪检查。跟踪检查是指环境保护监理机构对环境问题的处理情况、环境保护措施的改进情况等进行检查、核实和确认。

（5）利用环境监测数据。环境保护监理机构应充分利用环境监测数据，指导环境保护监理工作的开展。对施工内环境影响较大的污染源，根据合同约定，要求承包人进行监测，并提供监测数据，必要时建议发包人委托专业监测单位进行监测，依据监测结果，对存在的环境问题及时要求承包人进行处理。

（6）发布文件。发布文件是环境保护监理机构在环境保护监理过程中所采用的通知、指示、批复、签认等形式。如环境保护措施报告的批复，在巡视检查、旁站监理中发现问题时向承包人发出的纠正或整改通知。

（7）环境保护监理工作会议。环境保护监理工作会议包括第一次工地会议、工地例会和专题会议。环境保护监理第一次工地会议对顺利启动并建立环境保护监理的良好工作秩序十分重要，一般由项目法人或环境保护的总监理工程师主持，环境保护监理机构、承包人等单位的主要人员参加，工程施工监理机构也应派主要相关人员参加。这次会议是项目建设环境保护有关参建单位的第一次正式会议，是环境保护工作合作的正式开始，在会上一般要求承包人澄清环境保护计划、环境保护措施、环境保护岗位职责分工等方面的有关问题，确定或原则确定有关各方必须遵循的工作程序和制度。

环境保护监理工地例会是工程施工过程中定期召开的环境会

议，一般每月一次，根据需要也可按每周或旬召开一次。环境保护监理工地例会是有关各方交流情况、解决问题、协调关系和处理纠纷的一种重要途径。环境保护监理机构应在开会前准备会议议程，开会过程中应做好会议记录，并在会后的规定时间内及时作出会议纪要。

工地例会的主要内容，一是检查上次例会和上次例会以来议定事项的完成情况，分析未落实事项原因；二是分析当前存在的环境影响问题，研究确定处理方案；三是检查环境保护措施的落实情况，对存在的问题提出改进措施。

（8）协调工作。协调是指环境保护监理机构对参加工程建设各方之间就出现的环境保护与工程建设活动之间的冲突问题进行的调解工作。

（9）审阅报告。审阅报告是环境保护监理机构通过对承包人按规定编制并提交的环境工作月报告进行审阅，对承包人的环境工作进行评价，并提出改进意见的环境保护监理工作方法。

（10）重视公众参与。环境保护监理机构应通过听取受施工影响的附近群众及有关人员的意见反映，及时了解公众对环境问题的抱怨，提出解决问题的意见或建议。

6.6.3 环境保护监理工作程序

（1）环境保护监理工作的基本程序。一是签订环境保护监理合同，明确环境保护监理工作范围、内容和权限责任；二是依据环境保护监理合同，组建环境保护监理机构，选派总监理工程师、监理工程师、监理员和其他工作人员；三是熟悉环境保护有关的法律、法规、规章以及技术标准，熟悉环境影响评价报告、环境保护设计、施工合同文件中有关环境保护的条款和环境保护监理合同文件；四是进行环境保护范围内的污染源的实地考察，进一步掌握污染源的特点及其分布情况，尤其是对环境敏感的分布情况；五是编制环境保护监理规划；六是进行环境保护监理工作交底；七是编制各专业的环境保护监理工作实施细则；八是进行环境保护监理工作；九是督促承包人及时整理、归档环境保护资料；十是结清监理费用；十一是向发包人提交环境保护监理有关档案资料、环境保护监理工作总结报告；十二是向发包人移交其所提供的文件资料和设备设施。

（2）环境保护监理现场巡视检查工作程序。环境保护监理工程师在现场巡视检查中，对存在的环境问题，可直接要求承包人处理；对重要的环境问题或要求承包人处理而未处理的环境问题，现场环境保护监理工程师在与现场工程施工监理工程师协商后签发环境问题通知，要求承包人限期解决。承包人应按通知要求，采取一切有效措施，按时解决存在的问题，并向现场环境保护监理工程师报告。

对环境问题通知中要求解决的环境问题，若承包人拒不解决或期满后仍未解决，现场环境保护监理工程师应向环境保护总监理工程师汇报，必要时，环境保护总监理工程师在与工程施工总监理工程师协商后，向承包人发出环境整改通知，在通知发出14天后，若承包人仍未采取有效措施处理存在的环境问题，则发包人可聘请其他合格环境保护人员进驻现场对有关环境问题进行处理。由此引起的费用增加或损失均由承包人承担，并通过工程监理机构从下月给承包人的付款中扣除。在承包人的环境保护整改期间应暂停对承包人的付款。

6.7　水保监理

6.7.1　概述

水土保持工程施工监理，必须由水利部批准的具有水土保持生态建设工程监理资质的单位承担。

水土保持工程监理是指监理单位受项目法人或项目责任主体委托，依据国家有关法律法规的规定，批准的设计文件及工程施工合同、工程监理合同，对工程施工实行的监督管理。在确定承建单位前，项目法人或项目责任主体应根据有关规定择优选定监理单位。实施水土保持工程监理前，项目法人或项目责任主体应与监理单位签订书面监理合同，合同中应包括监理单位对水土保持工程质量、投资、进度进行全面控制的条款。监理单位应依据合同，公正、独立、自主地开展监理工作，维护项目法人或项目责任主体和承建单位的合法权益。水土保持工程施工监理实行总监理工程师负责制。水土保持工程监理取费标准参照国家有关规定执行，监理单位不得采取压低监理费用等不正当竞争手段承揽监理业务。水土保持工程监理除应符合本办法外，还应符合国家现行的有关标准和规范的规定。

6.7.2　项目监理机构及设施

监理单位须向工程现场派驻项目监理机构，具体负责监理合同的实施。项目监理机构的设置、组织形式和人员组成，应根据监理工作的内容、服务期限及工程类别、规模、技术复杂程度、工程环境等因素确定。监理人员组成应满足水土保持工程各专业工作的需要。监理单位应于监理合同签订后 10 天内，将项目监理机构的组织形式、人员组成及任命的总监理工程师，书面通知项目法人或项目责任主体。项目法人或项目责任主体应根据监理合同约定，提供满足监理工作需要的办公、交通、通信和生活设施；项目监理机构应妥善使用和保管，在完成监理工作后移交项目法人或项目责任主体。

6.7.3　监理人员

水土保持工程监理人员包括总监理工程师、监理工程师和监理员，必要时可聘用停息员。水土保持工程监理人员须经过培训、考试，取得相应水土保持工程监理岗位证书后，方可从事水土保持工程监理工作。总监理工程师应由具有 3 年以上水土保持工程监理工作经验的监理工程师担任，由监理单位征得项目法人或项目责任主体同意后任命。总监理工程师需要调整时，监理单位应征得项目法人或项目责任主体同意并书面通知承建单位。总监理工程师是履行监理合同的总负责人，行使合同赋予监理单位的全部职责，全面负责项目监理工作。一名总监理工程师宜担任一个项目的总监理工程师工作，需要同时担任多个项目的总监理工程师工作时，应经项目法人或项目责任主体同意。总监理工程师根据监理工作的实际需要，可指定监理工程师担任总监理工程师代表，总监理工程师代表应具有二年以上水土保持工程监理工作经验。总监理工程师代表按总监理工程师的授权，行使总监理工程师的部分职责和权力。监理工程师应由具有一年以上水土保持工程监理经验并具备监理工程师资格的人员担任。监理工程师需要调整时，总监理工程师应书面通知项目法人或项目责任主体和承建单位。监理员应由取得《水土保持生态建设工程监理员岗位证书》或《水土保持生态建设工程监理工程师培训结业证书》的人员担任，在监理工程师的指导下开展现场监理工作。信息员由经过项目监理机构组织的业务培训的人员担任，协助监理人员工作。总监理工程师、监理工程师、监理员的具体职责按《水利工程建设施工监理规范》的规定执行。

6.7.4 监理实施

监理机构实施监理首先应该编制围垦工程监理规划，依据工程建设进度，按单项措施编制工程监理实施细则，然后按照监理实施细则实施监理，按规定向项目法人或项目责任主体提交监理月报和专题报告；建设监理业务完成后，向项目法人或项目责任主体提交工程监理工作报告，移交档案资料。开工前，总监理工程师应组织监理人员熟悉有关规章、合同文件、设计文件和技术标准。监理工程师应审查承建单位报送的项目开工报审表及相关资料，当承建单位管理机构和规章制度健全，管理人员到位，第一批施工项目的设计文件已经监理工程师核查，施工组织计划经监理工程师签认，年度投资计划已落实，所需人工、材料、设备已落实，其他必备的开工条件时，征得项目法人或项目责任主体同意，由总监理工程师签发开工令。

监理工程师应对施工放线和图班界线进行复验和确认，并对承建单位报送的拟进场的工程材料、籽种、苗木报审表及质量证明资料进行审核，并对进场的实物按照有关规范采用平行检验或见证取样方式进行抽检。对未经监理工程师验收或验收不合格的工程材料、籽种、苗木等，监理工程师不予签认，并通知承建单位不得将其运进场。

监理人员对治沟骨干工程、淤地坝和坡面水系等工程的隐蔽工程、关键工序应进行旁站监理；对造林、种草、坡改梯、小型的沟道治理和蓄水工程、封禁治理工程等可进行巡视检查。

对不合格的部位或工序，监理工程师不予签认，并提出处理意见，承建单位整改后，经监理工程师检验合格，方可进行下一道工序的施工。

监理人员发现施工中存在重大隐患，可能造成质量事故或已经造成质量事故时，总监理工程师应下达工程暂停指令，要求承建单位停工整改。整改完成并符合质量标准要求，总监理工程师方可签署复工通知。对需要返工处理或加固补强的质量事故，总监理工程师应责令承建单位报送质量事故调查报告和经设计等相关单位认可的处理方案，监理工程师应对质量事故的处理过程和处理结果进行跟踪检查和验收。

监理工程师应按有关规定对中央投资、地方配套、群众自筹资金到位和实际投劳情况核实统计，并向项目法人或项目责任主体报告。

监理工程师进行工程计量和工程款支付工作时，承建单位统计经监理工程师验收合格的工程量，填报工程量清单和工程款支付申请表。监理工程师审核工程量清单和工程款支付申请表，并报总监理工程师审定。对未经监理工程师质量验收合格、不符合施工合同规定的工程量，不予计量。总监理工程师审查并签署工程款支付证书，报项目法人或项目责任主体。

监理工程师进行竣工结算时，承建单位按施工合同填报竣工结算报表；监理工程师审核承建单位报送的竣工结算报表；总监理工程师审定竣工结算报表，签发竣工结算文件和最终的工程款支付证书，并报项目法人或项目责任主体。

监理工程师进行进度控制时，总监理工程师审批承建单位编制的年、季（月）施工进度计划；监理工程师对进度计划实施情况进行指导、检查；当实际进度滞后于计划进度时，监理工程师应分析原因，提出相应的措施，责成有关方面改进或调整计划；督促承建单位按调整计划进行施工。

对原设计有重大变更的，应由监理工程师签署意见，报原批准机关同意；对不影响投资规模、建设地点和工程功能的工程变更，须经项目法人或项目责任主体和监理工程师同意，并报原批准机关备案。

监理工程师应对工程的质量等级提出意见，监理工作报告是水土保持工程验收的主要材料之一。监理工程师应参加工程的竣工验收。

在合同实施过程中，监理机构与项目法人或项目责任主体和承建单位的联系均应以书面函件为准。

水土保持工程施工中的工程变更、费用索赔、信息管理等监理工作，按《水利工程建设项目施工监理规范》（SL 288）的规定执行。

7 中小型围垦工程监测

围垦工程监测是指在围垦工程施工过程中,采用监测仪器对关键部位各项控制指标进行监测的技术手段,在监测值接近控制值时发出报警,用来保证施工的安全性,也可用于检查施工过程是否合理。

7.1 海堤监测

沿海滩涂一般广泛分布有处于流塑状态的深厚淤泥质粉质粘土层,具有压缩性强、含水率高、灵敏度大、强度低、渗透性差、流变性突出、欠固结等特点,工程性质极差,不经处理很难满足上部荷载要求。在这类软土地基上修建海堤,施工加载期间堤基的稳定性决定着海堤工程的成败。

目前,使用塑料排水板进行排水处理的软土堤基稳定性理论分析和经验估计结果与实际存在着一定差距,这是由于土体性质复杂及理论不太成熟所致。软土堤基施工期的稳定问题主要借助于现场监测进行预防与控制。但在实际工程中,出现了一些尚未达到软土地基的稳定控制标准时即出现破坏,或者超过控制标准未出现失稳的现象。这表明,规范化的稳定控制标准在实践中还应与具体工程、地区施工经验紧密结合,才更为合理。恰当的稳定控制标准的确定对于保证围堤工程安全、工程进度、工程质量和节约工程费用具有重要意义。

7.1.1　软土堤基失稳破坏机理

软土堤基的失稳破坏是由于软土排水速度较慢，加载后，超静孔隙水压力增大，堤基内部某些点受剪达到极限破坏状态，产生很大的剪切变形（水平位移），周围点又相继破坏，最后延伸至地表，逐渐贯通而形成整体破坏，是一个从局部剪切破坏发展到整体剪切破坏的过程。沉降和水平位移是地基变形的两个方面，它们之间一般表现出一种近似线性的关系：水平位移相对于沉降越大，表明软土的侧向挤出越严重，地基就有失稳的危险；越小则表明地基变形以固结为主，稳定性好。从沉降与水平位移关系的变化可以反映出地基的稳定情况。从地基变形来看，沉降和侧向水平位移的绝对值并不能很好地表明地基的稳定程度，更重要的指标是沉降速率和水平位移速率。当沉降速率小于控制速率，而水平位移速率超出控制速率时，水平位移增量、沉降增量会增大，地基失稳的可能性较大；反之，侧向变形较小，沉降较小，地基不大可能失稳。软土堤基在失稳破坏前存在着很大的塑性变形，往往形成局部的塑性滑动带。因此，堤基内部最大水平位移速率能指示出土体的受剪程序和破坏面位置。

7.1.2　稳定控制监测指标

软基上修建海堤主要有两大问题，即施工期的稳定问题和工后沉降问题。施工监测是保证工程安全的重要措施之一，通过即时监测可随时掌握地基的变形和受力情况，以利于指导调整施工加载速率，保证工程质量，并可验证设计计算结果。由于软土强度的监测手段非常有限，而变形监测手段较多，且可连续监测，因此，堤基的稳定监测常借助于一些变形指标，如水平位移、沉降等。目前，软土地基海堤施工期变形与稳定控制的有效方法是现场监测。监测项目通常有：表面沉降观测、侧向位移观测以及孔隙水压力测试等。对应的控制标准有：水平位移速率、综合孔隙水压力系数及沉降速率等。

（1）深层水平位移。软土地基在上部荷载作用下发生侧向变形。当荷载接近地基极限承载力时，地基土发生塑性变形，侧向变形往往表现出较大的水平位移速率；当荷载超过地基极限承载力时，水平位移速率较大且呈增长趋势，地基土体发生剪切破坏。

（2）孔隙水压力。通过埋设于不同深度的钢弦式孔压计，了解在各级荷载作用下软土地基内部超静孔隙水压力增长和消散的过程，分析地基的稳定性，判断地基有无塑性开展区、加载速率是否过快等，了解固结效果、强度增长，控制加载速率，控制施工进度。

（3）分层沉降。分层沉降主要用于详尽了解不同土层，尤其是淤泥质土层压缩情况及加固效果，推算不同深度土层的固结度和压缩量，分析地基的有效加深度及控制加载速率等。分层沉降用于控制加载速率时，因导管发生水平位移影响分层沉降磁环的下沉，测得的第一只磁环沉降量较表面沉降要小，沉降速率较表面沉降小。

（4）表面沉降。在荷载作用下，地基发生竖向变形，即沉降。当荷载达到地基极限承载力时，地基沉降量会迅速增加，沉降速率呈增长趋势。

为防止在加载过程中，因加载过量达到地基极限承载力而造成地基失稳，有必要对地基沉降速率进行控制。在侧向变形较小的情况下，地基软土沉降速率较大主要是由于地基内土体迅速排水所致。

7.1.3　稳定控制标准分析

建筑地基处理技术规范要求对堆载预压工程，在加载过程中应进行沉降、水平位移、孔隙水压力等项目的监测，且根据监测资料控制加载速率。对竖井地基，最大沉降量不大于 15mm/d；对天然地基，最大沉降量不大于 10mm/d，水平位移不大于 5mm/d，并应根据上述观察资料综合分析、判断地基的稳定性。

对于海堤工程，由于各区域各级荷载施加时间不同，停歇期有长有短，在各区段地层固结过程也有较大差异。同时，稳定控制标准与土体性状紧密结合，比如与有效应力相结合、与所处地

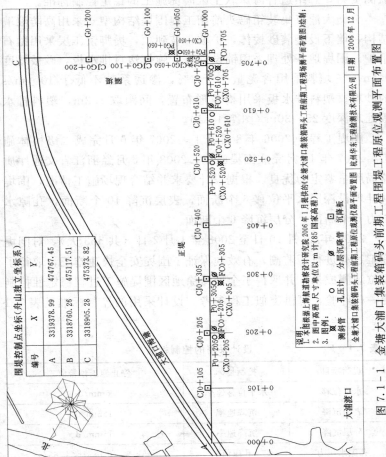

图 7.1-1 金塘大浦口集装箱码头前期工程围堤原位观测平面布置图

围堤控制点坐标（舟山独立坐标系）

编号	X	Y
A	3319378.99	474767.45
B	3318760.26	475117.51
C	3318905.28	475373.82

说明：
1. 本图根据上海航道勘察设计研究院 2006 年 1 月提供的金塘大浦口装箱码头工程现场观测平面布置图绘制；
2. 图中高程 尺寸单位以 m 计 (85 国家高程)；
3. 图例：

测斜管 ⊠ 孔压计 ○ 分层沉降管 □ 沉降板

金塘大浦口集装箱码头工程前期工程原位观测仪器平面布置图 杭州华东工程检测技术有限公司 日期 2006 年 12 月

基加固范围相结合。因此，采用几种监测手段辅助施工十分重要。如何利用监测数据分析堤基的稳定性非常关键。

结合舟山金塘大浦口集装箱码头工程前期工程围堤工程原位监测资料，总结适合海岸软土区海堤施工的稳定控制标准。

金塘大浦口集装箱码头前期工程围堤结构型式采用高防浪墙结构，墙下设袋装砂棱体，护坡一坡到顶，堤脚镇压层采用抛石平护。围堤地基处理采用铺设砂被、施打塑料排水板，砂被厚度0.5m，充填料采用含泥量小于3%，渗透系数不低于 10^{-3} m/s 的砂料。塑料排水板采用梅花形布置，间距取1.2m，塑料排水板处理深度25～30m（图7.1-1）。

围堤工程于2006年8月开工，2007年6月完成二级棱体施工，2007年12月完成围堤施工，2008年5月经浙江省交通厅质监局质量鉴定为优良。根据设计要求并结合现场施工情况，围堤共计埋设深层水平位移6个断面，表层沉降10个断面，孔隙水压力6个断面，分层沉降6个断面。

2006年10月10日至2008年1月2日（共503天），对围堤施工过程进行了监测，有效地保证了围堤安全快速施工，取得了原位观测成果，并取得了金塘滩涂地区围堤施工过程稳定性控制的一些经验，可供类似工程参考。设计采用的控制标准见表7.1-1。

表7.1-1　　　　　　　　　设计采用的控制标准

观测项目	控制指标	停止施工预警值
水平位移	水平位移速率	5mm/d
表面沉降	沉降速率	15mm/d
分层沉降	沉降速率	15mm/d
孔隙水压力	孔压值	35kPa，孔压消散率65%

（1）深层水平位移。现场实测数据发现，围堤袋装砂棱体加载、堤后陆域吹填、合拢后堤后水位上涨及合拢后水位下降时，地基土体向外海侧变形；而外侧抛石棱体反压、反滤层施工及扭

王块体吊装、合拢后堤后水位下降、水位上升、内陆围滩区域抽真空时，地基土体有向内陆变形的趋势。

深层水平位移速率的峰值出现在围堤袋装砂棱体加载过快、堤后陆域吹填离堤轴线过近且过于集中、合拢后堤后水位突然上涨这几种工况下或这几种工况的组合下。

在一级棱体及一级吹填施工过程中，0＋205、0＋305、0＋520、0＋610、0＋705、G0＋050 断面的最大位移速率分别为 8.4mm/d，16.3mm/d，8.1mm/d，11.3mm/d，11.3mm/d，7.2mm/d。在二级棱体袋及二级吹填的施工过程中，0＋205、0＋305、0＋705、G0＋050 断面因施工休止期较长，地基土强度的增加，土性得以改善，最大水平位移速率有所下降，分别为 4.4mm/d，4.4mm/d，5.3mm/d，3.9mm/d；0＋520、0＋610 因吹填落砂点距围堤较近，加之二级棱体袋的施工，最大水平位移速率分别为 11.5mm/d，15.6mm/d。

考虑到围堤安全的重要性，采用了达到 4mm/d 即进行预警、加密观测。超过 5mm/d 报警，建议减缓施工速率。连续 3 天超过 5mrn/d，建议停止加载。根据监测数据采用了信息化施工，及时调整施工计划和速率，采取抛石反压、减缓棱体施工、后移吹填落砂点、降低堤后水位等措施，有效地控制了水平位移发展的趋势。

（2）表面沉降。观测结果显示：0＋105、0＋205、0＋305、0＋405、0＋520、0＋705、G0＋050 G0＋100、G0＋20 断面在施工过程中出现的最大沉降速率分别为 15.7mm/d，19.0mm/d，22.5mm/d，29.0mm/d，25.3 mm/d，27.5mm/d，16.7mm/d，24.7mm/d，26.7mm/d，24.5mm/d。据最近观测数据，正堤浅水区 0＋105、0＋205、0＋305、0＋405 沉降速率介于 0.7～1.3mm/d，正堤深水区 0＋520、0＋610、0＋705 断面沉降速率介于 0.5～1.0mm/d，隔堤 G0＋050、G0＋100、G0200 断面沉降速率介于 0.8～2.2 mm/d。各监测断面表面沉降速率均小于预警值。由于导致沉降速率的原因很多，在使用沉降速率进行控

制时，需要结合水平位移速率。在水平位移速率较大的情况下，在监测过程中，当沉降速率在 10～15mm/d 之间时，进行预警，建议控制施工速率；与沉降速率大于 15mm/d 时，报警建议停止加载。在水平位移速率较小的情况下沉降速率控制适当放宽。

（3）分层沉降。观测结果显示：0+205、0+305、0+520、0+610、0+705、G0+050 断面在施工过程中出现的最大沉降速率分别为 14mm/d，14mm/d，13mm/d，17mm/d，16mm/d，14mm/d。尽管精度相对表面沉降要低，在沉降板难以埋设的工况下，其控制作用仍不可忽略。由于导致沉降速率的原因是很多，在使用沉降速率进行控制时，需要结合水平位移速率。在水平位移速率较大的情况下，当沉降速率在 10～15mm/d 之间时，进行预警，建议控制施工速率；沉降速率大于 15mm/d 时，报警建议停止加载。在水平位移速率较小的情况下沉降速率控制适当放宽。

（4）孔隙水压力。设计说明要求在加载时孔压值不得超过 35kPa，孔压消散率达到 65％。由于在围堤袋装砂棱体施工过程中，施工速率较快，孔压消散较慢，在围堤出水后，孔压值出现超出 35kPa 的现象。后经讨论确定，在围堤工期紧张的情况下，孔压值不作为控制指标，孔压消散率达到 65％ 难以实现使用孔压消散趋势确定加载与否。

与沉降类似，导致孔压变化的因素很多，影响孔压的因素主要包括施工加载、地基土体剪切破坏前的剪胀或剪缩、地下水位的上抬、内陆围滩区域抽真空、潮汐等，作为监测控制指标在实际使用时需结合水平位移速率。在水平位移速率较小的情况下，对孔压消散趋势适当放宽；在水平位移速率较大的情况下，须待孔压呈现消散趋势后，才建议加载。因孔压数据随潮汐而波动在分析消散趋势时需考虑水位的影响。

围堤施工仅依靠理论分析和经验估计很难把握实际工作条件下的堤基稳定性，因此应及时采取较为严密的监控措施，追踪掌握土体变形及强度增长情况，防止围堤出现可能的破坏。现场监测是施工过程控制海堤稳定性的重要手段，对后续的加载方案、加载速率提供建议，对施工过程中可能出现的险情进行及时预报，减少不必要的损失，确保工程安全、工程的顺利完成。

围堤施工稳定控制应以深层水平位移作为主控指标，沉降监控指标及孔压监控指标需结合水平位移速率使用。深层水平位移速率的峰值出现在围堤袋装砂棱体加载过快、堤后陆域吹填离堤轴线过近且过于集中，合拢后堤后水位突然上涨这几种工况下或这几种工况的组合下。合理的围堤袋装砂棱体加载速率、预先在外侧抛石棱体反压、合拢后堤后水位的控制、堤后落砂点位置适当调整等是围堤稳定性控制的有力保证。

7.2　环境监测

围垦工程施工的特点是规模大、工期长、强度大、机械化程度高、机械设备数量多，且以大中型为主，如大型挖掘机、装载机、自卸汽车、推土机等。施工活动的主要环境问题是，如果处理不当时会产生新增污染和局部生态破坏。新增污染主要是施工期废水排放可能对受纳水体产生污染，降低水体功能；粉尘和噪声影响施工人员和周边居民身体健康。生态破坏主要是土石方开挖等施工活动产生的弃土弃渣，可能破坏当地植被。引发新增水土流失。水电工程施工过程中必须加强对水电站施工区的环境保护工作，而施工期环境监测是其中一项至关重要的工作。

7.2.1　环境监测的目的

环境监测是获取环境信息、了解环境变化、评价环境质量、掌握污染物排放情况、衡量环境保护活动成果的基本途径；是执行环境法律、标准、计划、排污收费和进行环境监督管理的重要技术手段和依据；是开展科学技术研究、加强环境管理、搞好环境保护的基础性工作。水电工程施工期环境监测是工程施工期环境管理的重要基础工作，是防止施工过程中环境破坏和防治污染的重要依据。通过采取环境监测措施，可以全面掌握工程建设期间的环境质量状况，便于及时了解工程建设过程中出现的环境问题。采取相应环境保护措施，将环境问题解决在工程施工过程中，可以为环境保护部门执法检查提供数据依据。同时，通过监测获取大量环境监测数据，可以为工程建成后的验收和运行后的环境保护管理提供依据。

7.2.2 环境监测计划内容

围垦工程施工期的环境监测的内容，应根据工程特点及施工活动对环境产生的主要影响而定，包括对水环境、大气环境、声环境和水土保持等方面确定监测时段、监测对象和监测方法。

7.2.2.1 水环境监测

水环境监测应包括污染源监测和地表水环境质量监测。污染源监测要反应主要污染源污染物种类、含量、排放强度、污染时间、处理措施效果，且处理措施效果需要对处理前、后水质均进行监测。污染源监测项目应为控制各类污染源的主要污染物；监测频次需根据要求确定，监测时间为整个施工期，并能控制各污染源废水排放高峰期污染物排放情况。根据水电工程施工期污染源特点，监测对象一般包括砂石骨料生产废水、混凝土拌和楼中洗废水，较为集中的施工生活区生活污水。生产废水监测项目主要包括悬浮物（SS）、pH值和废水流量；生活污水主要对有机物进行监测。

地表水监测应设置对照断面、控制断面和消减断面。对照断面应设置在施工影响河段上游附近；控制断面应设置在施工污染源最下游一个排放口的下游，污染物与地表水较为充分混合处；消减断面应设置在控制断面下游。污染物浓度有明显衰减处。取样点的布设应符合《水环境监测规范》（SL 219）的要求。监测项目应能控制施工期各类污染源主要污染污染物。监测时段、频次应同时反映施工废水排放的时段性与地表水系的水文时期变化。根据水电工程施工期的特点，地表水环境监测项目一般包括悬浮物（SS）、pH值和有机物等。

7.2.2.2 大气环境监测

大气环境监测点位设置应能控制施工区附近敏感点（区）

（居民区、学校、疗养院、医院等）环境空气质量。监测项目应反映施工期主要大气污染物浓度。监测时间、频次设置应反应扩散条件不利季节的环境空气状况。根据水电工程施工期的特点，大气环境监测项目一般选择总悬浮颗粒物（TSP）、二氧化氮（NO_2）、二氧化硫（SO_2）。

7.2.2.3　声环境监测

声环境监测应包括声源监测和区域环境噪声监测。主要指施工区噪声、施工机械噪声、交通噪声、施工生活区及敏感点声环境质量的监测。声源监测项目为等效 A 声级，监测点位设置应控制施工主要噪声源的源强、衰减特征，监测时间、频次设置应反映噪声源高峰强度。声环境质量监测项目为等效 A 声级，以声环境敏感点为重点，监测布点、监测时间、频次设置需符合敏感点（区）不同时段的声环境质量要求，并与声源监测同步。由于水利水电工程施工期环境影响涉及的范围广，影响因子众多，环境监测计划的内容也相应较复杂。为了使施工期环境监测计划能够真正有效地服务于水利水电工程的环境保护，在拟订水电工程施工期环境监测计划时，应重点关注并且处理好几个问题：环境监测的主要对象；环境监测计划的可操作性；环境监测活动的组织与实施。

水电工程建设通常会对区域生态与环境产生广泛而深远的影响。加强水电工程施工期的环境监测是减免工程不利环境影响的重要保障措施之一，而水电工程环境监测计划是工程环境监测工作的重要依据。制定简明扼要、具有较强可操作性的环境监测计划是至关重要的。

7.3　水土保持监测

7.3.1　水土保持监测概述

7.3.1.1　水土保持监测的目的和意义

水土保持监测是以保护水土资源和维护良好的生态环境为出发点，防治水土流失的一项基础性工作。

水土保持监测的意义在于：根据国家、地方的国民经济发展规划和生态、经济发展状况，定期调查、测量和记录水土流失及其治理的现状及问题，研究其动态和发展趋势，为国家、地方防治水土流失，保护、改良和合理利用水土资源制定政策、规划，编制优化农林牧产业结构的计划，改善生态环境条件和人类生产、生活现状，实现可持续发展战略提供基本资料。

为实现这一目标，水土保持监测的基本任务：一是定期监测全国和地方水土流失面积、程度、强度，土地利用状况，植被状况，土地生产力状况和群众经济状况，并适时提供有关数据、图件。二是定期监测全国和地方水土流失治理状况，如水土流失治理面积、河流含沙量、各类水土保持工程、植被覆盖率、农林牧（副）业产业结构和土地利用结构、土地生产力的提高，农民经济状况的改善等，并与水土流失监测结果和前次水土保持监测结果对比，向国家和地方有关部门定期提供决策依据。三是根据需要和条件，定期提供全国和地方重点水土流失区或水土流失治理区的自然、经济和社会发展状况的监测数据和图件等。四是定量化分析多种因素与水土流失的关系，建立各地区不同水土保持措施与区域经济、社会发展模型，预测、预报水土流失及人为影响因素的变化趋势，并为有关重点地区或流域综合治理做优化规划分析，为水土保持和区域发展服务。

7.3.1.2　水土保持监测的原则

水土保持监测的主要目的是定期向有关部门提供信息，因此监测工作应充分考虑服务对象对信息的需求状况及服务的有效性。根据有关研究和实践，水土保持监测应遵循以下原则：

（1）地面监测与调查巡查相结合的原则。

（2）分区布设监测点的原则。根据水土流失预测结果和水土保持防治措施总体布局，确定监测的重点区域，布设监测点。

（3）全面调查监测与重点观测相结合的原则。本项目由机场工程和场外配套工程组成，水土流失具有呈点状和线性分布的特点。只有通过全面调查监测，才能掌握工程整体的水土流失及防治状况。通过全面调查了解对该项目施工过程中的水土流失及防治措施的动态变化，按照施工进度对扰动地表面积进行分段不重叠累加，准确界定本项目的水土流失防治责任范围。重点观测即对特定地段以及典型地段进行连续监测，主要针对不同扰动类型的侵蚀强度监测、特殊地段及突发事件监测。通过全面调查监测和重点监测，反映出本项目水土流失的总体情况和土壤侵蚀的基本参数，为确定本项目水土流失范围提供依据。

（4）以地表扰动动态监测及不同扰动类型侵蚀强度监测为中心的原则。本项目扰动地表呈连续性分布，渣场等地呈点状分布，建设项目水土流失量的大小取决于流失范围、侵蚀强度、流失历时和水土保持防护措施实施情况。把不同的建设类型划分为基本扰动类型，分别界定不同扰动类型的面积，确定整个项目的防治责任范围，再利用重点监测成果确定各扰动类型的侵蚀强度，从而取得该工程水土流失总量数据。

（5）以主体工程区、弃渣场区为监测重点的原则。通过加大主体工程环境保护和美化绿化的力度，工程竣工后工程区得到较好的防护，衡量工程的水土流失除主体工程外，往往出现较多问题的包括施工期间开挖土石方临时堆放及其他临建工程，其产生的水土流失容易对周边造成危害。

（6）监测点位的选取采取代表性、全面性、可行性、经济性原则。所布设的监测点位，必须能够代表监测范围内水土流失状况，可以反映整个项目区的共性，可以实施的可行性原则。

7.3.2 水土保持范围与分区

结合已批复水土保持方案中确定的水土流失防治责任范围和防治分区，分析确定监测范围及其分区。分析各分区水土流失特点和其可能造成的危害，确定重点监测区域。监测范围以批复的水土保持方案中的防治责任范围（包括项目建设区和直接影响区）为基础，并结合项目建设过程中实际扰动和影响范围确定。监测分区根据地形地貌特点、水土流失类型，结合工程建设特性，按便于监测、利于分析评价的原则进行分区。监测分区与批复的水土保持方案防治分区一致，并结合项目监测重点进行调整。

7.3.3 监测时段和进度安排

水土保持监测时段应从施工准备期前开始，至设计水平年结束；建设生产类项目还应对运行期进行监测。根据主体工程和水土保持措施实际情况，合理安排监测工作进度。结合主体工程和水土保持措施进度，以横道图形式反映监测实施计划进度安排情况。

7.3.4 监测内容和方法

7.3.4.1 监测内容

（1）施工准备期前。监测内容主要是水土流失现状。对项目区施工前原地貌的水土流失形式、水土流失面积、水土流失强度、水土流失分布进行调查，同时对项目区林草植被种类、林草覆盖度、林草成活率进行调查。

（2）施工期（含施工准备期）。根据水利部《关于规范生产建设项目水土保持监测工作的意见》（水保〔2009〕187号文），结合工程实际情况，施工期监测内容主要为主体工程建设进度、工程建设扰动土地面积、水土流失防治责任范围、中转料场情况（包括位置、占地面积、堆料量等）、水土流失防治措施实施情况、土壤流失量、水土流失危害事件、水土流失因子、水土保持工程设计以及水土保持管理等方面的情况。重点监测内容为工程建设扰动土地面积、料场情况（包括位置、占地面积、堆料量等）、取土（石）场与弃土（渣）场使用情况、水土流失防治措施实施情况以及土壤流失量等。具体包括：①水土流失因子监测。影响水土流失的主要因子，包括降雨、地形、地貌、土壤、植被类型及覆盖率、水土保持设施数量和质量、工程占地和扰动地表数量。②水土流失状况监测。重点监测项目工程施工过程中产生的水土流失状况、挖填方及扰动面积、弃渣量及其占地面积等，从而监测其水土流失量。③水土流失危害监测。主要包括工程建设过程产生的水土流失及其对周边水系的影响；临时堆放土方引发水土流失对周边水系的危害；工程建设区植被及生态环境变化；项目工程建设对环境的影响。④水土保持防治措施监测。水土保持防治效果的监测主要包括各类水土保持工程的数量、质量、林草成活率、保存率、生长情况及覆盖率，工程措施的稳定性、完好程度及运行情况，各类防治措施在控制水土流失、改善生态环境等方面的作用。⑤水土保持防治效果监测。水土流失防治效果监测包括扰动土地整治率、水土流失总治理度、土壤流失控制比、拦渣率、林草植被恢复率、植被覆盖率等。⑥重大水土流失事件的监测。重大水土流失事件的监测，主要对机场区场地平整施工期间填方边坡，场外公路开挖边坡施工期间，是否因为拦挡、排水措施未及时实施而诱发的坍塌现象进行监测。弃渣场在弃渣过程中是否有未按水土保持方案要求的先拦后弃，或随意弃渣而诱发的坍塌、淤积沟道等现象。建设过程中若发生了重大水土流失事件，监测单位应及时提交专项报告。

（3）水土保持措施试运行期（自然恢复期）。水土保持措施试运行期主要监测内容为水土流失因子、土壤流失量、水土保持设施运行情况、水土流失防治效果等。重点监测内容为土壤流失量、水土保持设施运行情况以及水土流失防治效果。

7.3.4.2 监测指标与方法

监测点监测指标根据监测内容进行确定，监测方法包括地面观测、场地巡查和调查等方法，针对每个监测指标，分析确定其对应的监测方法。监测方法主要包括：定位监测、实地调查、巡查监测和遥感监测等方法。主要的定位监测方法应进行典型设计。监测过程所需设施、设备应结合其对应监测内容进行列表说明插入监测设施、设备表；对应各监测内容，说明使用的监测设施和设备，设备要标明厂家、型号、精度等参数。监测频次应满足水土流失 6 项防治指标测定的需要，土壤流失量的监测应主要集中在雨季进行，旱季的监测频次可适当减少。

（1）水土流失影响因素。

气象：收集附近气象站、水文站资料。

地形地貌：主要包括地貌基本类型和坡面特征两项指标。

地貌基本类型：基本形态类型是根据海拔和起伏度而划分的，采用七级分类：①平原（起伏度0～20m）。②丘陵（海拔小于等于500m；海拔大于500m而起伏度20～150m）。③低山（海拔500～800m和起伏度大于150m）。④低中山（海拔800～2000m）。⑤高中山（海拔2000～3000m）。⑥高山（海拔3000～5500m）。⑦极高山（海拔大于5500m）。

坡面特征：平均坡度，即将坡度分为小于5°、5°～15°、15°～25°、25°～35°和大于35°五级，按坡度加权平均计算项目区平均坡度。

地表组成物质：实地调查各监测分区的土类、岩石、沙地的分布，以及土壤类型及主要性质等。土壤因子监测指标主要包括土壤质地、容重、有机质含量、酸碱度、养分含量、含水量、渗透速率等。在现场采样之后，进行内业分析，具体实验步骤根据相关规程规范操作。

地表植被：在综合分析相关资料的基础上，实地调查确定植物种类、优势种。林地郁闭度、灌草盖度选择有代表性的样方实测。植被因子监测指标主要包括植被类型、郁闭度、覆盖度、植被覆盖率，上述采用现场巡查方法获取。①植被类型与植物种类：采用现场巡查法，对监测区范围的植物种类进行统计分析。②郁闭度是指林冠投影面积与林地面积的比值，一般用小数表示。郁闭度可采用照相法。③覆盖度：覆盖度是指低矮植被覆盖地表的程度，针对灌木和草本，一般用百分数表示。测量方法可采用探针法，在打好的1m×1m的样方内使用探针在样方内随机扎，扎到植被记作1，没有扎到植被记作0，计算探针扎到植被的次数/试验总次数的比值，即可算作覆盖度。④植被覆盖率：植被覆盖率在某一区域内，符合一定标准的乔木林、灌木林和草本植物的土地面积占该区域土地面积的百分比。其中植被面积包括郁闭度不小于0.7的林地和覆盖度不小于0.3

的灌草地均计作林地，郁闭度小于 0.7 的林地和覆盖度小于 0.3 的灌草地的覆盖面积均按照实际面积与郁闭度（覆盖度）的乘积进行换算。

地表扰动情况：实地调查，结合施工单位报送资料及工程施工进度和工程路线走向图，在现场确定扰动区域的基础上，在工程路线走向图中进行标注，并在 CAD 中进行量测。

水土流失防治责任范围：以调查法为主。结合施工单位报送资料及工程征地红线图与各施工单位提供的施工临时设施区的借地协议，通过工程现场确定工程原地貌扰动边界，随后在相应图纸中加以标注并测量。

取土（石）料场场或弃土（渣）场：该项指标在查阅施工单位提供的施工记录、监理单位提供的监理月报和计量清单后，对料场或取土（石）场或弃土（渣）场占地面积和方量进行实地量测获得。主要量测工具为 GPS、红外线测距仪、皮尺等。

（2）水土流失状况监测。

水土流失类型及形式：在综合分析相关资料的基础上，实地调查确定水土流失类型与形式。以现场调查为主，结合工程平面布置图，对各监测区内不同施工工艺的区域进行调查，并在平面布置图中进行标注，反映内容包括土壤侵蚀类型、形式和分布情况。

水土流失面积：在确定土壤侵蚀强度的基础上，以调查法为主，结合土壤侵蚀地面观测数据，对工程土壤侵蚀强度达到轻度以上的水土流失区域在平面布置图中进行标注，并在 CAD 中进行量测。

土壤侵蚀强度：根据《土壤侵蚀分类分级标准》（SL 190）分析确定各监测分区的土壤侵蚀强度级别。

水土流失量：通过测定固定地面观测设施——坡面径流小区的土壤侵蚀强度，并以此监测小区的实测土壤侵蚀强度为基础，结合三维激光扫描仪对高边坡弃土弃渣土壤流失进行监测，类比各监测区的水土流失主导因子和水土流失面积，从而推算获得工程土壤流失量。

1）坡面侵蚀沟观测。在坡面侵蚀沟发育具有代表性的区段设立坡面侵蚀沟观测样地，样地一般为矩形，宽 5m，长 20m，根据坡面实际情况可适当调整。

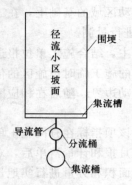

图 7.3-1　坡面径流小区平面布置示意图

坡面侵蚀沟土壤流失量采用三维激光扫描仪量测或断面量测法。前者采用三维激光扫描仪建立坡面数字地面模型（DTM），通过数据比较分析得出侵蚀沟土壤流失量及分布。断面量测法是等距离布设测量断面，通过测定多个断面侵蚀沟宽度、侵蚀沟深度、断面间距离及土壤容重来计算得出侵蚀沟土壤流失量。

2）坡面径流小区观测。坡面径流小区是一种多用途的坡面径流场，通过收集坡面径流小区产生的径流泥沙并进行分析，可以获取坡面产流量、水土流失量、治理措施效果等监测指标。径流小区一般由小区坡面、围埂、集流槽、导流管、分流桶和集流桶等组成，其平面布置如图 7.3-1 所示，其规格根据坡面情况确定。

3）沉沙池观测。在排水系统上建筑沉沙池，通过量测沉沙池泥沙厚度计算控制区域内的土壤流失量。通常在沉沙池的四个角分别量测泥沙厚度，并测量泥沙的密度，通过下式计算侵蚀量：

$$S_T = \frac{h_1 + h_2 + h_3 + h_4}{4} S \gamma_s \left(1 + \frac{X}{T}\right) \qquad (7.3-1)$$

式中：S_T 为排水系统控制区域的侵蚀总量；h_i 为沉沙池四角的泥沙厚度；S 为沉沙池底面面积；γ_s 为侵蚀土壤密度；$\frac{X}{T}$ 为侵蚀径流泥沙中悬移质与推移质重量之比。

水土流失防治措施及效果监测：该项指标包括植物措施指标、工程措施指标及临时措施指标。

植物措施指标包括植物类型及面积、成活率及生长状况、植被盖度（郁闭度）。植物类型及面积采用调查法监测；成活率、保存率及生长状况采用抽样调查的方法确定；植被（郁闭）盖度采用树冠投影法、线段法、照相法、针刺法；林草植被覆盖度根据调查获得的植被面积按照林草措施面积/项目建设区面积计算。

工程措施和临时措施指标包括工程措施和临时措施工程量、完好程度及运行情况、施工进度。以调查法为主，在查阅设计、监理等资料的基础上，并通过现场实地调查确定工程措施的工程量，并对措施的稳定性、完好程度及运行情况及时进行监测。临时措施采用实地量测，查阅施工组织设计确认施工进度和工程量。

水土流失防治效果监测指标包括扰动土地整治率、水土流失总治理度、土壤流失控制比、拦渣率、林草植被恢复率、植被覆盖率等指标，可根据各指标定义结合水土保持监测现场工作成果（扰动土地面积以其整治面积、水土流失面积以其治理面积、土壤流失量、林草植被面积等）进行计算。

（3）水土流失危害监测。水土流失危害面积采用实测法或绘图法。其他水土流失危害数量用实地调查、询问的方法，当危害范围较小时，采用普查法；当危害范围较大时，采用抽样调查法。水土流失危害程度采用实地调查、量测、询问等方法。水土流失灾害事件发生后一周内完成监测调查工作。

（4）其他监测指标及监测方法。主体工程建设进度：以调查法为主，在查阅施工、监理等资料的基础上，并通过现场实地调查确定工程建设进度。

水土保持工程设计：以调查法为主，通过查阅建设单位提供的设计资料，结合现场调查，确定各阶段的各项水土保持工程设计成果。

水土保持管理：以调查为主，主要调查建设单位、监理单位及施工单位的水土保持管理体系，并查阅施工过程中形成的水土保持资料，以确定各单位水土保持管理体系是否完善，资料整编是否合规。

7.3.4.3　监测点布设

监测点布设应根据开发建设项目扰动地表的面积、涉及的不同水土流失类型、扰动开挖和堆积形态、植被状况、水土保持设施布局情况和交通、通信等条件以及潜在的水土流失危害等综合因素确定。

监测点选择应有较强的典型性和代表性，并对其进行分类说明插入监测点典型性分析表；对监测场地水土流失特点进行综合分析，说明各类监测点的典型性和代表性。各种监测场地应相对集中，不同监测方法应相互结合；应避免人为活动的干扰，交通方便、便于监测管理；监测小区应根据需要布设不同坡度和坡长的径流小区进行同步监测。在监测布点时应围绕定位监测点（临时、长期）开展，完善调查和巡查监测，作为定位监测点的补充，同时以扩大监测覆盖面。在有条件的情况下，积极采用视频监测、遥感监测等新技术和新方法。监测措施总布局要全面反映各监测分区、监测时段、监测点类型、数量、监测内容、方法、频次、设备和典型设计照片等内容的对应关系，反映监测措施总体布局情况。

8 中小型围垦工程管理

8.1 概述

围垦工程管理，应为围垦工程安全完整、正常运用和确保围堤有效地抵御相应灾害创造条件，并促进围堤管理制度化、规范化、科学化，不断提高现代化管理水平。围垦工程管理，应与围堤主体工程设计同步进行。工程管理的基本建设费用，应纳入工程概算。围垦工程管理，应根据海堤工程规模和防潮（洪）任务，设置相应的管理设施、落实基本的非工程措施、明确重点堤段和大型穿堤建筑物的控制运用条件，并正确处理重点堤段与一般堤段、专业管理与群众管理的关系。

围垦工程管理设计的主要内容包括工程监测设施、交通和通信设施、生物工程和其他维护管理设施、生产管理和生活设施的设计及工程年运行管理费测算；并明确管理体制、机构；划定工程管理范围和保护范围。围垦工程管理设计中的非工程防御措施设计，主要包括防风暴潮指挥调度系统、超标准风暴潮防御措施和必要的防汛抢险物资等内容。二线围堤是围垦工程防御风暴潮基本防线的重要组成部分，不应随意废弃，要进行科学客观的论证，对重要的二线围堤应与一线围堤一样进行必要的维护管理。

8.2　管理体制和机构设置

围垦工程应实行按同一闭合区管理和行政区划分级管理相结合的管理体制。围垦工程所在地的省水行政主管部门负责全省工程的行业管理工作；围垦工程所在地的市、县（区）水行政主管部门按规定的权限，负责本行政区域内围垦工程的行业管理工作；围垦所在地的市、县（区）政府有关部门按照规定的职责，负责本行政区域内围垦工程的建设管理工作；保护特定目标的专用围堤，由专用单位负责维护和管理工作。

1～3级围堤应建立相应的管理机构，4级、5级围堤可视具体情况组建管理机构或委托有关单位代管。

1～3级围堤的管理机构由县级以上主管部门负责管理，4级、5级围堤的管理机构由所在地乡（镇）的负责管理。

跨两个以上行政区的围堤工程宜由上一级水行政主管部门管理。

除流域性涵闸外，对围堤沿线的涵闸宜实行堤闸联管。

围堤工程管理单位具体负责围堤工程的管理、运行和维护，确保围堤工程正常运用。管理机构设置和人员编制由水行政主管部门按有关规定编制方案，报政府编制机构核准。

8.3　管理范围和保护范围

围垦工程的管理范围应根据工程级别、重要程度并结合当地的自然条件、历史习惯和土地资源开发利用等情况，以满足围堤工程安全稳定、防汛抢险、加固维修和扩建等需要为原则划定。

围垦的管理范围，临水域一侧为堤身及坡脚起（有镇压层的从镇压层的坡脚起）向外延伸50～200m；背水侧为坡脚起向外延伸30～50m；背水侧顺堤向设有护堤河的，以护堤河为界；重点险工险段，根据工程安全和管理运用需要，可适当扩大管理范围；城市围堤的管理范围宽度，在保证工程安全和管理运用方便的前提下，可根据城区土地利用情况进行适当调整；穿堤建筑物管理范围为主体工程上下游各延伸 100～400m，左右侧边墩翼墙向外各延伸 30～100m。沿堤必要的抢险物资仓库、堆场和其他必要的建设用地，根据当地土地利用情况确定。围垦工程保护范围，为管理范围边界线向外延伸 50～100m。

8.4 工程监测管理

围垦工程应根据工程级别、地形地质、水文气象条件、堤型、穿堤建筑物特点及管理运用要求，确定必需的工程监测项目。一般应设置堤身及主要穿堤建筑物的沉降、水平位移；潮（水）位；表面监测（包括堤身堤基范围内的裂缝、洞穴、变形等）。

3 级以上围堤根据工程安全和管理运行需要，有选择地设置下列专门监测项目：近岸河床冲淤变化；附属建筑物沉降、水平位移；生物及工程防浪、消浪设施的效果；波浪及爬高。

各监测项目的选点布置及布设方式，应进行必要的技术经济论证，监测项目的布设位置，应具有良好的控制性和代表性，能反映工程的主要运行工况；监测剖面，应重点布置在工程结构和地形地质条件有显著特征和特殊变化的堤段或建筑物处；每一代表性堤段的位移监测断面应不少于 3 个，每个监测断面的位移监测点不宜少于 4 个；地形地质条件比较复杂的堤段，根据需要，可适当增加监测项目和监测剖面。

8.5 其他维护管理设施

沿围堤工程全程依序埋设永久性千米里程碑。每两个里程碑之间，可根据需要，依序埋设计程百米断面桩。里程碑应采用新鲜坚硬料石或预制混凝土标准构件制作。

围堤工程交付使用后宜在醒目位置设牌立碑，说明工程概况、建设过程及管理条例，并标明设计、施工及监理的责任单位。海堤工程沿线与交通道路交叉的道口应设置交通管理标志牌和拦车牌。

8.6　工程运行管理费

围堤工程管理设计，应提出工程年运行管理费用，为有关部门筹集维护管理经费和制定相关的财务补贴政策提供依据。围堤工程年运行管理费，主要包括工资、福利费。包括职工基本工资及补助工资及劳保福利费等。材料、燃料及动力费，包括消耗的原材料、辅助材料、燃料及动力费用等。工程维护费，包括海堤和附属工程的岁修养护费及一般防汛经费。其他直接费。包括技术开发费、工程监测试验费、小型机具更新改造费等。管理费，包括办公费、差旅费、邮电费、水电费、会议费、房屋修缮费等。围堤工程年运行管理费的计算原则和方法，应按照国家和省的有关规定，并应符合国家现行的财务会计制度。围堤工程年运行管理费，主要按照下列规定分别承担：围堤所在地政府在地方财政预算中专项安排。海堤所在地政府在每年收取的水利建设基金和堤围防护费中安排。专用围堤的维护和管理费用由专用单位承担。

8.7　工程案例

台州市椒江区十一塘围垦工程位于台州湾西侧，北至椒江口南岸，南到椒江、路桥两区的交界处。围区自北向南分布，东西宽约 3.1～4.2km，南北长约 8.2km，为淤泥质滩涂，滩涂资源丰富。围区自西向东逐渐降低，平均坡度约 1/1500，推荐顺堤位置涂面高程约 -1.60～-2.30m（1985 年高程基准，下同）。围垦总面积 40013 亩。

8.7.1 管理机构

8.7.1.1 管理体制和机构

浙江省台州市椒江区十一塘围垦工程，为Ⅲ等工程，主要建筑由围堤 14.76km，施工便道 3.76km，水闸（两座，总净宽 40m）组成。围涂面积 40013 亩，围涂开发近期种植业和水产养殖为主。

为了保护人民生命财产安全，确保工程顺利进行和建成后的科学管理，拟成立"台州市椒江区十一塘围垦工程建设指挥部"，负责本工程建设期管理工作。工程建成后，拟成立"台州市椒江区十一塘围垦开发有限公司"，对本工程实行统一开发与管理；根据经验、管理的需要，下设若干子公司，包括海涂租赁公司、水产养殖开发公司、综合经营公司及工程运行管理所等。并在工程建成后全面负责工程范围内的堤塘、水闸、河道、桥梁及配套设施的安全运行及建筑物的维修养护，向工程受益区内单位或个人征收核批的工程维护管理费等工作。

8.7.1.2 管理人员

根据《堤防工程管理设计规范》（SL 171）和《水利工程管理单位编制定员试行标准》（SLJ 705）的有关规定，管理机构应以精简高效为原则，合理设置职能机构或管理岗位，尽量减少机构层次和非生产人员。根据工程等别及规模，公司人员编制拟为 50 人，其中工程运行管理所的人员编制拟为 20 人，工程技术人员不少于 10 人，堤防工程沿线每 1km 应配一名群众护堤员，担负经常性的维修养护和护堤任务。

8.7.2 管理设施

根据《浙江省海塘建设管理条例》及《水闸工程管理设计规范》（SL 170）并结合本工程实际情况和管理运行上的要求，确定工程管理、保护范围及主要管理设施。

8.7.2.1 工程管理和保护范围

围堤：管理范围为迎潮面堤脚外 70m、背水坡坡脚外 30m

之间区域，保护范围为背水坡管理范围外 20m。

水闸：管理范围为水闸边墩翼墙两端各 70m、上下游各 200m 之间区域，保护范围为管理范围外 20m。

工程管理和保护范围须上报水行政主管部门批准同意，并在实地埋设堤桩标界。管理范围内，禁止进行爆破、打井挖塘、采石取土、挖坑开沟、建坟建窑、建房、倾倒垃圾、废土等；禁止翻挖塘脚镇压层抛石和消浪防冲设施、毁坏护塘生物及其他危害海塘安全的活动。保护范围内，禁止进行爆破、打井挖塘、采石取土、建坟建窑、建房及其他危害海塘安全的活动。堤外非码头处未经许可不允许停泊船只。

8.7.2.2 工程管理设施

（1）生产、生活设施。根据工程规模及《堤防工程管理设计规范》（SL 171），公司拟建办公用房为 500m²，辅助用房 100m²，器材仓库及汽车库 300m²，文化、福利等辅助用房 200m²，职工生活用房 900m²。公司生产及生活用房周围设置绿化带，使其具有舒适、安静和美观的环境。

（2）交通设施。工程管理交通系统包括对外交通和对内交通两部分，对外交通应充分利用原有的交通道路和施工道路，合理进行线路调整或改建和扩建，以保证对处交通畅通。对内交通应利用堤顶或背水坡顺堤戗台作为交通干道，以满足各管理点之间的交通联系。公司配置面包车 1 辆、工具车 1 辆、小汽车 1 辆、载重汽车 1 辆、机动船 1 艘、汽艇 1 艘。

（3）通信设施。围垦管理单位应建立为堤防、水闸等工程的维修管理、抗洪抢险、控制调度服务的专用通信网络，与市、区防汛指挥部之间有专用通信线路，建有完善的防汛抗台自动报汛系统，本工程可采取与邮电通信网相连的通信方式。通信设备包括计算机监控系统 1 套、固定和移动通信设施及录音电话、传真机若干、计算机若干、局域网及互联网各 1 套等通信设备。

（4）生产、生活供水、供电设施。供水、供电设施以利用工程建设的设施为主，不能满足管理需要的，就近向供水、供电部门提出申请解决。

（5）观测设备。为确保工程安全运行，必须加强对工程的观测，主要是对海堤、水闸进行水平、垂直位移的观测，镇压层护面结构稳定性观测，堤外滩涂冲淤变化观测，水位、波浪爬高观测等。观测设备主要有经纬仪、水准仪、平板仪、红外线测深仪、红外线测距仪、流速测量仪、自计水位计等仪器，此外还有望远镜、摄像机、照相机、标尺、标杆等常规用品，另配备计算机、打印机、复印机数台。

8.7.3　工程维护管理运用

根据《中华人民共和国水法》、《中华人民共和国河道管理条例》和其他有关法律、法规以及《堤防工程管理设计规范》（SL 171），并结合当地实际对本工程实施依法管理。

8.7.3.1　工程运行管理

工程管理应制定各项规章制度，以实施规范化、现代化管理，保证工程安全和正常运用，充分发挥工程效益。

围垦工程的堤闸等主要建筑物采取专职人员和兼职人员分段管理、分工负责的方法，统一制定护堤护闸公约、管理工作制度、维修养护制度，制定检查观测项目和监测技术要求等。管理单元的划分，由堤闸管理部门根据实际情况进行划分。

（1）工程检查。工程检查分经常检查、定期检查、临时检查。经常检查一般可每月一次，大潮期间或遇有大风浪、暴雨的前后应随时检查。每年的汛前、汛后应分别进行定期检查。台风、暴雨等灾害性天气来临前和过境后，应进行临时检查。检查内容包括堤身有无坍塌、渗漏、裂缝和滑坡等现象；砌石体有无变形松动；护面人工块体有无滚落、位移；堤脚有无发生淘刷；堤身与水闸结合部位是否完好；堤身闭气土方有无流土、管涌等现象；以及其他各种危及工程安全的预兆。

（2）工程观测。通过观测手段，主要了解堤防工程及附属建筑物的运用和安全状况，并验证工程设计的正确性与合理性。为此对围堤及水闸需设置相应的观测系统，由专职人员进行工程观测和资料整理。工程观测包括定期观测和不定期观测两种方法：定期观测根据工程使用情况确定；不定期观测在汛前、汛后及根据需要确定。

堤身沉降、裂缝观测：施工期原位观测工作完成后，在运行期应有专职人员进行，水平、垂直位移的定期观测，并检查灌砌块石、混凝土路面等结构的裂缝开展情况。

岸滩演变观测：为掌握堤外一定范围滩涂淤涨或冲刷的变化情况，可对堤外滩涂高程进行定期观测和不定期观测，掌握淤涨、冲刷变化规律。一般每年进行二次，以5月及11月两个月为宜。台风大潮过后也应对涂面高程进行观测

水位观测：可于沿堤线水闸的翼墙设置水尺，观测水位，包括高潮及低潮。

波浪爬高观测：在堤坡上设立水尺及浮桶，进行波浪爬高目测。遇大潮汛时，应进行摄像，以取得波浪爬高及越浪的影像资料。

水闸：应严密观测水闸运行情况，定期进行水平、垂直位移及裂缝观测。排涝期间进行流量、流速观测，严格控制水闸开启度及下泄流量，汛后应及时了解水闸下游冲刷情况。

此外还包括外海及围区水质检测及外海赤潮检测。工程观测记录、图像资料、异常情况处理记录、值班检查记录按工程档案管理要求妥善保管存档，需上报的应及时上报。

（3）工程维护。检查及观测中发现的堤身局部坍塌、洞穴、雨淋沟、砌石体有变形松动、护面块石及人工块体有滚动及搬运、堤脚发生淘刷等异常情况均应及时报告，并组织检查修补。遭遇台风暴潮破坏后，及时抢险。

8.7.3.2　工程防汛防台管理

防汛防台安全度汛调度，由塘闸管理部门根据工程区周边条件和水文气象预报情况，每年汛前制定渡汛计划及修订工程抗台抢险预案，报上级主管部门批准后实施，汛期根据实际发生情况进行调整，并接受防汛部门统一指挥。汛期防汛工作主要如下：

①指定专人加强值班制度。②做好水闸启闭机、机电系统维护保养，确保闸门启闭自如。③加强对堤闸巡查制度，发现有损部位要及时加固，不留隐患。④储备抢险防台物质。

8.7.4 工程管理费

　　工程管理费用包含公司人员工资、堤闸维护管理费用、工程观测、通信、交通设备、运行费以及生活、文化设施运行费等。经测算，年运行管理费 1054 万元。管理费应以自收自支为主，国家定额辅助为辅，充分发挥围涂的水土资源优势，发展综合经营，提高经营效益，增加职工收入，稳定管理队伍。上述费用以及工程维护费等，除国家专项事业经费补贴外，应依法向保护范围内所有受益单位和个人实行社会统筹，建立保护基金，按时提交管理机构实行专款专用。

9 环境影响评价和水土保持

9.1 概述

 滩涂治理和围垦工程应进行环境影响评价和水土保持方案编制工作。环境影响评价和水土保持方案编制除应遵守本规范外，还应遵守有关环境影响评价和水土保持方案编制的国家标准和行业标准以及该建设项目的行业标准。

9.2 环境影响评价

 环境影响评价工作应包括工程施工期和运行期两个阶段，着重分析工程对环境的作用因素与影响源、影响方式与范围、污染物源强和排放量、对生态环境的影响程度等。工程施工期主要分析施工场地布置、料场、渣场、交通运输、机械设备运行、施工营地及人员活动、占地范围、土地利用方式改变、生物量变化、拆迁安置方式、专项设施及城镇和工矿企业改建迁建等环境影响方式和范围，并提出对策措施。工程运行期主要分析以下内容：河口地区的围垦工程应分析工程兴建后河口水位和水沙规律变化情况，对入海河流的泄洪排涝以及沿河港口、码头、航道等建设的影响，并提出消除不利影响的措施和对策。对围垦工程附近的岸滩及自然资源应进行调查，并论证工程兴建后有关岸滩的变化趋势和对鱼类洄游和贝藻类等生物资源的影响；针对不利影响提出相应的防治措施。应论证围垦工程对邻近地区自然景观、旅游资源、港口资源、防洪、排涝、灌溉、供水工程和生产设施以及其他有关环境的影响，并提出保护措施和建议。

9.3　水土保持

水土保持方案编制分为可行性研究、初步设计、施工图设计三个阶段。新建、扩建项目的水土保持方案，其内容和深度应与主体工程所处阶段要求相适应；已建、在建项目需直接编制达到初步设计或施工图设计阶段深度要求的水土保持设计。

编制水土保持方案，应认真进行调查研究，查清水土流失的现状，预测由于开发建设活动而造成的新增的水土流失，提出相应的防治措施及布局，确定水土保持的主要技术经济指标，编制不同阶段的水土保持方案报告书。

滩涂治理和围垦工程的水土流失防治责任范围一般应包括项目建设区和直接影响区，项目建设区是指开发建设单位的征地、租地和土地管辖范围，直接影响区是指建设区以外由于开发建设活动而造成的水土流失及其直接危害的范围。

防治责任范围内的水土流失应因地制宜地采取拦渣、护坡、土地整治、防洪、截排水、防治泥石流及崩塌、滑坡等工程措施和防护林带、绿化等植物措施，使新增水土流失得到有效控制，原有的水土流失得到基本治理，工程安全得到保障，生态环境明显改善。

随着工业化、城市化的推进，大量土地成了建设用地，或建设公共设施，或建设工业园区，或用于城区的规模扩大，或用于国防建设，或用于港口及港区建设或用于商住房开发。我国拥有丰富的滩涂资源，滩涂围垦造地一直是我国沿湖、沿海地区切实增加土地面积，进而拓展经济发展空间的重要措施。然而围垦工程建设必然会给周围的环境带来一定的影响，特别是在建设期，如不采取必要的保护措施，势必产生水土流失，因此在项目施工之前和施工过程中，编制并实施水土保持方案尤为重要。

9.3.1　围垦工程特点

（1）土石方量大。围垦筑堤需要大量的土石方量填筑，大量填筑石料取自自采石料场，大量闭气土填筑料取自土料场，从而造成土石料场大量开挖。

（2）占地范围与扰动范围相差较大。围垦工程占地中围区面积所占比例最大，但围区中仅有很小一部分作为闭气土来源的土料场扰动外，其余绝大部分地块均未被扰动。如三门县洋市涂围垦工程，占地范围为 440hm²，而扰动面积仅 96hm²。

（3）土壤侵蚀强度大。由于围垦工程地理位置的特殊性，堤坝又是直接在滩涂上建造，建设过程遭受到潮流、风浪、降雨的多重袭击，加剧了水土流失。

9.3.2　水土流失防治责任范围确定

根据《开发建设项目水土保持技术规范 》（GB 50433），结合围垦工程建设水土保持特性，水土流失防治责任范围包括以下三个方面。

（1）工程永久征地范围。工程永久征地范围主要为围区、围堤、堵坝、水闸、管理区占地。其中土料场布置于围区内侧滩涂，作为围堤、堵坝所需闭气土土源。

（2）工程临时占地范围。工程临时占地范围包括石料场、施工临时道路、施工临时码头、施工场地、中转料场临时堆土场等占地。

（3）直接影响区。直接影响区指在工程建设过程中可能对建设区以外造成水土流失危害的地域，包括围堤、堵坝、水闸外侧 20m 影响范围，石料场周边 5m 影响范围施工临时道路、施工临时码头、施工场地、堆土场周边 5m 影响范围。

9.3.3　水土流失因素及其危害

9.3.3.1　水土流失因素

工程建设过程中可能造成水土流失的环节，主要表现在以下几个方面：

（1）堤坝基础填筑、水闸基础开挖、石料场山体开采、土料场闭气土开挖、施工临时设施区场平、占用等施工活动，扰动原地貌、改变地表土壤结构和损坏地表植被，形成裸露面和较陡边坡，使原地表的水土保持功能降低或丧失，土壤侵蚀强度较建设前明显增加。

（2）工程建设中转料、剥离表层土及其临时堆场，堆放过程中，受降雨和地面径流冲刷，易产生水土流失。

（3）工程自然恢复期，大规模施工活动已基本停止，水土保持措施基本实施，使水土流失得到一定程度的控制，但植物措施完全发挥作用尚需一定时间，植被恢复期的土壤侵蚀强度仍将高于工程建设前的土壤侵蚀强度。

9.3.3.2 水土流失危害

（1）石料场开采过程中和开采完毕后，若不对开挖面进行适当防护，恢复植被，有可能引发崩塌及造成山体滑坡，从而危及人民生命财产安全。

（2）施工期大量的土石方开挖、填筑等施工，短时间内将导致项目区附近的水土流失量大幅度增加，围堤、堵坝、水闸、石料场等处的土石方随地表径流流入周边水域，将使围堤内侧促淤区和外侧水域浑浊度上升，水质下降。

（3）工程施工期间，由于工程扰动原地貌的面积较大，填筑面、开挖面较多，水闸、石料场等的植被将遭到破坏，海堤、堵坝部分裸露边坡坡面，如不及时进行防护、绿化等措施，在遇到降雨、地表径流等情况下，将可能造成比较严重的水土流失，对当地的自然景观和周边的生态环境会造成破坏，产生不利影响。

9.3.4 水土流失防治分区及防治措施设计

9.3.4.1 水土流失防治分区

根据项目建设区及直接影响区的地貌类型、结合工程建设时序、工程布局和可能造成的水土流失特点，方案水土流失防治分区分为三个区。

主体工程防治区：包括围区（不含土料场）、海堤、堵坝、水闸、管理区及海堤、堵坝、水闸外侧 20m 影响范围。料场防治区：包括石料场、土料场及石料场周边 5m 影响范围。施工临时设施防治区：包括施工临时道路、施工临时码头、施工场地、中转堆场、堆土场及其周边 5m 影响范围。

9.3.4.2 水土流失防治措施设计

（1）主体工程设计中的水土保持措施。在主体工程设计中，对石料场、水闸施工形成的开挖边坡进行削坡开级，确保边坡稳定，保证工程安全。在堤坝内坡植草绿化，坡面布设排水系统，既防止坡面的水土流失，又可起到绿化美化的作用。

（2）主体工程防治区水土流失防治措施。主体工程防治区重点防治部位为水闸。水闸建在基岩上，施工需开挖两岸山体，形成边坡，在主体工程考虑削坡开级保持边坡稳定基础上，对水闸边坡坡面采取生态护坡，在坡顶设置截水沟排导边坡上方山体来水。

（3）料场防治区治理措施。围垦工程中的堤坝是直接建造在滩涂上的土石坝，一般在外海侧抛填石方挡潮，在内坡侧填筑闭气土方防渗。闭气土方直接取自海堤附近含水量相对较低的浅层淤泥，通常位于围区内侧。对土料场取土加强施工管理为保证堤基稳定，确保工程安全，取土位置要求在堤脚 100m 外，按需取土。抛填石方取自工程区附近石料场。石料场施工期底部及边坡坡顶布设截排水系统进行临时防护，后期进行土地整治和植被恢复。

（4）施工临时设施防治区水土流失防治措施。根据工程施工和材料运输需要，修建施工临时道路和临时码头。对临时道路开挖和填筑形成的边坡进行植物护坡，施工临时码头迎潮面和两侧采用袋装碎石防护。后期保留，为当地生产生活所用。

施工场地包括工程辅助企业、临时办公、生活设施和仓库等。中转堆场临时堆放开采的石料和加工的碎石。

临时堆土场用于临时堆置工程占地范围内前期剥离的表层耕

植土，为后期绿化覆土提供土料来源。其占地性质以临时占地为主，布置于地势较平坦地块。水土流失防治重点在施工期，采取的措施以填土草包和矮挡墙为主，并做好适当的排水系统，后期进行土地整治，恢复原有土地性质。

9.4 生态围垦

生态围垦是缓解当前滩涂围垦造地与生态环境保护之间矛盾的新思路、新实践。浙江省在规划、实施、开发三个阶段的做法和措施，是对生态围垦的有益探索。加强规划管理和前期论证，深化生态围垦工程技术的研究，并开展围垦工程后评价，是进一步推行开展生态围垦的重要工作。

9.4.1 "生态围垦"的含义

近年来，我国水利界的专家学者正在探索与研究生态水工学，并建立了理论框架。生态围垦，从一般意义上讲应属于生态工程，同时也应是生态水工学研究的范畴。虽然生态围垦的提出，直接来自沿海地区经济社会发展的现实需要和围垦工程的实际需求，却反映了当前生态理念与工程相结合的趋势生态围垦作为一个新的理念。目前对生态围垦尚无严格定义，有专家把它解释为"在滩涂围垦活动中，坚持生态优先理念，依照生态工程学与生态经济学的基本原理，科学合理地围垦开发利用滩涂独特的有限资源，保持其再生和恢复能力，保证资源开发与环境保护的协调与统一，使之长久造福于民"。

笔者认为，生态围垦有两个方面的含义：第一，生态围垦是一种理念，是一种把生态理念融入围垦活动形成的新理念，它强调在围垦活动中对生态环境的保护，强调滩涂资源的可持续利用，强调人与滩涂和谐相处。在这个意义上，工程围垦向生态围垦的转变是理念的转变。第二，生态围垦是一种实践活动，是生态理念指导下的科学合理的围垦活动，它涉及围垦工程的规划前期、工程实施、围区开发三个层面的生态环境保护。在这个意义上生态围垦既要通过围垦工程获取紧缺的土地资源，又要尽可能降低围垦工程对生态环境的负面影响将其控制在可以承受的限度内，并使滩涂资源保持其再生能力，可持续利用。

9.4.2 "生态围垦"的意义

"生态围垦"是科学发展观在围垦领域的实践，科学发展观追求的是可持续发展，这就要求坚持滩涂资源的开发利用和节约保护并重。近几年沿海地区滩涂的自然淤涨速率在减缓，而滩涂围垦的力度在加大，给滩涂资源的自然平衡带来一定影响。在推进滩涂围垦过程中，要充分考虑滩涂资源的环境承载能力，采取有效措施，遏制无序开发保持围淤平衡，不断强化生态理念，实施"生态围垦"，促进人涂和谐，努力实现围垦发展和生态环境保护双赢，以滩涂资源的可持续利用，促进经济社会的可持续发展。

"生态围垦"是滩涂资源保护与利用的统一。滩涂资源作为一种土地后备资源，具有较强的造陆功能和一定的再生能力；同时，滩涂资源作为一种环境资源，具有独特的自然景观和生态环境，在土地资源紧缺而滩涂资源丰富的沿海地区，围垦造地是扩展生存空间的有效途径。然而，滩涂资源虽然丰富，却是有限的，虽然具有再生功能，却是相当缓慢的。对滩涂的无序开发不仅会破坏滩涂生态环境，也不利于滩涂资源的再生。因此，对滩涂资源既要开发利用又必须加以保护。生态围垦无论是作为一种理念，还是作为一种实践活动，都体现了对滩涂资源的开发利用和保护的统一。

"生态围垦"是围垦事业的新发展。我国开发利用滩涂资源可大致分为三个过程：①历代以来以解决生存为主要目标但效率低下的原始围垦；②新中国成立后以抗御自然灾害保障经济社会发展为主要目标，以不断进步的施工技术为支撑的传统围垦即工程围垦；③强调对生态环境的保护、强调滩涂资源科学开发利用，实现围涂与经济、社会、环境持续协调发展的生态围垦。

因此，当前实施的生态围垦，是合理开发利用滩涂资源的新阶段，是我国围垦事业的新发展。

9.4.3 进一步开展生态围垦的重要性

加强规划管理与前期论证。加强围垦规划管理和围垦项目的前期论证是生态围垦取得成效的关键。《滩涂围垦总体规划》是编制区域滩涂围垦规划、开发利用滩涂资源的基本依据。规划方案不得随意变更，规划禁止围垦的保护区、规划保护的湿地、规划确定的围区开发利用方向及主导功能应得到切实执行。围垦项目的立项要充分论证，并重点论证项目对生态环境的影响，提出减轻影响的措施。

深化生态围垦工程技术研究。软土地基处理是围堤的主要技术难题，对围堤的稳定安全性至关重要，其建设费用占总造价的比例也较高。在淤泥及淤泥质粘土软土地基上修建围堤，在1973年以前通常采用抛石、自然挤淤和镇压层法；1973年开始采用砂垫层与镇压层法相结合处理软土地基；1983年后，加筋土工合成材料在软基上应用；1993年在舟山东港一期围垦工程中，首次引进PVC塑料排水板与镇压层相结合的地基处理成果，并获得成功；2002年爆炸置换法处理软土地基在浙江省洞头县北岙后二期工程西堤应用成功。目前软土地基处理主要采用PVC塑料排水板与爆炸置换法两种。这两种方法互有利弊，在工程中需进行方案比较后择优。此外，面对我国滩涂资源从高滩、中滩向低滩发展的实际情况，还需研究开发或引进新的地基处理方法，同时对已有的地基处理方法要作进一步的优化、改进和创新。

围垦围堤软基处理新技术、新材料、新工艺的开发和应用研究不但不能滞后于国民经济发展的步伐，而且要有超前意识，及时对有可能适用于滩涂围垦的新材料、新技术、新工艺，都要积极引进，进行试验应用研究，如塑料排水板、预应力混凝土方桩、预制混凝土水力插板、PHC管桩、混凝土灌注桩、混凝土薄壁筒桩软基处理技术等，在研究其适用范围和应用条件的基础上，开展可行性研究，进而在实际工程中进行应用试验研究。在促淤保湿的研究方面，今后要在总结已有的促淤工程建设、淤积规律的基础上，研究促淤工程布置和结构形式等对促淤的定量效果，为今后的促淤工程建设提供技术上的支持。

开展围垦工程后评价工作。项目后评价是现代投资建设项目管理工作的一项重要内容，是项目建设程序的最后一个阶段。围垦工程后评价主要是对已建成围垦项目的建设实施和围区开发运营实际情况，环境和社会影响，以及外部情况变化等，进行分析、评价，找出问题，分析原因，总结经验教训，提出对策及建议，为加强经营管理，提高围垦项目的经济、社会和环境的整体综合效益，为水利围垦行业部门以及政府经济管理部门提供决策依据。

新中国成立以来，我国围垦成绩斐然，但在围垦工程项目管理上还存在不少问题，如局部地方围垦造地过热、过快，忽视生态环境等。通过后评价可以评价已建围垦工程实际产生的效果，从中吸取经验教训，以提高今后围垦工程项目的管理水平和综合效益。后评价一般在项目竣工交付使用 1～3 年后进行评价，以便总结经验教训，并帮助项目法人促进项目的进一步完善和发展。在进行围垦工程项目后评价时，应综合评价围垦工程项目的经济效益、社会效益和生态效益，在我国目前应着重强调生态效益的后评价传统的围垦工程往往重视社会效益和经济效益，对生态效益研究得不够深入，容易忽视"生态围垦"，要求把生态效益与经济效益和社会效益并重，绝不能以牺牲生态环境为代价而盲目追求一时的经济效益。

9.5　工程案例—临海市北洋涂围垦工程环境影响评价

9.5.1　工程概况

（1）工程名称：临海市北洋涂围垦工程。

（2）项目性质：新建项目。

（3）项目地址：浙江省临海市上盘镇。

（4）项目规模：北洋涂围垦工程的面积为 3.27 万亩（21.8km²），围堤堤线总长 7.14km，分为北洋堤和白沙堤，北洋堤北起下山头至麂晴山，长度为 6.74km，涂面高程 $-0.7\sim-1.4$m，白沙堤位于麂晴山与白沙岛之间，长度为 400m，涂面高程 $0.6\sim1.2$m。根据围区规划，共布设 2 座水闸，分别为短株纳排闸和麂晴排水闸。其中短株纳排闸布置在北洋堤北堤头下山头山咀处，麂晴排水闸位于北洋堤南堤头麂晴山中部，两座水闸的基础为岩基，规模分别为 5 孔×4.0m，7 孔×4.0m，闸底槛高程为 -1.00m。

（5）建设计划及工程投资：工程施工期 4 年，总投资 63128 万元。

（6）围区规划：近期规划——农业用地 0.66 万亩；建设用地 1.7 万亩；海水养殖区 0.7 万亩；其他用地 0.21 万亩。远期规划——农业用地 0.66 万亩；河道及滞洪水面面积 0.39 万亩；临港工业区建设用地 2.22 万亩。

（7）占地、拆迁：工程永久占地范围内的石料场面积共计 54.20hm²（根据可研报告中的内容，本工程开采石料场占地面积共 17.33hm²，其中下山头料场 8.67hm²、麂晴山料场 8.33hm² 和下崛山料场 0.33hm²，围区区域建设用石料场占地面积共 36.87hm²，其中下山头料场 11.67hm²、麂晴山料场 3.47hm² 和下崛山料场 22.73hm²）。施工临时道路约 5.54hm² 位于工程永久占地范围内，不另计。下崛山料场迁移白沙村 59 户 205 人，拆迁房屋 5960m²。施工道路建设需迁移短株村 4 户 16 人，拆迁房屋 300m²。

9.5.2 环境质量现状

（1）环境空气。工程所在地 SO_2、NO_2 和 TSP 的含量都在二类标准限值范围内，工程区附近的环境空气能满足《环境空气质量标准》（GB 3095）中的二级标准的要求，拟建项目区空气扩散条件好，环境空气质量状态保持较好，并且有较大的环境容量。

（2）声环境。工程区域为农村区域，声环境评价参照执行《城市区域环境噪声标准》（GB 3096）中的一类标准。根据现场监测结果，下山头料场和白沙山由于有铲车的施工所以昼间和夜间都超过了一类标准限值，另外，短株村和白沙村的噪声本底值基本上符合一类标准要求。

（3）海域水质。工程海域为一类海域，评价海域水质指标中pH 值、水温、悬浮物、六价铬、Pb、Cd、Hg、Cu 和 Zn 五种重金属的含量水平都在一类标准临界范围内。其他所监测指标都超过了《海水水质标准》（GB 3094）一类标准。海域水质营养盐含量偏高。

（4）海域沉积物。评价海域沉积物中重金属指标的含量都能够满足《海洋沉积物质量》（GB 18668）的一类沉积物标准。

（5）海域生态。

1）浮游植物。共有浮游植物 6 门 46 属 99 种。其中，硅藻31 属 76 种（占 76.8%）；甲藻 11 属 19 种（占 19.2%）；蓝藻、裸藻、金藻和黄藻各 1 属 1 种（占 4.0%）。大潮汛期间，浮游植物细胞丰度在 $0.8 \times 10^3 \sim 101.6 \times 10^3$ 个/dm^3，平均细胞丰度为 12.16×10^3 个/dm^3；小潮汛期间，浮游植物细胞丰度在 $0.4 \times 10^3 \sim 141 \times 10^3$ 个/dm^3 之间，平均细胞丰度为 9.56×10^3 个/dm^3。小潮汛期间平均浮游植物细胞丰度低于大潮汛期间的丰度。大潮汛期间多样性指数在 $0.409 \sim 2.993$ 之间，平均值为1.827。小潮汛期间多样性指数在 $0.448 \sim 2.520$ 之间，平均值为 1.526。

2）浮游动物。共采获浮游动物 11 大类 47 种。桡足类种数最多，有 24 种，占 51.1%；水螅水母类有 5 种，占 10.6%；糠虾有 2 种，占 4.3%；毛颚动物有 3 种，占 6.4%；浮游幼虫（包括仔鱼）有 7 种，占 14.9%。大潮汛浮游动物生物量平均值为 90.80mg/m^3，小潮汛生物量平均值为 56.22mg/m^3；大潮汛浮游动物丰度平均值为 406.68ind/m^3，小潮汛丰度平均值

$139.19 ind/m^3$。大潮汛时调查海区浮游动物多样性指数平均值为 1.47，变化范围较大：$0.28 \sim 2.27$，均匀度指数变化范围为 $0.35 \sim 0.8$，均匀度的平均值为 0.48；小潮汛时多样性指数平均值为 1.56，变化范围 $0 \sim 2.55$，均匀度的平均值为 0.65，变化范围为 $0.25 \sim 1$。

大潮汛期间，鱼卵丰度平均值为 0.35 个$/m^3$，仔鱼丰度平均值为 0.18 个$/m^3$；小潮汛期间，鱼卵丰度平均值为 1.66 个$/m^3$，仔鱼丰度平均值为 0.29 个$/m^3$。

3）底栖生物。共鉴定出底栖生物 41 种。其中多毛类 18 种、软体动物 13 种、甲壳类 4 种、棘皮动物 5 种、其他类 1 种。底栖生物的生物量含量范围为 $140.00 \sim 240.00 \ g/m^2$，平均为 $190.00 g/m^2$；栖息密度范围为 $20 \sim 80$ 个$/m^2$，平均为 50 个$/m^2$。

4）潮间带生物。潮间带调查共鉴定出潮间带生物 27 种，以软体类和甲壳类为主，分别为 12 种和 11 种，占总种类数的 85.1%；多毛类和鱼类各 2 种，占总种数的 14.9%。断面 T1 和断面 T2 高中低潮区均以甲壳类和软体为主。主要优势种有光滑河蓝蛤（Polamocorbula rubromuscula）、彩虹明樱蛤（Moerella iridescens）、绯似沼螺（Assiminea latericera）等。调查区平均生物量为 $63.2 \ g/m^2$，评均栖息密度为 254 个$/m^2$。

（6）渔业资源及渔业生产。工程所在的围区北洋涂现有滩涂养殖面积约 15561.8 亩，其中高、中潮区低坝筑塘养殖用海面积 11343 亩，中低潮区滩涂贝藻类养殖用海面积 4218.8 亩；养殖品种有青蟹、白虾、花蚶、蛏子、文蛤、青蛤、泥螺和紫菜等；养殖总人数约 210 人；养殖年总产量 2900t、年总产值约 7000 万元。

（7）地表水环境。根据本次环评地表水环境监测结果和收集的常规监测结果表明，除了总磷或总氮、石油类指标超过《地表水环境质量标准》（GB 3838）三类标准外，其余都在三类标准范围内。

9.5.3 工程分析及污染源强

工程建成后，近期规划 0.66 万亩开发为耕地种植土地，1.7 万亩作为建设用地，0.70 万亩为水产养殖，其他用地为 0.21 万亩。种植和养殖时的化肥、饲饵等将会随着地表径流、灌溉排水和涨落潮换水等途径进入周围的海域，从而影响海水水质，且有可能影响邻近海域的生态环境。

本工程近期规划作为耕地因为施用化肥造成的氮（N）的流失量为 $2.55 \times 10^4 \text{kg/a}$；磷（P）的流失量为 $0.168 \times 10^4 \text{kg/a}$。养殖区氮的流失量为 $5.64 \times 10^4 \text{kg/a}$，磷的流失量为 $1.57 \times 10^3 \text{kg/a}$。根据类比调查，海水养殖置换水中进、出水质 COD_{Mn} 含量增值约 0.23mg/L，本工程最大养殖废水排放量，养殖区 COD_{Mn} 的排放量为 $1.13 \times 10^3 \text{kg/a}$。根据规划，北洋涂近期鼓励投资的产业是汽车、摩托车及配件、电子产品、设备制造、机械、模具、铸造等，属于轻污染行业。以及根据临海市政府协调后提供的有关承诺，北洋涂工程建成后近期的工业建设产生的废水及生活污水将通过建设配套污水管网纳入工程区以南的浙江省化学原料药基地污水处理厂内统一处理后排放。

9.5.4 环境影响评价结论

9.5.4.1 施工期

（1）施工道路及其两侧农居敏感点分布。本工程为滩涂围垦工程，具有围区面积大、施工周期长、土石方需求量大的特点，由于工程在海边施工，目前工程区域为农村、沿海滩地区域，施工区内部交通不便，因此根据可研，拟在工程区内进行场内施工道路建设，以沟通各石料场和施工工作面。

根据工程施工布置及石料场位置，总计需新建约施工道路 8km（路面宽 6.5m），并需拓宽施工道路 2km，以沟通料场至各施工点、辅助企业区等交通运输，施工道路共计两条（此外，围堤工程中的隔堤在施工过程中也考虑作为施工道路使用），两条施工道路分别为：①拓宽枫林海塘后方现有短株村道路，至丰林岗起新建至下山头料场的道路一条。②拓宽部分白沙村现有道路，并新建至下崛山、麂晴山的施工道路一条。

工程施工道路两侧现状民居分布较多，目前施工道路建设征地按道路两侧 3m 控制，因此，道路两侧 3m 范围内涉及的农居均将拆迁。拆迁控制线外道路两侧的民居两侧分布见表 9.5 - 1。

表 9.5 - 1　　　　　施工道路两侧民居分布情况

序号	施工道路名称	道路涉及的村庄	道路两侧 50m 内的户数（户）	最近农居离路的距离（m）
1	至麂晴山道路	白沙村	8	5
2	至下山头道路	短株村	6	5

（2）料场附近农居敏感点及其选址合理性分析。

1）料场附近的农居敏感点。工程规划设置三个料场，分别位于下山头、麂晴山及下崛山。

料场均位于海涂边，附近的民居敏感点情况见表 9.5 - 2。

表 9.5 - 2　　　　料场附近的民居敏感点情况表

序号	料场名称	距周边最近农居的距离（m）	最近农居所属的村庄
1	1 号下山头	850	短株村
2	麂晴山	1000	白沙村
3	下崛山	200	白沙村

2）料场选址合理性分析。见表 9.5 - 3。

表 9.5 - 3　　　　　　料场选址合理性分析

项目	1 号下山头料场	2 号麂晴山料场	3 号下崛山料场	合理性分析
位置	北洋堤北端	北洋堤南端	北洋堤南侧	距离工程较近
储量（m³）	600 万	200 万	400 万	储量充足
现状开采情况	现为自然山体	现为自然山体	目前正在开采	下崛山现已在开采

项目	1号下 山头料场	2号 麂晴山料场	3号 下崛山料场	合理性分析
运距 （km）	通过北侧临时 码头船运很近	通过南侧临时 码头船运很近	较近	交通运输较方便
运输道路 情况	新建3km道路 可达	新建3km道路 可达	新建2km道路 可达	
周边居民 点情况	最近农居 850m较远	最近农居 1000m较远	最近农居 200m，较近	存在开山爆破 作业外噪声影响
林地植被	马尾松为主，不涉及珍稀植物			对森林 生态影响小
视觉景观	位于滩涂海边，距离上盘镇约 3.5km			存在一定的 开挖视觉影响

根据实地调查，下山头、麂晴山、下崛山距离本工程围区较近，石料存量充足，总体而言具有距离工程近、运输方便、储量充足等优点，从工程的角度而言均可行。

从环保的角度而言，下山头、麂晴山两个料场距离民居较远（大于800m），石料开采过程中机械噪声、爆破噪声、视觉景观影响相对下崛山影响小，而下崛山料场现状已在开采中，本次工程规划从下崛山取料2万 m^2，开采量不大，周边200m虽有民居存在，采石作业噪声会对居民带来一定影响但总体而言影响时间较短，范围有限，总体而言也属合理。另外考虑下山头、麂晴山料场存量已经满足本工程建设的需要，建议工程尽量从下山头、麂晴山两个两场调用规划从下崛山开采石料，将下崛山料场作为工程的备料场使用。

（3）大气。实施每天洒水4～5次抑尘，可有效地控制施工扬尘，将TSP污染距离缩小至20～50m范围内。因此，对施工期产生的扬尘，必须在大风干燥天气实施洒水进行抑尘，特别是白沙村、短株村施工道路必须采取采取洒水抑尘措施，洒水次数和洒水量可视具体情况而定。

（4）噪声。本工程无打桩作业，因此不采用打桩机。自卸汽车在距场界 50m，空压机在距场界 150m 外均可满足要求，根据工程平面布置，降卸车场地和空压机安排在靠海一侧，即可满足要求。

土石方开采爆破时产生的瞬间噪声影响范围较大，在距噪声源 400m 处，噪声仍有 77dB。由于下山头料场、麂晴山料场距离民居较远（大于 850m），因此，下山头料场、麂晴山料场爆破噪声基本上影响不大，且土石方开采爆破次数有限，且时间较短，属于瞬时影响。下崛山料场距离最近农居 200m，因此施工噪声（包括爆破噪声）对下崛山附近的几户居民生活有一定程度的影响，尤其是在采石过程中的噪声影响较严重。

工程两条施工道路分别途径白沙村和短株村，运输道路距离两边最近民居不到 10m，距汽车 15m 的噪声将达到 80dB。因此，施工道路运输噪声将对道路两侧 50m 范围内的居民产生影响，要求载重汽车经过村庄时应减速，并在夜间应禁止载重汽车行驶。

（5）水。施工期污水主要有施工产生的生活污水、施工船舶产生的含油污水、建筑施工时产生的废水。根据工程分析，本工程施工期生活污水排放量约为 145.35m³/d，主要污染物浓度 $COD_{Cr} = 400mg/L$，$BOD_5 = 200mg/L$，排放量 59.4kg/d、29.7kg/d。汽车、机械设备维修产生的冲洗废水中含有石油类及泥沙，对此类废水，如不加以收集处理将对局部海域水质产生影响，随着潮水的涨、落，油类向外漂移，影响范围更大。工程施工有部分船舶参与作业，机舱油污水如果不设油水分离装置并将油污收集处理而任意排放，将对海域水质造成不利影响。因此要求加强作业船只的管理，并强化维修保养，减少运输船只跑冒滴漏产生的油污。同时将船舶含油污水设置油水分离装置收集处理。混凝土工程量主要集中在各海堤的挡墙、路面以及水闸，在这个过程中产生的废水量少且分散，短历时会对局部海域水质产生一定的影响，但一天通过涨、落潮的稀释，预计对围区外海域水质影响不大。海上抛石筑堤，可使局部范围内的水体浑浊，造成周围部分鱼类的回避，并影响浮游植物的光合作用，同时被占滩地内的底细生物会有一定的损失，从而对周围海域生态环境产生不利影响。拟建项目所在海域为一类海域环境功能区，禁止一切污水排海。本评价要求施工和管理人员集中的居住区，生活污水要经有动力的污水处理装置处理（其中食堂污水应有隔油池进行预处理），达到《城市污水再生利用 城市杂用水水质标准》（GB 18920）的要求后回用。施工船舶产生的含油污水应经收集后委托有资质的单位处理；建筑施工污水经二次沉淀后重新回用于建筑施工中。这样，本项目施工时产生的污水经处理后基本不会对附近海域水质环境产生明显的影响。

(6) 固体废弃物。根据本工程土石方平衡计算，工程所需各类石料 344 万 m^3，各类土方为 254.9 万 m^3（其中围堤闭气土方约 169.41 万 m^3），填石料、块石料从料场开采，围堤闭气土方计划采用围区围堤外海侧离堤脚 100m 以外的海涂泥，围区内的取土可结合养殖塘和围区河道土方开挖等进行，工程无弃渣产生。施工区生活垃圾相对较少，日产垃圾约 1.145t，施工区生活垃圾必须集中收集，定期由环卫部门清运，严禁乱抛乱丢，污染环境。

(7) 生态环境。

1) 施工期对陆域生态、景观环境影响分析。施工期陆域生态环境影响主要表现为施工道路的修筑，土石方开采所造成的对附近采料场的植被破坏，此外临时施工场地、临时堆渣场地也造成一定的植被损失和水土流失。这些损失，都将影响区域的生态环境。

采石取土对当地环境的影响主要有以下几个方面，第一，由于采石取土后留下裸露的岩石以及对山体的破坏造成周边环境的不协调。第二，采石取土使植被破坏，造成水土流失等问题。此外，施工结束后的开挖面如果不及时恢复植被，则与周围自然环境极不协调，影响景观。为此，采石场开采应按水土保持方案有计划的开采，不留废弃的开采面，对开挖边坡的各级平台及坡面需采取措施防护。

2）施工期对海域生态环境影响分析。由于筑堤取泥和施工抛石对海域底质的扰动较大，使沉积物再悬浮，从而导致大量泥沙流失进入海域，使近区海水的悬浮物含量最大时超过 100mg/L。其中大颗粒的砂粒（粒径大于 0.063mm）将随海流运动沉积在附近海域，而粒径小于 0.063mm 的粉砂和泥粒会随海流飘散，影响的范围较大一些。不过这种影响是暂时的、局部的，施工结束后，上述影响也随即消失。

根据其他围塘工程施工期海域水质悬浮物含量的预测结果分析，围堤线顺涨、落潮方向各约 1.5km，宽约 0.5km 的范围内，悬浮物浓度的增量会超过一类海水水质标准（增量不大于 10mg/L）。在上述范围内海水中浮游植物光合作用会受到一定影响，从而降低水体的初级生产力。同时筑堤取泥和抛石会使堤线两侧和堤线上原有的底栖生物遭受破坏而损失，但对邻近水域生物多样性不会造成明显的影响。

（8）交通与航运。对交通航运的影响，主要表现在材料运输高峰期间，如果调度不当，因为车船数量剧增而造成堵车塞港（航道）。为此必须根据施工计划及进度，合理调度车船。

对道路的影响还可能出现在运输土、砂、石的汽车上。由于装载超重或振动颠簸，使砂土碎石撒落于地，一方面产生扬尘；另一方面损坏道路。因此要加强装车管理，如有撒落应及时派人清扫。

（9）料场爆破振动影响分析。采用延发爆破或微差爆破，距爆破中心 77m 以外的建（构）筑物受爆破冲击波影响较小，构不成危害；在 77m 以内的范围内，随着距爆破点越近，建（构）筑物受影响程度就越明显。

根据现场踏勘的结果，白沙山料场附近 59 户需拆迁，另下山头料场附近有 4 住户距离料场在 300m 以内，建议结合施工道路建设统一拆迁。

9.5.4.2 营运期

（1）对生态环境的影响。①对海洋生物的影响。围垦后将导致潮间带底栖生物的损失量为499t，损失生物个体数为4.27×10⁸个。围堤外侧海域属于潮间带沉积环境，随着围堤的建设，可使堤外滩涂淤积速度有所加快，而逐渐向潮间带沉积环境转变，使不适应营埋性的潮下带底栖生物发生迁移，但却可以使潮间带底栖生物逐渐得以恢复。根据陈才俊等人的研究成果，一般在围垦5～7年后，随着沉积作用的减弱，滩涂沉积趋于稳定，潮间带生物的种群结构、数量分加大体可以恢复到围垦前的水平。②对滩涂湿地植被及鸟类的影响。北洋滩涂围塘后，将使围区内原有的湿地逐步发生消退或演变。由于围区湿地和附近大面积的滩涂湿地一样属于光滩湿地类型，没有任何植被和特殊功能，因此，围塘基本对滩涂湿地植被影响不大。

根据浙江大学《浙江省滩涂围垦规划对湿地水鸟影响专题报告》，本围涂区域未被列入浙江沿海滩涂湿地的敏感区。在现场实地踏勘、向当地居民问询和历史资料调查的过程中，本围涂区域基本未出现大规模候鸟越冬栖息现象。由此本围涂区域不是敏感的湿地水鸟栖息场所，现状围区内水鸟较少，均以燕鸥、陆生的麻雀、白头翁、普通翠鸟等常见种为主。

本围涂工程建设对湿地生态的影响主要是：使湿地水鸟栖息地丧失与片段化。当滩涂进行围垦时，滩涂被一次性围在大堤以内，并切断了与外界的物质交换，围堤内的滩涂湿地生态系统迅速向陆生生态系统演替，将使水鸟既丧失高潮时的栖息地，又丧失低潮时的觅食和栖息场所。围堤封堵后滩涂景观格局将发生改变，底栖动物种类和生物量发生显著变化，植被类型也向陆生演替，而且随着人类建筑、种植、养殖活动的开展，最终仍将导致湿地水鸟栖息地的消失和退化。

影响湿地水鸟觅食。滩涂围垦不但直接使鸟类丧失了大量的适宜觅食地，而且使滩涂的露滩时间减少，间接造成水鸟对滩涂的可利用时间减少，特别是在冬季这个食物相对缺乏而且需要额外的能量来抵御严寒的季节，可以用来觅食时间的减少很可能意味着个体无法获得足够食物来补充能量而最终无法安然越冬。

影响湿地水鸟暂歇地。暂歇地是滩涂湿地水鸟的重要栖息条件。受潮汐的影响，涨潮时潮间带滩涂湿地被潮水淹没，此时许多湿地水鸟需要有不被潮水淹没且不受干扰的适宜暂时休息地。而滩涂被围垦后，原本用来躲避潮水的高滩带被围垦，使水鸟丧失了在高潮时的栖息场所。为了躲避潮水大部分水鸟不得不飞进围堤内的人工湿地，并忍受人类活动的直接干扰。如果围堤内无适宜栖息地，它们将飞离该区域。工程建成后，由于土地利用类型的改变，原滩涂自然生态系统将形成新的人工生态布局。种群的生存空间弃失，使得人工种群优势明显，从而使得整个湿地生态变得脆弱。因此，这必将使原有的湿地生态环境改变较大，滩涂生物多样性有一定损失，滩涂水鸟的各种栖息和觅食环境受到人类活动一定程度的干扰。但随着围区建设的进行，种植业区、养殖区和养殖区绿化带以及滨海人造林的建成，将形成新的人工生态系统，给湿地水鸟新造一定的生存空间。此外，浙江中部沿海还有台州湾、乐清湾等条件较好的鸟类栖息地可供鸟类栖息、生存。工程实施后，围区内养殖区 0.7 万亩的水面仍然可以作为人工湿地。再加上堤线外还将出现新的淤涨，形成堤外滩涂，可以恢复部分自然湿地。此外，工程设计中应注意道路两侧的植树绿化，以及树种的搭配，并进行围区四周防风林带的建设，则围区将形成新的人工生态系统，给湿地水鸟新造一定的生存空间，减少对湿地生态的影响。为了使水鸟重新获得较适宜的栖息与取食场所，海水养殖应尽可能接近自然状态，少投饵，保持自然生物链，使潮间带动物、生物多样性较为丰富，也有利于养殖业的发展。

（2）对陆域生态、景观影响。

1）陆域生态影响分析。

a. 施工期。本工程筑堤用的石料，采自工程北洋堤南北两侧的下山头、麂晴山、下掘山料场。根据工程总布置，石料开采将占用林地 260 亩，开采石方 344 万 m^3。

本工程的建设对陆域生态的影响主要表现为工程施工场地清理、施工道路建设、施工石料开采等施工活动中施工机械、车辆、人员等对地表的扰动和植被的破坏，对植被和野生动植物不利；工程共计扰动原地貌、损坏土地和植被的面积为 576.73hm^2。主要集中在海堤建设区、石料开采区、临时施工区；其影响方式主要有毁损植被及动物生境、引起水土流失、改变土地利用方式、影响生态景观等。

工程区域位于浙江中部沿海，现状滩涂地上植被较少，沿海山体覆盖以常见的针叶、灌木为主，无古树名木。根据调查，沿海山体及高滩上无需特殊保护的野生动物。

在石料施工场地范围内，山体植被将受到损失，因此，为尽量减少损失，采取措施加以保护，建设单位及施工单位施工前，还进行详细调查统计，列出明细表，对于有一定树龄并可移栽的树木妥为保护，确保移栽成活。且要求作好开采计划，有序开采，不得在各个山头遍地开挖。开挖后进行清理及植被恢复。石料厂山体开采将造成部分动物生境的损失，但由于区域无珍稀保护动物，总体影响不大。上盘镇现状域内水土流失类型主要以地表径流充数引起，现状土壤侵蚀模数小于浙江省容许流失强度，属于微度流失区。工程料场、施工营地、施工便道的设置破坏了地表植被，导致土壤侵蚀模数相应增大，临时堆场不仅会压埋地表植被，同时堆置的弃渣遇到雨季则会引起水土流失，可能造成河道淤积、诱发泥石流、崩塌等地质灾害影响。因此，建设单位要采取水保、环评提出的生态保护措施，工程结束后，对料场开采面、临时占地应及时恢复，可减少对生态的影响。

b. 营运期。本工程是围涂工程，完成后最终将作为城市发展用地，将进行一系列开发利用活动。届时配套的城市基础设施（给排水、电、气、通信）等将有大规模的开发建设。区域原有的生态环境将被打破。因此本工程的建设对北洋涂的生态环境将有不可逆转的、长期深远的影响。为此要求有关部门尽快编制生态保护规划，做到开发与保护兼顾，并在不可避免地造成植被损失的同时，采取补偿，恢复的措施，以使由本工程引发的对生态环境的影响降到最小。

2）景观影响评价。本工程建设对区域景观的影响主要表现为建设期开山取料的影响。

主要表现在以下几方面：

a. 破坏植被。在建设的前期对料场的表层土和植被进行剥离将对植被产生严重破坏。另外，在建设过程中施工人员的临时住所、施工机械操作区域、施工材料的临时堆放场地、弃土堆场及施工便道处的植被也会被破坏。

b. 取料场裸露开挖面影响。石料场一般采取阶梯式开挖形式，开采完毕后将形成一定的开挖裸露面。而本工程几个石料场均位于临海沿海，今后将成为规划的台州头门港区后方配套用地，且距离上盘镇、临海市较近，大面积裸露面的存在将对临海秀丽自然沿海风貌带来影响，对沿线视觉景观带来影响。

c. 水土流失间接地造成景观环境破坏。影响水土流失的原因主要有降雨条件、植被覆盖率、土壤性质、地形等。料场开采对植被的大规模破坏、使表层土壤遭到破坏、及填挖所造成的人工微地形有较大的自然安息角，这些都为土壤流失的发生提供了潜在的势能。这种影响可能并不立刻显现，但如不加以重视，其最终对景观环境所造成的后果是相当严重的。

d. 施工的各种机械设备等等都与周边的环境很不协调。

e. 其他影响。包括施工人员的生活污水、施工扬尘等对景观也造成影响，但从生态景观环境的角度来看，这些影响可随施工期的结束而结束。

因此，工程结束后，料场必须采取措施进行生态景观恢复。

（3）对渔业资源和渔业生产的影响。排水口附近水域，有机污染物浓度将会相对高于其他海域，一些敏感的鱼类和游泳生物可能会出现回避现象。同样，在养殖废水排放口附近氮、磷等营养盐浓度相对高于其他海域，一旦形成污染，将对该海域的附近

1000m红脚岩养殖区渔业资源产生影响。因此，必须采取可行性的措施，减少养殖区饵料的流失。

由于工程实施后减少了养殖面积，对当地的滩涂养殖业会造成一定的影响，渔业产量和产值也会有所下降。

（4）对海域水质的影响。北洋涂围区工业建设废水纳入南洋涂污水处理设施，经处理达标后统一排向南洋的排污区，不会对北洋涂一类海域的水质产生影响。

工程建成后，将形成0.7万亩的水产养殖区。在养殖废水排水结束前一时刻污染物影响范围和影响程度最大，影响范围主要在排放闸外1.5～2km内。一个潮周期中中水位以下排放的污水经过中水位以上半个潮周期的扩散和稀释，污水浓度增量可降至排水浓度的20%左右。本项目所排养殖废水对距1000m外的红脚岩海水养殖区氮、磷增量分别小于0.1mg/L和0.004mg/L，又是间隙性排放，总体而言对区域海水养殖影响不大。

（5）对岸滩冲淤及周边涉海工程的影响。北洋涂围垦工程对工程区附近海区大的流态改变并不大。项目引起的冲淤在鹿靖山南北两侧淤积最大，年淤积强度为0.4～0.6m/a，最终淤积量为1.5～2.5m；在围堤向东2km内年淤积强度为0.1～0.2m/a，最终淤积量为0.4～0.8m。由于本工程建设引起的海域冲淤变化范围相对较小，在影响范围内无重要取、排水口，航道也在影响范围以外，因此对周边海域影响不大。

（6）对内陆排涝的影响。围区内的排涝河和排涝闸的规划均按照国家有关规定实施，并在工程可行性研究报告中给予了充分考虑和论证。按设计标准，已充分考虑原有河流和排涝需要，工程设计提出新建2座水闸规模48m。据环评期间现场踏勘，目前围区内两个排涝闸闸门总净宽不超过10m。因此，本环评认为本围涂工程建设对围区排涝不会产生不利影响。

（7）对社会环境的影响。围垦工程完成后，利用围区涂面较低的区域开展海水养殖，可减少填方投资，缩短了工程建设周期，使围区尽快发挥效益。远期围区主要作为城市建设用地，为临海市国民经济的可持续发展起到了积极的推进作用，具有明显的社会经济效益。

本工程将围垦造地 3.27 万亩，工程所在的围区北洋涂现有养殖面积 1.56 万亩。工程完成后近期 1.7 万亩用于建设用地，保留 0.7 万亩海水养殖面积，0.66 万亩作为农业用地；远期将有 2.22 万亩作为建设用地使用，所以本工程的建设在近期将会使当地丧失 0.86 万亩的养殖面积，远期则没有养殖用地，从而使原有的养殖户成为剩余劳动者，必须通过发放征地补偿费、提供一定的就业机会等途径来解决。同时，由于本工程的建设将要征用林地 913 亩，其中 813 亩将被永久征用。料场场址植被主要为次生马尾松及茅草类等，植被稀疏，林地征用，将会破坏当地植被，造成局部植被的损失，但不会对环境生态产生大的影响。

本工程由于下崛山料场的开采需要迁移白沙村 59 户 205 人，拆迁房屋 5960m²。以及施工道路建设需要迁移短株村 4 户 16 人，拆迁房屋 300m²。有关部门必须根据国家相关的法规、政策和当地实际情况安置好迁移户，保证他们的生活水平不比迁移前差，同时也要关心他们的下一代的成长、教育等问题。

环评认为，项目建设带来的征地拆迁工作，短期内将不可避免地对部分人群带来一定影响；从长远来看，只要有关部门落实相关政策和承诺，随着北洋涂临港工业的建成，拆迁居民的生活环境和生活水平不会受到大的影响。

9.5.5　环境保护对策和措施

9.5.5.1　施工期

（1）噪声、振动。①选用低噪声施工机械和低噪声的施工工艺。②加强施工机械和运输车辆的维修、保养，途径白沙村、短株村的两条施工道路避免对沿途村民的干扰，道路两侧应加隔声围护、停止夜间载重车辆运输，必须连续作业的应报有关部门批准，并把施工时间安排公告居民。③本工程下崛山石料场附近有白沙村，与该石料场的最近距离为 200m，处于冲击波安全警戒距离外，但小于地震波安全距离，因此需采取措施加以防范。建议采用多孔微差爆破法，减小地震波、冲击波对界外建筑物及人群的影响。

根据规定，文物保护单位、精密仪器厂、医院、疗养院、敬老院、幼儿园等重点保护单位四周 200m 范围内不得从事爆破作业。无法避免时，可采取如下措施：

对重点保护单位采取隔声围护（建造隔声围墙，必要时加顶棚）。

对病人、疗养人员、敬老院的老年人、幼儿园的儿童等重点保护人员，爆破前应组织撤离。经调查，本项目离料场 200m 范围内无以上重要保护单位，但距离下崛山石料场最近居民有 3 户（200m）。可通过访问，工程建设过程中，了解老年人、儿童、严重疾病（尤其是心脏病、内脏疾病）患者的情况，落实监护人员，一旦发生因爆破产生的心慌、恶心、胸闷等症状时，应采取救护措施。对离爆破点 800m 范围内的建筑物（包括民房）进行建筑质量检查。根据检查结果作出如下处理：

a. 对危房进行拆除，易地重建。

b. 对不符合要求（但不属于危房）的建筑物进行加固。

c. 对离爆破点特别近（50m 内）的建筑物除了采取围护网以防飞石外，必要时可开挖防震沟。

（2）大气

1）汽车运输及施工机械维修。

a. 加强汽车维护，保证汽车正常、安全运行，减少尾气排放。

b. 加强对施工机械的科学管理，合理安排运行时间，发挥其最大效率，减少废气排放。

2）运输扬尘。

a. 加强运输管理，保证汽车安全、文明行驶，载重汽车途经村庄时应减速行驶。

b. 途径白沙村、短株村的两条施工道路必须采取洒水抑尘措施，配备洒水车一台，投资 5 万元。

c. 粉状材料应灌装或袋装，土、水泥、石灰等材料运输禁止超载，并且要盖好篷布等。

3）建设单位在施工单位的招标中写明对沥青拌和站的除尘器及站址要求，并在路面铺浇时避开下风向 100m 内有人群的时段。

（3）水。拟建项目所在海域为一类海域环境功能区，禁止一切污水排海。

1）生活污水。施工作业人员集中生活场地（包括食堂、宿舍等）产生的生活污水经处理达标后回用于道路抑尘或绿化。具体处理工艺如下：

污水→栅格→调节池→初沉池→接触氧化池→沉淀池→回用于绿化或抑尘等

指挥部综合办公房的生活污水必须设置生活污水处理装置。指挥部拟定人员 8 名，配套生活污水处理装置，规模应设计为 2t/d，约需经费 8 万元。

2）生产废水。

a. 建筑施工污水经二次沉淀后重新回用于建筑施工中。

b. 施工船舶舱底含油污水要按海港部门要求，收集后储于船上的污水舱内，到岸后送有能力单位集中处理排放。同时，施工单位还应对施工船只进行检查维修，严禁施工船只"带病"作业，以防止发生油料泄漏事故。

（4）固体废物。工程施工人员和管理人员产生的固体废弃物，不得随意丢弃而造成对环境的污染，应该设置临时垃圾桶或垃圾箱，收集后交到环卫部门集中处理。施工中产生的建筑垃圾应及时清运和处理，不得长期堆放，占用道路、耕地等。海域施工尽量减小施工开挖面，疏浚作业尽量减小挖泥量，并采用先进的环保施工船、挖泥船，委托有资质单位进行疏浚施工，并要求抛泥于合法抛泥区。

（5）生态环境。①施工场地布置尽量优化，有效利用土地，在合同规定的征地界限之外，植被应尽量维持原状。②堤基软基处理及回填工程必须在低潮露滩后施工；用挖泥船进行海泥回填筑堤，因尽量做到满舱不溢流，防止大量细小颗粒粘泥撒入海里；不得将有害物质作为海堤的涂料。③施工时间应避免在雨季、台风或天文大潮等不利气象条件下进行，并尽量缩短施工对海水水质影响的时间。④采取相应措施，防止回填过程中粉尘对大气环境的影响。减少扬尘的方法可采取洒水的措施，回填区形成后，应尽快铺设地面、绿化裸土，既可减少扬尘的污染，又可减少泥沙流失入海。⑤减少闸址施工中基槽开挖对海洋生物的影响。在闸口施工的爆破中，应对施工工作业面进行围堵，围堵半径应按照施工要求不影响施工操作即可。⑥闸口施工应尽量避开海洋生物产卵期。尽量缩短工期，减少由于地基清理施工过程对海域生态环境造成的损害，以便让水生物尽快恢复。⑦在回填过程中，应严格执行先围堰，构筑倒虑层，再回填土石方。堤身填料应尽量就地取材，用海泥填筑，以尽量减少回填过程对海域水质的影响范围。⑧主体工程完工后，拆除施工临时设施，并按有关规定进行场地清理及绿化。

(6) 料场生态保护、景观恢复。

1) 料场合理开采。料场选择应以陆域生态保护及景观环境保护为主，对料场的开挖强度要避开生态敏感地段，如植被密集区、农业种植区等。建议在满足施工进度条件下，尽量集中料场、集中地段开挖，避免多点无序开挖。对取料区开挖段面应尽量做到梯级开挖，即以山体的自然坡度，从下往上依次进行。采用这种开挖方式可以减少水土流失量和利于植被恢复。土石方开采时，应挖设排水沟，以减少地表径流对裸地的冲刷。

2) 料场生态环境保护。为避免采石场过度开采造成的水土流失和植被破坏，应制订详细的开采计划，需要多少开采多少。对废弃的开采面，则应铺网填土，撒播草籽或种植草皮、灌木，尽量恢复植被。对取料区周边的树木和农业用地不能随意占用。施工工地应征用非农业用地，严禁占用耕地。对施工道路的选择与占用要作出征用计划，尽量少占用耕地。对矿山爆破时要按火工爆破规范进行，严格控制起爆量，减少因爆破声波对周围居民点的影响。取料区应有临时洒水设施，对作业场地、运输道路进行及时清扫，避免浮尘产生二次扬尘的污染影响。土石料方在运输过程中应有专门的篷布，严禁超载，以防沿途抛撒、抖出造成的扬尘对道路两旁的居民点以及农作物的影响。

3）料场生态景观恢复。为防治水土流失，工程水土保持措施设计石料场开采结束后，边坡及平台采用厚层基材喷射植被护坡，绿化面积 1.2hm²。

此外，为恢复料场生态景观，要求如下：①在满足工程石料总量要求的前提下，控制石料场开采高程。②进行开发性治理。石料场开采后形成的开采迹地可结合城市总体规划变更为旅游、休闲、商业、居住以及工业等用地，走开发性治理的路子。③进行景观再造。根据开采后的实际情况，可以有选择的结合城镇规划，进行石壁景观再造，反映历史和人文特色。植物造景则应注意布局、形体、线条、叶色等对景观的影响。④进行绿化恢复。结合开采面边坡特点，应选择耐贫瘠、冷暖适宜的优良当地植物组合，使其尽快形成人工植物群落，攀藤植物可选择以爬山虎、葛藤等，所栽培的藤本植物应注意上爬和下垂品种的合理搭配。

9.5.5.2 营运期

（1）海域水污染防治措施。

1）给、排水系统。养殖置换水排放时间的选择与养殖换水排放所引起的水质影响范围密切关系。为了防止养殖排放的废水回流对养殖进水水质的影响，建议养殖进水应安排在涨潮的中后期，养殖排水安排在落潮的前期，从而使排放的养殖废水有充足的时间进行稀释和自然净化。

2）采用生态养殖模式。分析表明，传统的围塘养殖对饵料的有效利用率低，大量未被利用的饵料及代谢产物随换水时排放入海，不仅造成对海域有机污染与氮磷营养盐污染，且导致养殖成本提高。

据了解，目前国内已开始推广"生态系综合养殖"，即采取鱼、虾、蟹、贝类混合立体养殖，以解决对饵料的有效利用，既控制了对环境的污染，又大幅度提高了围塘的养殖收益（从每亩2000多元提高到4000多元以上），是一项兼有环境效益与经济效益的重大改革措施，建议予以借鉴、推广。

在养殖水体中移植适生性水生植物，为虾蟹提供植物性饲料和栖息环境，促进蜕壳，调节水质。根据环境和水体交换条件、养殖品种、苗种规格、养殖方式等合理放养，调整养殖结构。

工程建成后，为追求高产，有可能在该海域发展大面积的种类简单的海水养殖，以致自然生态系统变得脆弱。长久以往，对海洋资源可持续发展构成威胁。这就要求水产养殖管理部门根据不同地区的区域特点进行合理规划，科学布局，避免形成大面积简单种类的海水养殖格局。包括制订养殖发展规划，估算养殖区养殖容量、评价养殖对生态环境的影响。如养殖池的数量要根据当地近岸海域的环境容量、滩涂与海上网箱养殖现状和发展趋势等进行科学的规划，使排放的养殖水和其他污水的污染物总量，不超过近岸水域的自净能力。对已建成的大面积集约化养殖区域，或者将部分池改造，养殖其他用水量小的种类，远期要求建立污水处理厂等，养殖池排出的污水经过集中处理后才可排放。

海水养殖应当科学制定养殖密度，并应当合理投饵、施肥，正确使用药物，防止造成海洋环境的污染。对水产种苗、饵料和药物用量进行严格管理，对养殖户进行科学指导和技术培训。投饲方式投饲方式由人工投喂向颗粒化、自动化发展。向水体中投入100kg松散饲料，损失量达23.4～27kg，这部分饲料加大了水体的污染。投喂颗粒饲料可减少饲料损失和水质污染。

3）养殖清洁生产。养殖过程中采用清洁生产的方法，在养殖池塘严格控制使用杀菌剂。应对池塘及时清理清塘时禁止使用某些禁用的药物，避免破坏养殖生态环境。清塘后，在池底撒散生石灰，对池塘进行消毒，还能起到改良底质的作用，清塘后2～3天或药效过后进行适量的海水，施用肥料以培养饵料生物。同时对清塘产生的淤泥要采取环保、安全、高效的处置方法，不得随意堆弃。

4）养殖废水污染物排放总量控制。为了北洋涂围区外部海域水环境保持一类环境功能区一类海水水质的控制目标，对围涂区养殖废水中污染物的排放总量必须加以控制。根据养殖废水的污染特征，本环评选择总量控制的指标为COD_{Mn}、TN、TP。依据工程近期营运期污染源强分析，本工程废水污染排放总量的建议控制值见表9.5-4。

表9.5-4　　　　工程废水污染物排放总量控制建议值　　　　单位：t/a

污染物名称	总量控制建议值
COD_{Mn}	1.13
TN	56.4
TP	1.57

（2）近期农业种植和管理区污染防治措施。围区开发中对围区的种植业和林果业应统一规划、综合管理，建立工厂型、集约化的生态农业开发和经营集团，发展滨海风景旅游业和生态观光农业。工程建成后，管理区生活污水应采用生活污水处理装置予以处理，生活垃圾应收集清运。

（3）围区开发中的环境保护措施。根据北洋涂围垦用地规划，北洋涂近期将有1.7万亩作为建设用地，应该在各个企业落户前铺设好到南洋涂的排污管网，远期将作为临海港工业建设用地，将来围区作为工业建设用地开发后，将会产生新的污染源。届时开发建设单位必须委托有资质的环评单位，针对开发建设项目进行环境影响评价，提出相应的环境保护对策与措施。

（4）对冲淤不利影响的减缓措施。经数模计算可知，围垦工程实施后，对泥沙冲淤的影响集中在垂直于围堤往东方向2km的范围内，此范围以外，工程所造成的影响有所减小；从冲淤的量上来看，除围堤前沿有1～2m左右的淤积外，其余地区冲淤的量都较小，基本不会对外侧5km距离的沪—椒航道产生影响，也不会对海门港进口航道产生影响。但由于排水闸处水深较浅，根据本省围垦工程实际情况，在排水闸口将形成排水口，不至于堵塞排水口，但本报告建议在排水闸附近建立长期监测站位，监测该区域的地形变化，以决定闸口是否应适当地进行清淤。

（5）海域生态、湿地生态与渔业保护对策。据以上各章分析，本工程建设对海洋生物及周边渔业、养殖业可能产生的不利因素主要是剩余饵料等各类废水排放对海域造成的有机物与营养盐污染。以及使部分滩涂湿地改变成了陆地，使原有的湿地浅海生态系统转变成了陆域生态，彻底改变了生境及其功能。为此，必须认真落实科学养殖，合理投料，防止剩余饵料的过度流失对海域环境可能造成的危害。加强养殖区的环境监测，减少渔业污染事故。制定科学的养殖规划，保持养殖业健康、持续发展。同时在陆域范围内尽量增加绿化面积。

在围区养殖区、河道两岸增加林带，种植适生树种，乔、灌、草适当搭配，以补偿被破坏的湿地生态环境。另外要保护好玉环列岛遗留的滩涂资源及周围的生态环境，减轻污染，增加植被，种植红树林，使水鸟有更多的栖息与取食场所。加强施工期水鸟的监测，尽量减少施工噪声对水鸟的影响，加强施工人员的管理，决不允许施工人员猎杀水鸟，私自取食鸟蛋等行为。玉环县政府要统一规划遗留的滩涂资源，给水鸟保留良好的觅食、栖息地，如此才是对湿地水鸟进行保护的有力措施。

（6）社会经济环境保护存措施。

1）做好拆迁安置工作。本工程施工取料料场开采、施工道路将涉及上盘镇白沙村下属的大陈、岗头、相龙等5个自然村以及短株村共计63户221人。根据《临海市城市房屋拆迁管理办法》中的有关规定结合当地实际，可实行相应的拆迁经济补偿。移民安置以本村集中安置为主。本工程占用的生产资料较少，对当地的生产影响不大，但在移民安置过程中，由于移民的迁入，在"三通一平"中，对安置区的生态环境、水土保持等带来一定的影响。同时，安置的第一年，由于要进行宅基地平整，建造房屋，移民的生产劳动可能会受到影响，生活水平有可能短时间内有所下降，但随着住房等设施的逐步完善，移民的生活能够逐渐恢复正常。在安置过程中，当地政府要制定详细可行的规划，要为移民提供一定的优惠政策加以扶持。

2）做好征地补偿工作。工程征用农村集体林地913亩，应按国家规定程序报土地行政主管部门办理征用手续。对被征用土地所有权属的农村集体和该土地使用者，由工程按法定标准给予一次性经济补偿。工程临时使用农村集体林地100亩，由用地单位报县级以上人民政府土地行政主管部门批准，并与有关农村集体经济组织签订临时使用土地合同。用地期限内按照合同的约定支付临时使用土地补偿费，临时使用土地补偿费根据被使用土地原收益状况结合用地期限确定。用地期满后合理恢复土地原状，退还给所属农村集体经济组织。补偿标准如下：

a. 林地。参照《临海市人民政府关于在全市规划建成区范围内征用土地实行区片价综合价的通知》（临政发〔2003〕198号）的相关标准，林地征用地区的区片综合价为14000元/亩，青苗补偿标准为1000元/亩，则林地的补偿补助价为15000元/亩。临时征用林地按1000元/亩的年产值，予以补偿四年，用材林的林木补偿费按照1000元/亩计算，工程完工后的恢复费按1000元/亩计算，则临时征用林地补偿费为6000元/亩。

b. 滩涂。因该地区国有权属滩涂为老围垦范围为新淤积滩涂，权属明确，参考省内类似工程，结合当地滩涂养殖使用年限等实际情况，对于工期内到期的国有权属养殖滩涂，按800元/亩补偿其相关设施；对于工期内未到期的国有权属养殖滩涂，按年产值3000元/亩补偿一年，1000元/亩补偿其相关设施，计4000元/亩；对于集体权属的养殖滩涂，参照《临海市人民政府关于在全市规划建成区范围内征用土地实行区片价综合价的通知》（临政发〔2003〕198号）的相关标准，按耕地标准计该地区区片综合价为28000元/亩，青苗及设备补偿费为2000元/亩，按30000元/亩补偿。

c. 安置用地标准。参照《临海市人民政府关于在全市规划建成区范围内征用土地实行区片价综合价的通知》（临政发〔2003〕198号）的相关标准，安置用地征用的区片综合价为28000元/亩，青苗补偿标准为1000元/亩，则安置用地的补偿补助价为29000元/亩。

　　d. 房屋及附属物。参照《临海市城市房屋拆迁管理办法》（2002）关于拆迁房屋重置价的补偿标准，结合当地房屋实际情况，房屋拆迁重置补偿费按不同结构分为：砖混结构350元/m²，砖木结构280元/m²，木石结构250元/m²，附属物按房屋补偿费的8%计算。

　　3）合理组织和安排劳力。项目在施工期间可优先考虑安排本地区的剩余劳动力；优先考虑使用当地农村的机械运输设备等。

　　4）做好施工期间的卫生防疫工作。由于施工现场民工较集中，为防止各种疾病的发生，应该搞好卫生防疫工作，注意饮水、饮食卫生，密切关注可能的传染病的发生，一旦发生，应立即采取紧急措施。

　　5）做好施工期间的社会治安工作。在项目建设期间将有大量的施工人员入驻，项目周边地区的社会治安将会受到一定程度的影响，为此，项目建设单位应该积极配合当地有关部门，采取有效措施做好安全保卫工作。

　　6）做好施工期间的卫生防疫工作。由于施工现场民工较集中，为防止各种疾病的发生，应该搞好卫生防疫工作，注意饮水、饮食卫生，密切关注可能的传染病的发生，一旦发生，应立即采取紧急措施。

　　7）做好施工期间的社会治安工作。在项目建设期间将有大量的施工人员入驻，项目周边地区的社会治安将会受到一定程度的影响，为此，项目建设单位应该积极配合当地有关部门，采取有效措施做好安全保卫工作。

9.5.6　公众参与调查结论

　　环评期间通过发放调查表（个人、团体）、走访进行了公众参与调查，调查对象包括工程周边的村民、企事业单位以及短株村、大跳村和白沙村的村委会等利益相关者，结果表明，项目建设得到了大多数公众的关心，支持北洋涂围垦工程的建设。同时，没有个人、单位反对本工程的建设。有一个单位（上盘镇供电所）认为工程建设对当地公众生产、生活带来不利影响，一个单位（上盘镇水利站）认为不清楚，没有说明理由。多数公众对工程征地、拆迁安置倾向于货币补偿、就地安置。

9.5.7 工程选址合理性及环保审批符合性分析

9.5.7.1 自然环境条件

北洋涂围垦工程所在地为临海市上盘镇，东临东海，拟建围区内侧有以建的标准海塘，分别是枫林海塘、上盘海塘和白沙海塘。滩涂涂面自西往东平缓倾斜，等高线基本与内塘堤线平行，高程在−1.50～3.00m之间，整个围区均在当地理论基准面以上。工程附近土石方量充足，闭气土料可就近海塘内侧的海涂泥，这些都为工程的建设提供了优越的自然条件。

9.5.7.2 功能区划符合性

根据《临海市海洋功能区划》（修编），本工程所在海洋功能属于工程用海区，功能区名称为"北洋涂二期围海造地区"，根据《关于印发浙江省近岸海域环境功能区划（调整）的通知》（省环保局、省发改委），北洋涂所在海域为浙中近岸一类区，主要用于海水养殖。因此，临海市北洋涂围垦工程选址及其海水养殖业的开发与海洋功能区划和近岸海域环境功能区划均可协调一致。

9.5.7.3 滩涂围垦总体规划符合性

根据《浙江省滩涂围垦总体规划报告（报批稿）》已将北洋涂工程列入近期主要围垦项目，规划在2007～2012年实施。项目符合围垦规划的要求，同时，与《温台沿海产业带临海东部区块总体规划》也是相符合的。

9.5.7.4 产业政策符合性

本项目为围垦工程，随着我国四个现代化建设的快速推进，各行各业经济的快速发展，用地矛盾十分突出，迫切需要扩大土地资源，而扩大土地资源的主要出路在于滩涂围垦，2005 年 6 月完成的《浙江省滩涂围垦总体规划报告》中，北洋涂围垦工程已列入近期（2007～2012 年）围垦规划项目。近期重点发展海水养殖，远期逐步过渡作为建设用地，既符合国家保护耕地的基本国策，又符合现状产业结构和远期温台沿海产业带临海东部区块总体规划要求，故本工程建设与当地产业政策还是基本相符合的。

9.5.7.5　生态环境保护可行性

（1）本项目在对北洋滩涂围垦区潮间带生物调查中，未发现有任何珍稀动物，且经济种类也比较少。滩涂湿地上基本无植被，白天有一些常见的鸟类在此觅食，未发现珍稀或濒危鸟类物种。围区内原有一些养殖场所，围垦后仍可进行养殖生产，且面积有所增加。根据相关法规政策，围区不在特殊保护区之列，从围区的生态现状及其开发功能布局分析，项目的建设是可行的。

（2）养殖废水的排放对海域水环境中氮、磷的影响仅限于排放口附近小范围的区域，不会改变北洋涂附近海域环境功能区的类别，建设项目造成的环境影响基本符合该海域环境功能区划确定的环境质量要求。

（3）项目引起的冲淤影响主要限于工程区周围 2km 范围内，在麂靖山南北两侧淤积最大，年淤积强度为 0.4～0.6m/a，最终淤积量为 1.5～2.5m；在围堤向东 2km 内年淤积强度为 0.1～0.2m/a，最终淤积量为 0.4～0.8m。本工程建设引起的海域冲淤变化对周边航道影响不大。

（4）从生态保护的角度而言，在满足取料量且不影响施工便捷程度的条件下，尽量少占料场，故建议不开采下崛山石料场。土料场位于围区外的滩涂，为保证堤基稳定，确保工程安全，已限定了合理的开挖范围，取土区距堤脚大于 100m，从而避免了水土流失隐患，本环评认为土料场选址合理。

9.5.7.6 清洁生产和污染物排放总量控制

北洋涂围垦工程建成后近期主要开发为海水养殖，养殖生产过程中使用清洁生产方式，进行科学的、现代化的养殖，如鱼、虾、贝、藻类混养，轮养。采用人工配合饵料和天然饵料合理配合的方式投饵，科学控制投饵频率和投饵量，选择优良养殖品种等。工程对养殖废水的污染物排放，实行总量控制，其总量控制因子为：COD_{Mn}、TN、TP。建议控制量为 TN＝56.4t/a；TP＝1.57t/a；COD_{Mn}＝1.13t/a。

通过以上分析可知，临海市北洋涂围垦工程的建设与有关环境保护主管部门规定的环保审批许可条件是相符的。

9.5.8 环评结论

项目建成后，围垦工程可新增土地约 3.27 万亩，近期作为水产养殖、农业用地和建设用地，远期将进一步开发为建设用地，将很好地解决城市建设用地需要和农业耕地保护之间的矛盾，提供宝贵的土地资源，将为临海市国民经济的可持续发展起到积极的推进作用，具有明显的社会经济效益。同时，本工程的实施提高了当地防御风暴潮能力，有利于促进社会稳定和经济发展。但工程施工期和运行期对区域环境也将带来一定程度的负面影响。本环评报告综合各方面的利与弊后认为，在采取了适当的科学管理和环保治理措施后，可基本控制污染，并使工程对环境和生态的影响降低至最低限度。因此，在全面落实本环评报告提出的各项污染防治和生态保护措施的基础上，本工程的建设从环境保护的角度来看是可行的。

10 经济评价

10.1 概述

围垦工程建设项目经济评价是论证项目的经济合理性，并为项目做出科学决策的主要依据。适用于新建滩涂治理和海堤工程项目的项目建议书、可行性研究和初步设计阶段，其基本原则也适用于项目的后评价。

围垦工程建设项目经济评价可按具体情况，对其中的滩涂治理和海堤基建和生产开发两个子项目，一起或分别进行评价。

围垦工程建设项目的计算期包括建设期、运行初期和生产运行期。生产运行期可定为 20~30 年。

围垦工程建设项目经济评价指标及其利用外资项目的经济评价，应按现行《水利建设项目经济评价规范》（SL 72）规定执行。

围垦工程建设项目经济评价中，凡本章未作具体规定之处，应按现行《水利建设项目经济评价规范》（SL 72），《建设项目经济评价方法与参数》规定执行。

10.2 财务评价

围垦工程建设项目的财务支出，应遵循滩涂治理和海堤基建和生产开发目标两个子项目单独或一起进行财务评价的原则，对总投资、年运行费和年经营费、税金及其他费用等进行计算。围垦工程建设项目的财务收益应与财务支出相对应，按出售土地、生产开发产出物或提供服务等分项计算。产品总成本费用是指一定时期内为生产、经营、销售产品和提供服务所支出的全部成本和费用，可按完全成本法或制造成本法计算，按其与产量关系可划分为可变成本和固定成本。

10.3　国民经济评价

　　国民经济评价中滩涂治理和海堤建设项目的各项费用可直接进行计算，也可在财务支出的基础上调整。围垦基建子项目产出的土地，应按其价值计算其效益。围垦工程建设项目中生产开发子项目的效益，应按产出物的不同，分别以其产量乘影子价格计算。围垦工程建设项目的两个子项目一起评价时，其国民经济效益值应为两个子项目效益值的总和。除直接费用和直接效益外，国民经济评价中还应认真分析由项目带来的间接费用和间接效益，能定量的应在评价指标中得到反映，不能定量的可作定性描述。

10.4　不确定性分析

　　围垦工程建设项目经济评价应进行不确定性分析，包括敏感性分析、盈亏平衡分析和概率分析。盈亏平衡分析只宜用于财务评价，敏感性分析和概率分析可同时用于财务评价和国民经济评价。根据项目特点和实际需要，有条件时应进行概率分析。

10.5　围垦项目实施过程中的造价控制

10.5.1　投资控制现状

　　目前，上海地区围垦项目均以工程的审批概算为投资控制目标，然而有把握将造价控制在概算内的项目并不多。建设单位（业主）通常的做法是：设计阶段尽量将其中困难考虑周全，加大设计图纸工程量，增加审批概算；施工结算阶段，经过审价人员与承包方的谈判，结算金额控制在审批概算中。这种造价控制的策略是不规范和不科学的，甚至有时候是主观代替客观的方法。

围垦工程项目风险高，可变因素多、现场临时决策多，造价控制确有很大难度。常规的"抓两头，放中间"的工程造价控制方法存在许多弊端，主要反映在以下两方面：

（1）实施过程十分顺利，没有出现不利情况，但审批概算较高，建设单位和审价单位放松对承包方的审查，导致结算价大多超过实际造价而造成投资浪费。

（2）施工中出现大量因设计变更而造成的费用增加，使投资大幅增加，但建设单位为保证不超过审批投资，要求审价单位强压施工单位，最终导致施工单位利润微薄、亏本，甚至产生司法纠纷。

10.5.2 投资控制的原则与方法

目前，控制工程项目投资（投资监理）的从业人员大多从事过审价、预算编制等造价咨询工作，具有一定的技术经济知识。但造价控制工作是以技术经济为基础的集工程设计、合同管理、平衡协调等能力于一身的综合性工作，虽然从业人员具有很高的经济敏感性，但造价控制工作的原则是在保证工程顺利并成功实施的前提下，合法、合理并尽可能少地使用资金，换句话说就是工程第一，经济第二。

随着我国加入 WTO，项目已采用工程量清单招标，合同采用与 FIDIC 合同相似的合同文本。同时随着参建单位法律意识的增强，承包商已不会轻易让步。这使业主承担的风险也随之增加，造价控制的难度也加大，加上围垦工程的特殊性，控制造价已成为工程建设中一项必须抓好的工作。要控制好工程投资，完全可以根据围垦工程内的规律，摸索出一套行之有效的方法。

10.5.2.1 标底编制与施工测算

围垦工程使用量最多的建筑材料是砂和块石。因此在编制标底前，需将建设场地的砂质情况和块石的运输单价调查清楚，成功地招投标和编制准确的标底是投资控制的基础。围垦工程滩地抬高和御海大堤的修建，需要大量的海砂，因此海砂的类别直接影响施工的难易程度并影响造价；另外，充泥管袋、吹填芯土的土坝结构形式，也是影响投资的另一个因素；上海地区属于冲积形成的陆地，自身没有块石，其围垦工程使用的大量块石通常来自华东沿海地区，因此，运输费用将成为影响块石价格的主要因素。将以上情况调查清楚，就可编制出较准确的标底，同时，考虑到这些材料的市场价格存在一定的弹性，便可通过招投标的方式，要求承包商将价格尽量压低，以掌握造价控制中的单价优势。招投标结束后，应尽快将招投标结果与施工图结合，对造价进行测算，并分析其中存在的风险，尽可能估计其中的资金使用量，制定造价控制计划。良好的造价控制计划是最终实现控制决算的保障。

10.5.2.2 施工中的风险规避

现行采用的工程量清单计价，业主承担了工程量的风险，因此对工程量风险的规避是施工中投资控制的重点。工程量的风险及规避主要集中在以下三方面。

(1) 龙口合龙。龙口合龙被称为围垦造地工程的核心技术，其施工场面壮观，类似于大江截流。每个龙口的合龙成败系于12h 的时间内，若是多个龙口同时合龙，其难度更大。若合龙未能一次成功，其损失将是数十万至上百万，甚至工程失败，风险极大。

规避龙口的合龙风险，建议按照"量放大，价包干"的做法。围垦工程的合龙，由于工期的原因，通常最多只有 3 个合龙时间段（12月至次年 1 月的 3 个连续小潮汛），每个时间段大约有 3～5 次机会。合龙能否成功，取决于天气、水位和合龙准备情况，1 次合龙不成功的情况常有发生，当出现多龙口同步合龙时，有可能出现反复合龙的情况。因此龙口合龙资金包干使用将有助于调动承包商的积极性，如 1 次合龙成功，则可盈利；若需 2 次，则仅可保本；3 次以上则亏损。此外，合龙包干可促使施工单位做好充足准备，制定周密计划，一次性成功，这对于业主的管理也可起到积极的作用。合龙包干价的计算，应将工程量考虑足够，至少是完全合龙工程量的 1.5 倍，以这个价格让承包商承担所有风险，基本上可以接受。

（2）风浪侵袭。风浪侵袭如同蛀虫不断对工程构成危害。据统计表明，几乎每一个围海造地项目都会受到不同级别风浪的侵袭，造成重复施工、增加工程量，其损失有的高达上千万元。常规控制投资的方法是办理工程保险。常见的购买工程保险的程序是：施工确定中标单位后，由建设单位或代建单位为施工单位直接办理保险，或采用保险招标的方式确定保险公司，建设单位和施工单位同为被保险人。但这样的操作程序有两个缺点。一是容易形成保险真空。根据现行的水利水电施工合同，工程保险的办理在确定中标单位后 84 日内完成即可，但对围垦工程来说，这个时间段的施工抗风险能力最差，因此应将保险真空期尽量缩短。二是索赔证据上报难，程序繁琐，易造成脱保。建议将保险与施工招标同时进行，由投标单位自行选择保险公司，并上报保险费。实施过程中出险，承包商自行取证向保险公司索赔，建设单位予以配合。

（3）软弱地基处理。围垦工程通常是土石重力坝，因此在进行软弱地基处理时必须谨慎，其原因有三：一是范围广，涉及工程量大，造价高；二是劳动强度高，投入大，工期紧，难度高；三是地基土层分布较均匀，少有土层突变，不均匀沉降小，而坝体本身的沉降要求低，地基处理的必要性不强。因此，地基处理的造价控制应提前到工程方案制定阶段进行考虑，并审核施工图设计，提出合理化建议。

10.5.2.3 结算审价与总造价控制

投资控制人员应参加施工结算审价，并根据标段的划分、实施过程中费用增加情况等对审价结果进行预测，以此作为审价结果的比较基数，其中不仅包括总价，而且还包括单位工程每延米或单体的经济技术指标。对于分两期以上实施的围垦项目，应将概算分解至每个标段。审价过程中，造价控制人员应在合法、合理的前提下，站在业主的立场如实反映实际情况。审价结束后将审定价、预测、概算进行分别比较，以总结造价控制的得失。

10.6 实例

上海某围垦工程，包括 5.56km 的人工湖开挖和 33km² 的土地围垦两部分。该工程是上海地区目前一次性造地面积最大的围垦项目，其中，围堤工程部分为概算包干。在工程实施中，吹填工程由于市场调查、砂质判定准确，使投标单价较概算单价要低 10%～20%，使投资控制难度减少；围堤工程则通过采用上述的方法，最终在出现设计变更费用增加 6000 多万元、建材价格大幅上涨的情况下，投资控制在审批概算内，并节余 2000 万元余。通过上述控制投资的原则和方法、在这项工程的投资控制方面获得以下成功：

（1）通过市场调查、材料供应谈判，较为准确地编制了标底，降低了土方和块石护坡结构的工程项目单价，为完成造价控制提供了充足的资金余量空间。

（2）本工程的主要难度之一是主堤的 4 个龙口和高滩顺堤 3 个龙口须同步合龙，风险大。通过"量放大，价包干"的方法，激发了施工单位的积极性，并控制了投资。

（3）二期实施过程中出现的淤泥地基处理问题和施工中出现的大量滑坡，技术人员提出了造价 4000 万元的处理方案，但造价控制人员顶住了压力，邀请专家作专题研究，最终用最省的方法，合理地解决这个问题，使工程结算未突破投资概算。

在这项工程的投资控制中也得到了风浪侵袭保险方面的教训，由于当时操作的失误，办理保险的时间错开了风险时期，加上一些程序上的人为因素，使得投资方不仅付出了保险费，而且不得不为发生的风浪损失给予施工单位赔偿。

围垦工程的施工风险大、造价控制难度高，经过 10 余年的不断摸索，施工工艺和技术正逐步规范造价控制也在逐步向科学管理转变。经过多个围垦工程的实践表明：

（1）详细的工程勘查和合理的设计是造价控制的基础，优秀的设计成果可以将风险降低许多。

（2）招标方案的良好策划、标底的准确编制是造价控制的重要环节，合理的投标报价可以确保承发包双方的利益，并减少工作难度。

（3）对施工中 3 个风险的控制是造价控制的主要工作，合理地决策并解决各项风险问题，将保证投资控制工作的最终成功。

附　　录

附录A　波　浪　计　算

附录A.1　风浪计算的基本要素

A.1.1　风浪计算的基本要素包括风场要素（风速、风向、风区长度、风的延时）与水域水深。

A.1.2　计算风浪的风速应采用水而以上10m高度处的自记10min平均风速。

A.1.3　计算风浪的风向宜按计算点主风向的方位角确定，必要时可取若干方位为计算风向。进行风速统计时，在±22.5°范围内，风向可认为是一致的。

A.1.4　设计重现期风速，可采用连续20年以上分方向的年最大风速系列进行频率分析确定。频率分析线型可采用皮尔逊Ⅲ型分布。

A.1.5　在局部水域，当计算风向两侧较宽阔，水域周界较规则时，可采用由计算点逆风向量到对岸的距离作为风区长度；当风向两侧水域狭窄、水域周界不规则、水域中有岛屿时，风区长度宜考虑水域周界的影响，采用等效风区 F_e 作为风区长度，F_e 可按式（A.1-1）确定：

$$F_e = \frac{\sum\limits_i r_i \cos^2 \alpha_i}{\sum\limits_i \cos \alpha_i} \qquad i = 0, \pm 1, \pm 2, \cdots \quad \text{(A.1-1)}$$

式中：r_i 为在主风向两侧各45°范围内，每隔 $\Delta\alpha$ 角，由计算点引到对岸的射线长度，m；t_{min} 为射线 r_i 与主风向上射线 r_0 之间的夹角（°），$\alpha_i = i \times \Delta\alpha$。计算时可取 $\Delta\alpha = 7.5°$，$i = 0$，± 1，± 2，$\cdots$，± 6，初步计算也可取 $\Delta\alpha = 15°$，$i = 0$，± 1，± 2，± 3

（图 A.1-1）。

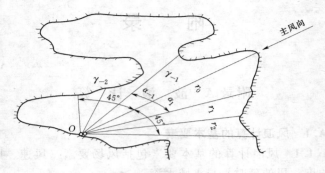

图 A.1-1　等效风区计算

A.1.6　当风区长度小于或等于 100km 时，可不考虑风作用的延时的影响。

A.1.7　计算风浪的水深可按风区内水域的平均深度确定。当风区内水域的水深变化较小时，水域平均深度可沿计算风向作出地形剖面图求得；当风区内水深变化较大时，宜将水域分成几段，分段计算风浪要素。

附录 A.2　风浪要素计算公式

A.2.1　风浪要素可按莆田试验站方法计算：

$$\frac{g\overline{H}}{V^2}=0.13th\left[0.7\left(\frac{gd}{V^2}\right)^{0.7}\right]th\left\{\frac{0.0018\left(\frac{gF}{V^2}\right)^{0.45}}{0.13th\left[0.7\left(\frac{gd}{V^2}\right)^{0.7}\right]}\right\}$$

$$(A.2-1)$$

$$\frac{g\overline{T}}{V}=13.9\left(\frac{g\overline{H}}{V^2}\right)^{0.5} \qquad (A.2-2)$$

$$\frac{gt_{min}}{V}=168\left(\frac{g\overline{T}}{V}\right)3.45 \qquad (A.2-3)$$

式中：H、T 为平均波高，m；和平均波周期，S；V 为计算风速，m/s；F 为风区长度，m；d 为水域的平均水深，m；g 为重力加速度，9.81m/s^2；t_{min} 为风浪达稳定状态的最小风时，s。

A. 2. 2 天然不规则波波列的不同累积频率波高 H_p 与平均波高 $\overline{H}$ 之比值 $H_p/\overline{H}$ 列于表 A. 2-1，不同累积频率波高之间换算可按表 A. 2-1 的规定取值。

表 A. 2-1　　　　不同累积频率波高换算表

P(%)	0.1	1	2	3	4	5	10	13	20	50
H/d					$H_p/\overline{H}$					
0.0	2.97	2.42	2.23	2.11	2.02	1.95	1.71	1.61	1.43	0.94
0.1	2.70	2.26	2.09	2.00	1.92	1.86	1.65	1.56	1.41	0.96
0.2	2.46	2.09	1.96	1.88	1.81	1.76	1.59	1.51	1.37	0.98
0.3	2.23	1.93	1.82	1.76	1.70	1.66	1.52	1.45	1.34	1.00
0.4	2.01	1.78	1.69	1.64	1.60	1.56	1.44	1.39	1.30	1.01
0.5	1.80	1.63	1.56	1.52	1.49	1.46	1.37	1.33	1.25	1.01

A. 2. 3 天然不规则波的波周期采用平均波周期 T 表示，由平均波周期计算的波长 L 可按表 A. 2-2 或式确定：

$$L = \frac{g\,\overline{T}^2}{2\pi} th \frac{2\pi d}{L} \qquad (A.2-4)$$

表 A. 2-2　　　　波长—周期、水深关系 $L=f(T,d)$

水深 (m)	周期（z）													
	2	3	4	5	6	7	8	9	10	12	14	16	18	20
1.0	5.21	8.68	11.99	15.23	18.43	21.61	24.78	27.94	31.10					
2.0	6.04	11.30	16.22	20.94	25.57	30.14	34.68	39.19	43.68					
3.0	6.21	12.67	18.95	24.92	30.71	36.40	42.02	47.59	53.14					
4.0	6.23	13.39	20.85	27.93	34.76	41.42	47.99	54.49	60.94					
5.0		13.75	22.19	30.30	38.07	45.64	53.06	60.39	67.66	82.05	96.32	110.57	124.73	138.87
6.0		13.92	23.12	32.17	40.85	49.25	57.48	65.58	73.60	89.44	105.17	120.79	136.35	151.86
7.0		13.99	23.76	33.67	43.20	52.40	61.39	70.22	78.94	96.00	113.20	130.13	146.97	163.75
8.0		14.02	24.19	34.87	45.21	55.18	64.88	74.20	83.79	102.31	120.60	138.74	156.78	174.76
9.0		14.03	24.48	35.82	46.92	57.62	68.03	78.21	88.24	107.99	127.46	146.75	165.94	185.05
10.0		14.04	24.66	36.58	48.39	59.80	70.88	81.70	92.34	113.27	133.87	154.28	174.55	194.72

水深 (m)	周期 (z)													
	2	3	4	5	6	7	8	9	10	12	14	16	18	20
12.0		14.05	24.85	37.62	50.71	63.46	75.82	87.88	99.70	122.86	145.60	168.00	190.39	212.58
14.0			24.92	38.24	52.40	66.38	79.95	93.17	106.11	131.39	158.14	180.56	204.77	228.83
16.0			24.95	38.59	53.60	68.69	83.42	97.75	111.75	139.05	165.71	191.98	217.97	243.78
18.0			24.97	38.78	54.44	70.52	86.32	101.72	116.75	145.99	174.49	202.50	230.20	257.67
20.0				38.89	55.02	71.95	88.76	105.18	121.20	152.32	182.57	212.27	241.60	270.67
22.0				38.95	55.42	73.07	90.80	108.19	125.17	158.10	190.07	221.40	252.29	282.88
24.0				38.98	55.68	73.92	92.50	110.81	128.71	163.42	197.04	229.95	262.56	294.42
26.0				39.00	55.86	74.58	93.50	113.09	131.88	168.31	203.55	237.99	271.87	305.37
28.0				39.00	55.97	75.07	95.06	115.06	134.72	172.82	209.64	245.57	280.89	315.78
30.0				39.01	56.05	75.44	96.02	116.77	137.25	176.90	215.35	252.75	289.47	325.70
32.0					56.09	75.72	96.79	118.25	139.51	180.84	220.72	259.54	297.63	335.19
34.0					56.12	75.92	97.42	119.52	141.52	184.40	225.77	265.99	305.42	344.27
36.0					56.14	76.07	97.93	120.61	143.32	187.70	230.52	272.12	312.87	352.99
38.0					56.16	76.18	98.34	121.53	144.91	190.74	234.99	277.96	319.99	361.35
40.0					56.17	76.26	98.66	122.33	146.32	193.56	239.22	283.30	326.82	369.41
42.0					56.17	76.32	98.92	123.00	147.57	196.17	243.20	288.82	333.37	377.16
44.0					56.17	76.36	99.13	123.56	148.67	198.58	246.96	293.88	339.67	384.63
46.0					56.18	76.39	99.29	124.04	149.64	200.81	250.51	298.70	345.71	391.84
48.0						76.41	99.42	124.44	150.49	202.87	253.87	303.32	351.53	398.81
50.0						76.43	99.52	124.78	151.24	204.76	257.04	307.73	357.12	405.54
55.0						76.45	99.71	125.49	152.73	208.88	264.21	317.93	370.23	421.43
60.0						76.46	99.78	125.78	158.76	212.22	270.42	327.07	382.19	436.09
65.0						76.47	99.82	126.02	154.49	214.91	275.80	335.25	393.12	449.66
70.0							99.85	126.17	155.00	217.06	280.43	342.59	403.13	462.24
深水波	6.24	14.05	24.97	39.02	56.19	76.47	99.88	126.42	156.07	224.74	305.89	399.54	505.67	624.28

注　表中波长单位 m。例如：当周期 $T=3.0\mathrm{S}$，水深 $d=8\mathrm{m}$，$L=14.02\mathrm{m}$。

附录 A.3　波浪浅水变形计算

A.3.1　波浪向近岸浅水区传播的浅水变形计算可通过波浪折射图或波浪折射数值计算确定。

A.3.2　对于平均波周期 $\overline{T}=6\sim10\mathrm{S}$ 的涌浪或风浪，波浪折射图的起始水深 d，可根据来波的波向角 α（波向线切线与等深线法向间的夹角）按表 A.3-1 确定。

表 A.3-1 折射图起始水深

波向角		$\alpha \leqslant 30°$	$30° < \alpha \leqslant 45°$	$45° < \alpha \leqslant 60°$
起始水深 d (m)	涌浪	$L_0/6$	$L_0/4$	$L_0/2$
	风浪	$L_0/10$	$L_0/7$	$L_0/5$

注 L_0 深水波长。

当工程地点附近有波浪实测资料，可用实测点的相应水深作为折射图的起始水深。

A.3.3 规则波折射时波向线通过相邻两条等深线的波向角变化可按下式确定

$$\sin\alpha_2 = \frac{C_2}{C_1} \sin\alpha_1 \qquad (A.3-1)$$

式中：α_1 为当波向线通过水底第一条等深线时的波向角（°）；α_2 为当波向线通过第二条等深线时的波向角（°）；C_1 为第一条等深线处的波速，m/s；C_2 为第二条等深线处的波速，m/s。

A.3.4 根据波浪折射确定近岸波要素的方法如下：

（1）波浪折射图起始断面水深为 d_1(m) 处的波高为 H_1(m)，则水 $N\,d_2$(m) 处的计算点的波高 H_2 可按以下各式确定：

$$H_2 = K_f \sqrt{\frac{b_1}{b_2} \frac{K_{s2}}{K_{s1}}} H_1 \qquad (A.3-2)$$

$$K_s = \left[\left(1 + \frac{4\pi d/L}{\sin\frac{4\pi d}{L}} \right) \tan\frac{2\pi d}{L} \right]^{-\frac{1}{2}} \qquad (A.3-3)$$

$$K_f = \left(1 + \frac{f H_1 \Phi}{K_s \overline{T}_4} \Delta x \right)^{-1} \qquad (A.3-4)$$

$$\Phi = \frac{4\pi^3}{3g^2} \left(\frac{K_s}{\sin\frac{2\pi d}{L}} \right)^3 \qquad (A.3-5)$$

式中：K_f 为波高衰减系数，当海底坡度 $i > 1/500$ 时可取 $K_f =$

1；b_1、b_2 为邻近计算点的两条波向线在水深 d_1 处和在水深 d_2 处的宽度，m；K_s 为浅水系数，按式（A.3-3）计算，水深为 d_1，d_2 的浅水系数记为 K_{s1}，K_{s2}；Δx 为水深 d_1 处至水探 d_2 处的波浪行进距离，m；f 为底摩阻系数，对淤泥质海底可取 0.01，粗沙质海底取 0.02；T 为波浪平均周期，s；L 为波长，m；Φ 为系数，按式（A.3-5）计算。

（2）规则波折射计算可采用平均波高和平均波周期，并可假定波周期不变。

附录 B 软 基 处 理

附录 B.1 软基处理—塑料排水带换算直径

B.1.1 塑料排水带换算直径 Dp 可按式（B.1-1）计算

$$Dp = \alpha \frac{2(a+\delta)}{\pi} \qquad (B.1-1)$$

式中：α、δ 为塑料排水带的宽度和厚度，mm；a 为换算系数，可取 0.75～1.0。

B.1.2 对国内生产的宽 100mm、厚 4～4.5mm 的塑料排水带，其换算直径可简化按 7cm 计算。

附录 B.2 竖向排水通道的布置与打设长度

B.2.1 竖向排水通道平面上采用三角形或正方形布置。其有效圆直径 de 为：

三角形布置时： $de = 1.05 \times l$ （B.2-1）

正方形布置时： $de = 1.13 \times l$ （B.2-2）

式中：l 为排水通道间距。

B.2.2 竖向排水通道的打设长度 L 视加固土层厚度 H 的情况确定。

当加固土层不厚时 $L = H$。

当加固土层较厚时 $L \leqslant H$，L 由地基稳定和沉降的要求计算确定。

附录 B.3 预压方式与固结后地基强度增长的计算

B.3.1 堆载预压时，荷载应分级施加，每级荷载施加的量都应与加载时的地基强度相适应。真空预压时，可一次加至设计荷载，不需分级加载。若设计荷载超过 80kPa 时，可采用真空联合堆载的方式。

B.3.2 预压后地基强度 τ_f 可按式（B.3-1）计算：

$$\tau_f = \eta(\tau_{f0} + \Delta\tau_{fc}) \qquad (B.3-1)$$

式中：τ_{f0} 为前级荷载下的地基强度；$\Delta\tau_{fc}$ 为本级荷载预压后地基强度的增量；η 为土体抗剪强度折减系数，取 $0.7\sim1.0$。

B.3.3 预压后地基强度的增量 $\Delta\tau_{fc}$ 由以下各式计算：

对正常固结土 $\qquad \Delta\tau_{fc} = U_t\sigma_z\tan\varphi_{cu} \qquad (B.3-2)$

对欠固结土 $\qquad \Delta\tau_{fc} = U_t(\sigma_z + U_0)\tan\varphi_{cu} \qquad (B.3-3)$

对超固结土 $\quad \Delta\tau_{fc} = U_t(\sigma_z - P_0 - \sigma_a)\tan\varphi_{cu} \qquad (B.3-4)$

式中：U_t 为 t 时固强度；σ_z 为地基垂在附加应力，kPa；U_0 为自重作用下计算点的孔隙水压力，kPa；P_0 为先期固结压力，kPa；σ_a 为现有自重压力，kPa；φ_{cu} 为固结不排水剪内摩擦角。

附录 B.4 固结时间计算

B.4.1 只有竖向固结时，固结时间 t 可按下式计算：

$$t = \frac{C_v H^2}{T_v} \qquad (B.4-1)$$

式中：H 为排水距离，当为单面条件时，H 为土层厚度，当具备双面排水条件时，H 为土层厚度的一半，m；C_v 为地基土的竖向固结系数，m^2/d；T_v 为与竖向固结度 U_v 有关的时间因数。

B.4.2 对水平向（径向）固结情况，固结时间 t 可按式（B.4-2）计算

$$t = \frac{C_h d_e^2}{T_h} \qquad (B.4-2)$$

式中：C_h 为地基的水平（径向）固结系数，m^2/d；T_h 为与水平向（径向）固结度 U_h 有关的水平（径向）时间因数。

附录 C 波浪爬高、越浪量、波浪力和护坡计算

附录 C.1 海堤越浪量计算

C.1.1 无风条件下，斜坡式海堤 1:2 坡度上（带防浪墙）的越浪量可按式（C.1-1）计算：

$$\frac{q}{T\overline{H}_g} = A\exp\left(-\frac{B}{K_\Delta}\frac{H_c}{T}\sqrt{g\overline{H}}\right) \qquad \text{(C.1-1)}$$

式中：q 为单位时间单宽海堤上的越浪水量，$m^3/(s \cdot m)$；H_c 为挡浪墙顶至设计高潮位的高度，m；$\overline{H}$ 为堤前平均波高，m；T 为波周期，s；对开敞式海岸区，用实测波资料确定的波要素，采用平均波周期。河口港湾区，以风推浪方法确定的波要素时，采用有效波周期，$T = 1.15\overline{T}$（s）；K_Δ 为糙渗系数。A、B 为系数，查表 C.1-1。表中 ds 为堤前水深。

表 C.1-1 斜坡式海堤 A、B 系数数值

$\overline{H}/L$ 系数	$\overline{H}/ds \leqslant 0.4$				$\overline{H}/ds > 0.5$		
	$0.02 \sim 0.03$	0.035	0.045	$0.065 \sim 0.08$	$0.02 \sim 0.025$	$0.033 \sim 0.04$	$0.05 \sim 0.1$
A	0.0079	0.0111	0.0121	0.0126	0.0081	0.0127	0.014
B	23.12	22.63	21.25	20.91	42.53	26.97	22.96

C.1.2 无风条件下，直立式海堤 1:0.4 陡坡上（带防浪墙）的越浪量计算公式：

$$\frac{q}{T\overline{H}_g} = A\exp\left(-\frac{B}{K_\Delta}\frac{H_c}{T}\sqrt{g\overline{H}}\right) \qquad \text{(C.1-2)}$$

式中：q 为单位时间单宽海堤上的越浪水量，$m^3/(s \cdot m)$；H_c 为挡浪墙顶至设计高潮位的高度，m；$\overline{H}$ 为堤前平均波高，m；

T 为波周期，s；对开敞式海岸区，用实测波资料确定的波要素，采用平均波周期。河口港湾区，以风推浪方法确定的波要素时，采用有效波周期，$T = 1.15 \overline{T}(s)$；K_Δ 为糙渗系数。A、B 为系数，查表 C.1-2。

表 C.1-2　　　　　直立式海堤 A、B 系数数值

$\overline{H}/L$ 系数	$\overline{H}/ds \leqslant 0.4$						$\overline{H}/ds > 0.5$			
	$0.02\sim$ 0.025	0.0275	0.0325	0.0375	0.045	$0.05\sim$ 0.1	$0.02\sim$ 0.025	$0.03\sim$ 0.034	0.05	$0.06\sim$ 0.1
A	0.0098	0.0089	0.0099	0.0156	0.0126	0.0203	0.0238	0.0251	0.0167	0.0176
B	41.22	31.20	27.76	27.19	24.80	24.20	85.64	59.11	33.26	20.96

C.1.3　有风条件下的越浪量。有风条件下的越浪量为无风条件下的越浪量乘风校因子 K'。

越浪量乘风校正因子 K' 按式（C.1-3）计算：

$$K' = 1.0 + W_f \left(\frac{H_c}{R} + 0.1 \right) \sin\theta \qquad (C.1-3)$$

式中：W_f 为风速系数；$W_f = \begin{cases} 0 & V = 0 \\ 0.5 & V = 13.4 \text{m/s}, \text{根据风速 } V \\ 2.0 & V \geqslant 26.8 \text{m/s} \end{cases}$

进行线性内插。θ 为海堤临潮边坡坡角；R 为不允许越浪条件下波浪在海堤上的爬高值，m，当 $H_c \geqslant R$，则越浪量为零。

附录 C.2　护坡计算

C.2.1　波浪作用下斜坡堤干砌块石护坡的护面层厚度 t（m）可按下式计算：

$$t = K_1 \frac{\gamma}{\gamma_s - \gamma} \frac{H}{\sqrt{m}} \sqrt[3]{\frac{L}{H}} \qquad (C.2-1)$$

式中：K_1 为系数，对一般干砌块石取 0.266，对砌方石及条石取 0.225；γ 为水的容重，kN/m³；γ_s 为块石容重，kN/m³；H 为计算波高，m，当 $d/L \geqslant 0.125$，取 $H = 4\%$；当 $d/L < 0.125$，取 $H = 13\%$，d 为堤前水深，m；L 为波长，m；m 为斜坡坡比。

注：式（C.4-1）适用于 $1.5 \leqslant m \leqslant 5$。

C.2.2 采用人工块体或经过分选的块石作为护坡面层时应符合下列规定：

（1）波浪作用下保持稳定的单个块体或块石质量 $W(t)$ 可按式（C.2-2）计算：

$$W = 0.1 \frac{\gamma_s H^3}{K_D \left(\frac{\gamma_s}{\gamma} - 1\right)^3 m} \qquad (C.2-2)$$

式中：W 为主要护面层单个护面块体、块石的质量，t。如护面层由两层块石组成，则块石质量可变化在 $0.75 \sim 1.25W$ 范围，但应有 50% 以上的块石质量大于 W；γ_s 为块石或块体的容重，kN/m^3；γ 为水的容重，kN/m^3；H 为设计波高，m，可取 $H = 13\%$，但当平均波高与水深比值 $H/d < 0.3$ 时，宜取 $H = 5\%$；K_D 为稳定系数，可按表 C.2-1 采用。

注：式（C.4-2）适用于 $m = 1.5 \sim 5.0$，m 为斜坡坡比。

表 C.2-1　　　　　　　　稳定系数 K_D

护面类型	构造型式	K_D	说　明
块石	抛填一层	4.0	
块石	安放（立放）一层	5.5	
方块	抛填一层	5.0	
四角锥体	安放一层	8.5	
四角空心方块	安放一层	14	
扭工字块体	安放两层	18	$H \geqslant 7.5m$
		24	$H < 7.5$
扭王字块体	安放两层	$18 \sim 24$	

（2）块体、块石护面层厚度 $t(m)$ 按下式计算：

$$t = n'c' \left(\frac{W}{0.1 r_s}\right)^{\frac{1}{3}} \qquad (C.2-3)$$

式中：n' 为护面块体或块石的层数；c' 为形状系数，可按表

C. 2 - 2 采用。

表 C.2 - 2　　　　　系　数　C

护面类型	构造型式	C	说明
块石	抛填两层	1.0	
	安放（立放）一层	1.3～1.4	
四角锥体	安放两层	1.0	
扭工字块体	安放两层	1.2	随机安放
		1.1	规则安放
扭王字块体	安放一层	18～24	

C.2.3　当斜坡堤采用栅栏板护面，设计波高 $H \leqslant 4m$ 时，栅栏板的平面尺度、厚度及波压强度设计值如下。

（1）栅栏板的平面尺度与设计波高的关系可按以下各式计算：

$$a_0 = 1.25H \qquad (C.2-4)$$

$$b_0 = 1.0H \qquad (C.2-5)$$

式中：a_0 为栅栏板长边，沿斜坡方向布置，m；b_0 为栅栏板短边，沿堤轴线方向布置，m；H 为设计波高，m。

（2）栅栏板的空隙率 P' 宜采用 33%～39%，当 $P' = 37\%$ 时的细部尺度可按以下各式计算：

$$a_1 = \frac{a_0}{15} - \frac{h}{16} \qquad (C.2-6)$$

$$a_2 = \frac{a_0}{15} + \frac{h}{16} \qquad (C.2-7)$$

$$a_3 = \frac{a_0}{15} - \frac{h}{8} \qquad (C.2-8)$$

$$a_4 = \frac{a_0}{15} + \frac{h}{8} \qquad (C.2-9)$$

$$b_1 = 0.1b_0$$

式中：h 为栅栏板的厚度，m。

（3）当需调整栅栏板的平面尺度时，长边与短边的比值应保持不变，短边宽度 b 每增加或减少 1m，厚度 h 可相应减少或增加 50mm。δ 按构造至少取 100mm。

（4）当斜坡堤的坡度系数 $m=1.5\sim2.5$ 时，栅栏板的厚度可按式（C.2-10）计算：

$$h=0.235\frac{r}{r_s-r}\frac{0.61+0.13\dfrac{d}{H}}{m^{0.27}}H \qquad (\text{C.2-10})$$

（5）作用于栅栏板面上的最大正向波压强度设计值可按式（C.2-11）计算：

$$P_M=0.85\gamma H \qquad (\text{C.2-11})$$

式中：P_M 为作用于栅栏板面上的最大正向波压强度，kPa。

（6）在栅栏板的稳定厚度计算中，设计波高可取 $H=13\%$，在结构强度计算中，设计波高可取 $H1\%$。

C.2.4 对于具有明缝的混凝土、钢筋混凝土板护坡，波浪作用下保持整体稳定所需的面板厚度 $t(\text{m})$ 可按式（C.2-12）计算：

$$t=0.07\eta H\sqrt[3]{\frac{L}{B}\frac{\gamma}{\gamma_s-\gamma}}\frac{\sqrt{1+m^2}}{m} \qquad (\text{C.2-12})$$

式中：η 为系数，对整体式的现浇护面板，$\eta=1.0$；对装配式的护面板，$\eta=1.1$；H 为计算波高，m，取 $H1\%$；L 为波长，m；B 为沿斜坡面垂直于水边线的护面板边长，m；γ 为水的容重，kN/m³；γ_s 为面板的容重，kN/m³；m 为斜坡坡比。

注：式（C.4-12）适用于 $m=2\sim5$。

C.2.5 采用碎石作为护坡垫层时，对有反滤要求的垫层，可参照反滤层的设计方法，按如下关系确定第一层反滤料的粒径：

$$\frac{D_{15}}{d_{85}}\leqslant5 \qquad (\text{C.2-13})$$

$$\frac{D_{15}}{d_{15}}\geqslant5 \qquad (\text{C.2-14})$$

式中：D_{15} 为反滤料的粒径，小于该粒径的颗粒占总质量的 15%；d_{85} 为被保护土的粒径，小于该粒径的颗粒占总质量的 85%；d_{15} 为被保护土的粒径，小于该粒径的颗粒占总质量的 15%。

选择第二、三层反滤料时，仍可用上述方法确定，但在选择第二层反滤料时，应采用第一层反滤料为被保护土，余类推。

附录 D　海堤圆弧滑动稳定计算

附录 D.1　有效固结应力法

当施工历时较长，地基受到堤身荷重产生部分固结时，宜采用有效固结应力法。有效固结应力法的抗滑稳定安全系数 F 按式（D.1-1）计算：

$$F = \frac{\sum\limits_A^B \left[C_{ui}L_i + W_{\mathrm{I}i}\cos\alpha_i\tan\varphi_{ui} + U_z\sigma_{zi}L_i\tan\varphi_{cu} \right] + k_1 \sum\limits_B^C \left(C_{\mathrm{II}}L_i + k_2 W_{\mathrm{II}i}\cos\alpha_i\tan\varphi_{\mathrm{II}} \right)}{\sum\limits_A^B \left(W_{\mathrm{I}i} + W_{\mathrm{II}i} \right)\sin\alpha_i + \sum\limits_B^C \left(W_{\mathrm{II}i} \right)\sin\alpha_i}$$

$$(D.1-1)$$

式中：L_i 为第 i 土条的弧长，m；$W_{\mathrm{I}i}$、$W_{\mathrm{II}i}$ 为第 i 土条在地基部分及堤身部分的重量，kN/m；α_i 为第 i 土条弧段中点切线与水平线的夹角（°）；σ_{zi} 为堤身荷载在第 i 土条弧段中点处的附加应力，kPa；U_z 为土条底面所在地基土的固结度；C_{ui}、φ_{ui} 为地基土的不排水剪强度，kPa、（°）；φ_{cu} 为固结不排水剪求出的地基土内摩擦角，（°）；C_{II}、φ_{II} 为堤身抗剪强度指标，kPa（°），可由固结不排水剪求出；k_1 为堤身抗滑力矩折减系数；k_2 为堤身强度指标折减系数。

附录 D.2　$\phi = 0$ 法

当采用十字板强度、强度随深度线性变化时，抗滑稳定安全系数 F 可按式（D.2-1）计算：

$$F = \frac{2R\left[(\tau_0 - \lambda_y)\theta + \lambda_b\right] + k_1 \sum\limits_{B}^{C}(C_i L_i + k_2 W_i \cos\alpha_i \tan\varphi_i)}{\sum\limits_{B}^{C}(W_i \sin\alpha_i)}$$

(D. 2 - 1)

式中：R 为滑弧半径，m；τ_0 为十字板强度—深度关系曲线的截距，kPa；λ 为十字板强度—深度关系曲线的斜率；θ 为 $\overset{\frown}{BA}$ 弧段所对应圆心角之半，rad；C_i、φ_i 为第 i 土条滑动面上堤身土的抗剪强度指标，kPa，(°)；W_i 为第 i 土条的总重量，kN/m；y、b 见图 D. 2 - 1。

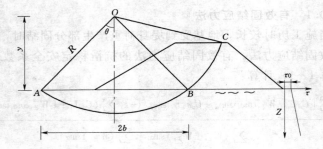

图 D. 2 - 1　抗滑稳定安全系数计算简图

当施工历时较长，或采取加固措施，需考虑地基强度增长时，可按增长后的强度分区计算。

附录 E　地基固结度计算

E. 1　三向排水总固结度 U_t 按式（E. 1-1）计算：

$$U_t = 1 - (1 - U_n)(1 - U_u) \qquad (E. 1 - 1)$$

式中：U_n 为径向总固结度；U_u 为竖向总固结度。

当计算平均固结度时式（E. 1-1）中的 U_t、U_n、U_u 分别代以平均固结度 $\overline{U_t}$、$\overline{U_n}$、$\overline{U_u}$；

当计算不同深度的固结度时，U 为 U_{zt}，U_u 为 U_{zt}；

（1）当地基上层及下层应力比 $a\left(a=\dfrac{C_1}{C_2}\right)$ 已知而且竖向固结深度小于 5m 时，可由 $\overline{U}_z$—T_v 关系曲线（图 E.1-1）查得 t 时的竖向平均固结度 $\overline{U}_z$ 或达到某个固结度所需要的固结时间。当 $a=1$ 时 $\overline{U}_z$ 可用式（E.1-3）计算：

$$\overline{U}_z = 1 - \frac{8}{\pi^2} \sum_{m=1,3,\cdots}^{m-[X]} \frac{1}{m^2} e^{-\frac{m^2\pi^2}{4}T_v} \qquad (E.1-2)$$

$$T_v = \frac{C_v t}{H^2} \qquad (E.1-3)$$

式中：$\overline{U}_z$ 为竖向平均固结度，%；m 为正奇数（1，3，5，…）；e 为自然对数底，自然数，可取 $e=2.718$；T_v 为竖向固结时间因数（无因次）；t 为固结时间，s；H 为竖向排水距离，单面排水时为土层厚度，双面排水时取土层一半，m，当遇 20m 以上深厚软土层且是单向排水时可酌取 1.5～2.0 倍堤高；C_v 为竖向固结系数，cm^2/s。

（2）当竖向排水通道的井径比 $n\left(n=\dfrac{d_e}{d_w}\right)$ 已知时，可由 $\overline{U}_r$—T_h 关系曲线（图 E.1-2）查得 t 时的径向平均固结度 $\overline{U}_r$ 或达到某个固结度所需要的时间。$\overline{U}_r$ 也可按式（E.1-4～E.1-6）计算：

$$\overline{U}_r = 1 - e^{\frac{-8T_h}{F(n)}} \qquad (E.1-4)$$

$$T_h = \frac{C_H t}{d_e^2} \qquad (E.1-5)$$

$$F(n) = \frac{n^2}{n^2-1}\ln(n) - \frac{3n^2-1}{4n^2} \qquad (E.1-6)$$

式中：C_H 为水平向固结系数，cm^2/s；T 为固结时间，s；N 为井径比，$n=\dfrac{d_e}{d_w}$；d_e 为每个排水通道有效影响范围的直径；d_w

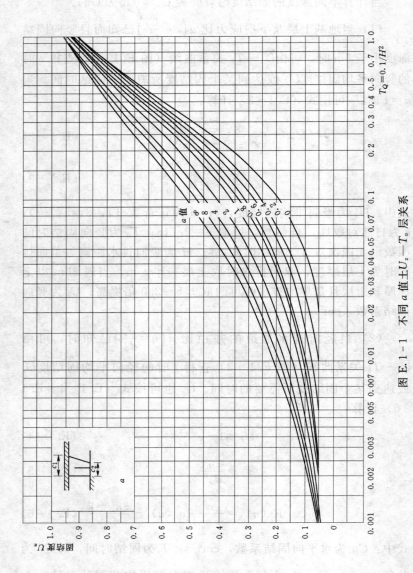

图 E.1-1　不同 a 值土 $U_z - T_v$ 层关系

$T_Q = 0.1/H^2$

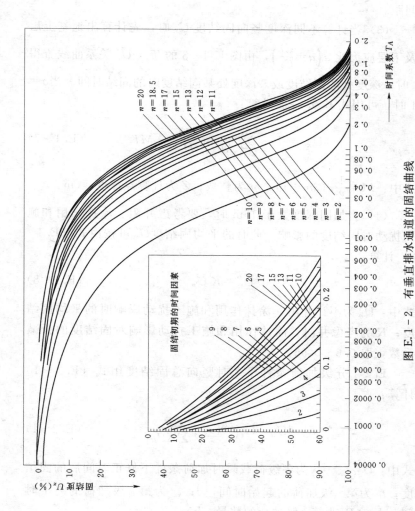

图 E.1-2, 有垂直排水通道的固结曲线

为排水通道直径。排水通道布置成等边三角形时，$d_e = 1.050L$，排水通道布置成等边正方形时，$d_e = 1.128L$，L 为排水通道间距。

（3）当计算不同深度竖向固结度 U_{zt} 时，先计算出地基上层及下层应力比 $a\left(a = \dfrac{C_1}{C_2}\right)$，由图 E.1-3 的 T_v—$\overline{U}_z$ 关系曲线查得 t 时 z 深度处的固结度或 z 深度处某固结度时的固结时间。当 $a = 1$ 时，可用式 B.0.1-7 计算：

$$U_{zt} = 1 - \sum_{m=0}^{m=\infty} \frac{2}{M} \sin \frac{MZ}{H} e - MT_v \qquad (E.1-7)$$

式中：$M = \dfrac{1}{2}\pi(2m+1)$，$m$ 为整数；Z 为计算点深度，cm。

（4）当加固深度大于 15m 时，要考虑井阻、涂抹作用和施工扰动对固结度的影响，此时的平均固结度 $\overline{U}'_n$ 可按由式（E.1-8）计算：

$$\overline{U}'_n = K\overline{U}_n \qquad (E.1-8)$$

式中：$\overline{U}_n$ 为不计井阻、涂抹作用和施工扰动影响时的平均固结度；K 为考虑井阻、涂抹作用和施工扰动影响对固结度的折减系数，取 0.6～0.95。

E.2 分级加荷条件下 t 时竖向总固结度用式（E.2-1）计算：

$$U_{zt} = U_{z\left(t - \frac{t_i^0 + t_i^1}{2}\right)} \frac{\Delta P_i}{\sum \Delta P_i} \qquad (E.2-1)$$

式中：$U_{z\left(t - \frac{t_i^0 + t_i^1}{2}\right)}$ 为各级荷载瞬时加荷条件下修正时间后的固结度；t_i^0 为第 i 级加荷的起始时间，d；t_i^1 为第 i 级加荷的终了时间，d；ΔP_i 为第 i 级加荷的数量，kN。

E.3 不同深度 z 处 t 时地基的总固结度也可根据超静孔隙水压力按式（E.3-1）计算：

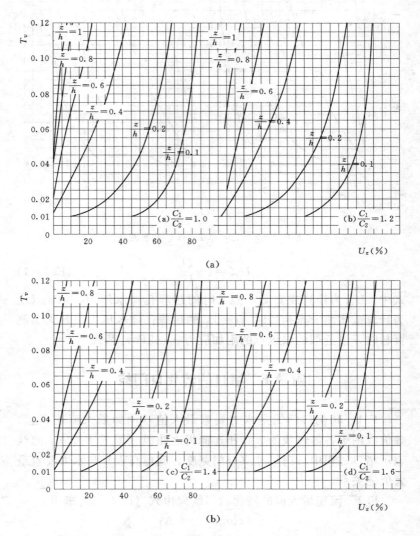

图 E.1-3（一）　$T_v \sim U_z$ 关系曲线

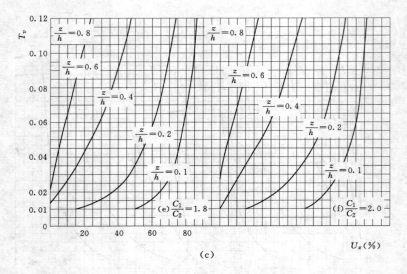

图 E.1-3（二） $T_v \sim U_z$ 关系曲线

$$U_{zrt} = 1 - \frac{U_{zt}}{U_{z0}} \qquad (E.3-1)$$

式中：U_{zrt} 为计算或实测 z 点 t 时的超静孔隙水压力，kPa；U_{z0} 为计算或实测 z 点初始时（$t=0$）的超静孔隙水压力，若无实测资料时，可近似的以该点的附加应力 σ_z（kPa）替代。

附录 F　堵口的转化口门线

F.1　转化口门线是水力要素最大值（例如最大流速 V_{max}）等值线图中各等值线的节点相连而得之曲线（图 F.1-1）。此线表示堵口过程中口门尺寸（口门宽度、底槛高程）与水力要素最大值的关系。

F.2　流速最大值的转化口门线应由式（F.2-1）求出：

$$\left.\begin{array}{l} z = x\log B - y + \Delta \\ x = \varphi_1(H, W) \\ y = \varphi_2(H, W) \end{array}\right\} \qquad (F.2-1)$$

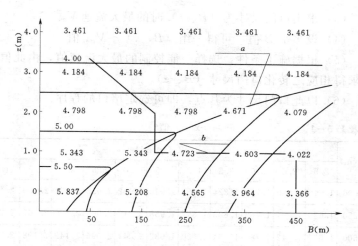

图 F.1-1　某堵口工程流速最大值转化口门线

a—转化口门线；*b*—堵口过程线

式中：z 为口门底槛高程，m；B 为口门宽度，m；Δ 为设计潮型的中潮位，m；x、y 为系数（见表 G.0.2-1 和 G.0.2-2）；H 为设计潮型的潮差，m；W 为全潮库容，10^7m^3；φ_1、φ_2 为特定的函数。

而转化口门线上任一点处之最大流速值可用式（F.2-2）计算：

$$V_{\max} = 2.35\sqrt{h_0 - z} \qquad (\text{F.2-2})$$

式中：h_0 为设计潮型之最高潮位，m；z 为转化口门线上点子的口门底槛高程，m；$V_{\max}$ 为转化口门线上任一点处之最大流速，m/s。

F.3　运用转化口门线选定堵口程序的步骤如下：

（1）根据本工程的 H 和 W，查表 F.3-1、表 F.3-2 得 x、y 值；

（2）设一个 B 值，可求得一 z 值。其含义是当口门宽为 B 时，最大流速将出现在口门底槛高程为 z 时。

（3）求出口门尺寸为（B、z）时的最大流速 V_{max}。

（4）设多个 B 值，可得一组（B、z）～V_{max} 值。

（5）根据施工条件，选择一能控制的最大流速值，由此值即可求得相应之转化口门尺寸（B、z）。

（6）以此口门尺寸为基点，即可选定堵口的程序。

表 F.3-1　　　　　　　　x　值

| H (m) | W (10^7m^3) | | | | | | | | | | |
	2.0	2.5	3.0	3.5	4.0	4.5	5.0	5.5	6.0	6.5	7.0
4.000	1.616	1.689	1.758	1.824	1.887	1.946	2.002	2.055	2.104	2.150	2.192
4.250	1.620	1.694	1.765	1.833	1.897	1.958	2.015	2.069	2.120	2.167	2.211
4.500	1.637	1.712	1.785	1.854	1.920	1.982	2.041	2.096	2.149	2.198	2.243
4.750	1.666	1.743	1.817	1.888	1.955	2.019	2.079	2.136	2.190	2.241	2.288
5.000	1.708	1.787	1.862	1.934	2.003	2.068	2.130	2.189	2.244	2.296	2.345
5.250	1.762	1.818	1.920	1.993	2.064	2.131	2.194	2.254	2.311	2.364	2.415
5.500	1.830	1.912	1.990	2.065	2.137	2.206	2.271	2.332	2.391	2.445	2.497
5.750	1.910	1.992	2.073	2.150	2.223	2.293	2.360	2.423	2.483	2.539	2.592
6.000	2.002	2.087	2.169	2.247	2.322	2.393	2.461	2.526	2.588	2.645	2.700
6.250	2.108	2.194	2.271	2.357	2.433	2.506	2.576	2.642	2.705	2.765	2.821
6.500	2.226	2.314	2.398	2.480	2.557	2.632	2.703	2.771	2.835	2.896	2.954
6.750	2.357	2.446	2.532	2.615	2.694	2.770	2.843	2.912	2.978	3.041	3.100
7.000	2.500	2.591	2.679	2.763	2.844	2.921	2.995	3.066	3.134	3.198	3.258
7.250	2.656	2.748	2.838	2.923	3.006	3.085	3.161	3.233	3.302	3.367	3.430
7.500	2.828	2.919	3.009	3.097	3.181	3.261	3.338	3.142	3.483	3.550	3.613
7.750	3.006	3.102	3.194	3.283	3.368	3.450	3.529	3.604	3.676	3.745	3.810
8.000	3.200	3.297	3.391	3.481	3.568	3.652	3.732	3.809	3.882	3.952	4.019
8.250	3.407	3.505	3.601	3.693	3.781	3.866	3.948	4.026	4.101	4.173	4.241
8.500	3.626	3.726	3.823	3.917	4.006	4.093	4.176	4.256	4.333	4.406	4.476

H (m)	W (10^7m^3)										
	7.5	8.0	8.5	9.0	9.5	10.0	10.5	11.0	11.0	12.0	12.5
4.000	2.231	2.267	2.299	2.328	2.354	2.376	2.395	2.411	2.423	2.432	2.437
4.250	2.252	2.289	2.323	2.353	2.381	2.404	2.425	2.442	2.456	2.466	2.473
4.500	2.285	2.324	2.359	2.391	2.420	2.445	2.467	2.486	2.501	2.513	2.521
4.750	2.331	2.371	2.408	2.442	2.472	2.499	2.522	2.542	2.559	2.573	2.583
5.000	2.390	2.432	2.470	2.505	2.537	2.565	2.590	2.612	2.630	2.645	2.656
5.250	2.461	2.505	2.545	2.581	2.614	2.644	2.671	2.694	2.714	2.730	2.743
5.500	2.545	2.590	2.632	2.670	2.704	2.736	2.764	2.788	2.810	2.828	2.842
5.750	2.642	2.688	2.731	2.771	2.807	2.840	2.870	2.896	2.919	2.938	2.954
6.000	2.751	2.799	2.844	2.885	2.923	2.957	2.988	3.016	3.040	3.061	3.079
6.250	2.873	2.923	2.969	3.011	3.051	3.087	3.119	3.148	3.174	3.197	3.216
6.500	3.008	3.059	3.107	3.151	3.192	3.229	3.263	3.294	3.321	3.345	3.366
6.750	3.156	3.208	3.257	3.303	3.345	3.384	3.420	3.452	3.481	3.506	3.528
7.000	3.316	3.370	3.420	3.467	3.511	3.552	3.589	3.623	3.653	3.680	3.704
7.250	3.488	3.554	3.596	3.645	3.690	3.732	3.771	3.806	3.838	3.866	3.892
7.500	3.674	3.731	3.784	3.835	3.882	3.925	3.965	4.002	4.035	4.065	4.092
7.750	3.872	3.936	3.986	4.037	4.086	4.131	4.172	4.211	4.246	4.277	4.305
8.000	4.083	4.143	4.199	4.253	4.303	4.349	4.392	4.432	4.469	4.502	4.531
8.250	4.306	4.368	4.426	4.481	4.532	4.580	4.625	4.666	4.704	4.739	4.770
8.500	4.542	4.605	4.665	4.721	4.774	4.824	4.870	4.913	4.952	4.989	5.021

表 F.3-2 y 值

H (m)	W (10^7m^3)										
	2.0	2.5	3.0	3.5	4.0	4.5	5.0	5.5	6.0	6.5	7.0
4.000	3.741	4.067	4.378	4.674	4.955	5.222	5.474	5.71	5.933	6.14	6.332
4.250	3.762	4.097	4.417	4.722	5.012	5.288	5.548	5.794	6.025	6.241	6.443
4.500	3.804	4.148	4.477	4.791	5.09	5.375	5.644	5.899	6.139	6.364	6.574
4.750	3.868	4.22	4.558	4.881	5.189	5.482	5.761	6.024	6.273	6.507	6.726

H (m)	W ($10^7 m^3$)										
	2.0	2.5	3.0	3.5	4.0	4.5	5.0	5.5	6.0	6.5	7.0
5.000	3.951	4.313	4.66	4.991	5.308	5.611	5.898	6.17	6.428	6.671	6.899
5.250	4.056	4.427	4.782	5.123	5.449	5.76	6.056	6.338	6.604	6.856	7.09
5.500	4.182	4.561	4.926	5.275	5.61	5.93	6.235	6.525	6.801	7.062	7.307
5.750	4.328	4.716	5.09	5.448	5.792	6.121	6.435	6.734	7.019	7.288	7.543
6.000	4.495	4.892	5.275	5.642	5.995	6.333	6.656	6.964	7.257	7.535	7.799
6.250	4.683	5.089	5.481	5.857	6.218	6.565	6.897	7.214	7.515	7.804	8.077
6.500	4.892	5.307	5.707	6.092	6.463	6.819	7.159	7.485	7.796	8.093	8.374
6.750	5.122	5.546	5.955	6.349	6.728	7.093	7.442	7.771	8.097	8.402	8.693
7.000	5.372	5.805	6.223	6.626	7.014	7.388	7.746	8.09	8.419	8.733	9.032
7.250	5.644	6.085	6.512	6.924	7.321	7.704	8.071	8.424	8.762	9.085	9.393
7.500	5.936	6.386	6.822	7.243	7.649	8.04	8.417	8.778	9.125	9.457	9.774
7.750	6.249	6.708	7.153	7.583	7.998	8.398	8.786	9.154	9.509	9.85	10.17
8.000	6.583	7.051	7.504	7.943	8.367	8.775	9.17	9.55	9.914	10.264	10.599
8.250	6.937	7.414	7.877	8.325	8.757	9.175	9.578	9.961	10.34	10.699	11.042
8.500	7.313	7.799	8.27	8.727	9.168	9.595	10.007	10.404	10.787	11.154	11.507

H (m)	W ($10^7 m^3$)										
	7.5	8.0	8.5	9.0	9.5	10.0	10.5	11.0	11.5	12.0	12.5
4.000	6.51	6.672	6.82	6.953	7.072	7.175	7.264	7.337	7.396	7.44	7.469
4.250	6.629	6.801	6.958	7.099	7.227	7.339	7.436	7.519	7.587	7.64	7.678
4.500	6.769	6.95	7.116	7.266	7.402	7.524	7.63	7.722	7.798	7.86	7.907
4.750	6.93	7.12	7.294	7.454	7.599	7.729	7.844	7.945	8.031	8.101	8.157
5.000	7.112	7.311	7.494	7.661	7.817	7.956	8.08	8.19	8.284	8.363	8.428
5.250	7.315	7.522	7.715	7.892	8.055	8.203	8.336	8.454	8.558	8.646	8.72
5.500	7.538	7.755	7.956	8.142	8.314	8.471	8.613	8.74	8.852	8.95	9.032
5.750	7.783	8.008	8.218	8.413	8.594	8.76	8.911	9.047	9.168	9.274	9.366
6.000	8.048	8.282	8.501	8.705	8.895	9.069	9.229	9.374	9.504	9.62	9.72

H（m）	W（$10^7 m^3$）										
	7.5	8.0	8.5	9.0	9.5	10.0	10.5	11.0	11.5	12.0	12.5
6.250	8.334	8.577	8.805	9.018	9.216	9.4	9.569	9.722	9.862	9.986	10.095
6.500	8.641	8.892	9.129	9.352	9.559	9.751	9.93	10.092	10.24	10.373	10.491
6.750	8.968	9.229	9.475	9.706	9.922	10.123	10.31	10.482	10.638	10.78	10.908
7.000	9.317	9.586	9.841	10.081	10.306	10.516	10.712	10.892	11.058	11.2	11.345
7.250	9.688	9.965	10.228	10.471	10.711	10.93	11.134	11.324	11.499	11.658	11.803
7.500	10.076	10.364	10.636	10.894	11.137	11.365	11.578	11.776	11.96	12.12	12.243
7.750	10.487	10.783	11.065	11.331	11.583	11.82	12.042	12.25	12.442	12.62	12.783
8.000	10.919	11.224	11.514	11.79	12.051	12.297	12.528	12.744	12.945	13.132	13.303
8.250	11.371	11.686	11.985	12.269	12.539	12.794	13.034	13.259	13.469	13.664	13.845
8.500	11.845	12.168	12.476	12.769	13.048	13.312	13.56	13.794	14.014	14.218	14.407

附录G　围堤（闸、站）工程项目划分

单位工程名称	分部工程名称	分项工程名称
围堤	地基与基础处理	地基面层清理、抛填垫层（反滤层）砂石，铺土工织物，竖向排水通道打设，布设施工排水沟（井）等
	压载抛填	抛填垫层、块石，面层块石理砌等
	堤身填筑	铺设垫层、反滤层，砌石棱体，堤身土方铺填等
	上部结构	防浪墙，堤顶路面等
	护坡	修坡，垫层施工，铺设反滤层，护坡基脚砌筑，护坡砌筑等
	堵口	护底，龙口裹头与加固，堵口截流，闭气，护坡理砌等

单位工程名称	分部工程名称	分项工程名称
涵闸、泵站	基坑开挖	土方开挖，石方开挖，边坡维护等
	地基与基础处理	桩基，混凝土垫层，固结灌浆、防渗处理等
	涵闸（泵站）结构	闸室，翼墙，引渠，护底及护坦，启闭房，回填土等
	金属结构	闸门门叶、门槽预埋件、启闭设备安装等
	电气设备	控制台、发电机、电动机等电气设备的安装、试运转等
管理设施工程	观测设施	可根据实际工程情况确定
	生产生活设施	可根据实际工程情况确定
	交通工程	可根据实际工程情况确定
	通信工程	可根据实际工程情况确定

引用标准编目

标准号	标准 名 称
SL 265—2001	水闸设计规范
SL 482—2011	灌溉与排水渠系建筑物设计规范
SL 55—2005	中小型水利水电工程地质勘察规范
GB 50487—2008	水利水电工程地质勘察规范
SL 251—2000	水利水电工程天然建筑材料勘察规程
DL/T 5042—2010	河流水电规划编制规范
SL 44—2006	水利水电工程设计洪水计算规范
DL/T 5015—1996	水利水电工程动能设计规范
SL 278—2002	水利水电工程水文计算规范
DL/T 5441—2010	水电建设项目经济评价规范
SL 16—2010	小水电建设项目经济评价规程
HJ/T 88—2003	水环境影响评价技术导则 水利水电工程
SL 45—2006	江河流域规划环境影响评价规范
DL/T 5419—2009	水电建设项目水土保持方案技术规范
DL/T 5441—2010	水电建设项目经济评价规范
SL 74—1995	水利水电工程钢闸门设计规范
SL 41—2011	水利水电工程启闭机设计规范
GB 50007—2011	建筑地基基础设计规范
SL 264—2001	水利水电工程岩石试验规程
SL 398—2007	水利水电工程施工通用安全技术规程
DL/T 5370—2007	水电水利工程施工通用安全技术规程
DL/T 5371—2007	水电水利工程土建施工安全技术规程
DL/T 5372—2007	水电水利工程金属结构与机电设备安装安全技术规程
DL/T 5373—2007	水电水利工程施工作业人员安全技术操作规程
SL 223—2008	水利水电建设工程验收规程

标准号	标准名称
DL/T 5055—2007	水工混凝土掺用粉煤灰技术规范
DL/T 5173—2003	水电水利工程施工测量规范
DL/T 5144—2001	水工混凝土施工规范
DL/T 5199—2004	水电水利工程混凝土防渗墙施工规范
SL 174—1996	水利水电工程混凝土防渗墙施工技术规范
DL/T 5363—2006	水工碾压式沥青混凝土施工规范
GB/T 14173—2008	水利水电工程钢闸门制造、安装及验收规范
DL/T 835—2003	水工钢闸门和启闭机安全检测技术规程
SL 288—2003	水利工程建设项目施工监理规范
SL 170—1996	水闸工程管理设计规范
SL 75—1994	水闸技术管理规程
SL 214—1998	水闸安全鉴定规定
DL 5073—2000	水工建筑物抗震设计规范
DL/T 5057—2009	水工混凝土结构设计规范
GB 50016—2006	建筑设计防火规范
SL 176—2007	水利水电工程施工质量评定规程
JTJ 250—1998	港口工程地基规范
GB 50290—1998	土工合成材料应用技术规范
JGJ 79—2002	建筑地基处理技术规范
GB 50286—1998	堤防工程设计规范
SL 203—1997	水工建筑物抗震设计规范
JTJ 298—1998	防波堤设计与施工规范
GB 50288—1999	灌溉与排水工程设计规范
SL 41—1993	水利水电工程启闭机设计规范
SL 260—1998	堤防工程施工规范
SL 239—1999	堤防工程施工质量评定与验收规程
SL 52—1993	水利水电工程施工测量规范

标 准 号	标 准 名 称
SL/T 235—1999	土工合成材料测试规程
SL 288—2003	水利工程建设施工监理规范
SL 219—1998	水环境监测规范
GB 50433—2008	开发建设项目水土保持技术规范
GB 50434—2008	开发建设项目水土流失防治标准
GB/T 21010—2007	土地利用现状分类
SL 277—2002	水土保持监测技术规程
SL 342—2006	水土保持监测设施通用技术条件
SL 419—2007	水土保持试验规程
SL 190—2007	土壤侵蚀分类分级标准
SDI 338—1989	水利水电工程施工组织设计规范
GB 50201—1994	防洪标准
SL 73.6—2001	水利水电工程制图标准 水土保持图
GB/T 22490—2008	开发建设项目水土保持设施验收技术规范
SL 341—2006	水土保持信息管理技术规程
JTJ 254—1998	港口工程桩基规范
JTJ 222—198	港口工程技术规范
JGJ 79—2002	建筑地基处理技术规范
JTJ 250—1990	港口地基处理规范
SL 171—1996	堤防工程管理设计规范
SLJ 705—81	水利工程管理单位编制定员试行标准
SL 72—94	水利建设项目经济评价规范

参 考 文 献

[1] 张振华．沿海滩涂土地资源开发利用研究进展 [J]．垦殖与稻作，
       2000（4）：37－38．

[2] 徐承祥，俞勇强．浙江省滩涂围垦发展综述 [J]．浙江水利科技，
       2003（15）：8－10．

[3] 王晓东，袁仁茂．滩涂开发利用及评价模式浅析 [J]．水土保持研
       究．2001（6）：107－112．

[4] 中国水利学会滩涂开发专业委员会．中国围海工程 [M]．北京：中
       国水利电力出版社，2000：23－121．

[5] 陈可馨．我国海岸带滩涂开发战略 [J]．天津师范大学学报（自然
       科学版），1995（15）：39－44．

[6] 徐志康．中国典型地区沿海滩涂资源开发评述 [J]．地理学报，2005
       （9）：10－12．

[7] 彭建，王仰麟．我国沿海滩涂的研究．北京大学学报（自然科学
       版），2000（11）：832－839．

[8] CIRIA/CUR. The Rock Manual. 1991.

[9] CIRIA. The Rock Manual. 2007.

[10] Dalrymple，R. W. B. A. Zaitlin & R. Boyd. Esturaine models：concep-
       tual of stratigraphic impliucations [J]. Journal Sedimentary Petrology，
       1992（62）：1130－1146.

[11] Delta Commission. Delta Commission reports. 1960.

[12] Garnot Mannsbart，Barry R. Christopher. Long-Term Performance of
       Nonwoven Geotextile [J]. Geo－textiles and Geomembranes，1997，
       （15）：207－221.

[13] Losada M . A. Duarte O. Llorca J. Recommendations for maritime
       structures in Spain：A review of the new ROM 0. 2-99 en Coastal
       Structures-99. Santander 1999. 1.

[14] TAW. Guide on Sea and Lake Dikes. 1999.

[15]　TAW. Technical and Wave. 2002.

[16]　USACE. Coastal Engineering Manual. 2003.

[17]　USACE. Shore Protection Manua. 1984.

[18]　万德成，缪国平．数值模拟波浪翻越直立方柱 [J]．水动力学研究与进展，1998，13（3）：363－370.

[19]　竺艳蓉．浅海人工岛波浪爬高的数值计算和实验验证 [J]．水利学报，1994（9）：10－20.

[20]　俞聿修．波浪对建筑物和海底的作用 [J]．港工技术，2001（2）：1－5.

[21]　王恭闽．DGPS 在围垦工程测绘中的应用 [J]．水利科技，2004（1）：47－48，50.

[22]　徐承祥 俞勇强．浙江省滩涂围垦发展综述 [J]．浙江水利科技，2003（1）：8－10.

[23]　高志伟，许健刚．小洋山北海堤围垦工程平面布置 [J]．港工技术，2008（12）：12－14，48.

[24]　龚晓南．地基处理手册 [M]．2版．北京：中国建筑工业出版社，2000.

[25]　刘家豪．第一届塑料板排水法加固软基技术研讨会论文集 [M]．南京：河海大学出版社，1990.

[26]　黄文尚．莆田县后海围垦工程排涝闸技改设计 [J]．福建水利发电，2002（1）：50－51.

[27]　张勇，常立峰．江南海涂围垦工程软土地基处理设计 [J]．黑龙江水利科技，2007，35（10）：63－65.

[28]　刘林松．海滩围垦工程施工局部冲刷问题分析 [J]．浙江水利水电专科学校学报，2008（4）：71－74.

[29]　张莎．浙江沿海地区深水软基围垦工程施工方法与实践 [J]．浙江水利水电专科学校学报，2007（01）：27－30.

[30]　倪霞．关于滩涂围垦工程龙口合龙的施工技术探讨 [J]．中国新技术新产品，2008（10）：25.

[31]　林耿荣，林瑞润．浅谈海堤堤型在围垦工程的应用 [J]．水利规划与设计，2009（4）：72－74.

[32]　张裕平．大型围垦工程无水闸分流时堵口关键技术 [J]．水利规划与设计，2009（4）：57－61.

[33] 陈华爱. 福清过桥山围垦工程施工介绍 [J]. 水利科技，2009，21 (11)：21 – 22.

[34] 朱先根. 滩涂围垦施工的思考 [J]. 科技资讯，2008，30 (2)：13 – 15.

[35] 陈彬. 绿波围垦施工技术问题的处理 [J]. 上海水利，2006，32 (2)：35 – 37.

[36] 楼孟华. 台州市路桥区黄礁涂围垦工程施工实践探讨 [J]. 水利规划与设计，2011 (4)：71 – 72，75.

[37] 张红亚，王凯敏，祝少华. 水利工程建设环境保护监理的工作方法 [J]. 河南水利与南水北调，2011 (14)：43 – 44.

[38] 王礼先. 水土保持学 [M]. 北京：中国林业出版社，1995.

[39] 陈希哲. 土力学地基基础 [M]. 北京：清华大学出版社，2004.

[40] 金堂大浦口集装箱码头前期工程围堤施工原位监测报告 [R]. 杭州：杭州华东工程检测技术有限公司，2007.

[41] 裘江海. 生态优先与生态围垦评价体系的构想 [J]. 浙江水利科技，2006 (1)：11 – 13.

[42] 吴保旗 方子杰. 浙江省生态围垦的实践与思考 [J]. 水利规划与设计，2009 (4)：1 – 4，23.

[43] 焦居仁. 开发建设项目水土保持 [M]. 北京：中国法制出版社，1998.

[44] 潘桂娥. 海涂围垦工程水土流失分析 [J]. 水利规划与设计，2009 (4)：30 – 32.

[45] 张淑萍. 围垦工程水土保持方案编制探讨 [J]. 中国农村小康科技，2010 (9)：82 – 83.

[46] 祝金阳，陈立道，安兆华. 谈围垦项目实施过程中的造价控制 [J]. 上海建设科技，2006 (1)：54 – 55.

[47] 陆平，苏战军. 爆破置换法处理软基在洞头县北岙后二期围垦工程中的应用 [J]. 浙江水利水电专科学校学报，2003，15 (3)：39 – 40.

[48] 潘军海，潘恒. 爆炸挤淤技术在沿海围垦海堤中的应用 [J]. 小水电，2008，143 (5)：64 – 66.

[49] 詹凤山. 北江围垦工程施工质量控制要点 [J]. 水利科技，2008 (3)：18 – 19.

[50] 李九发，戴志军，刘新成，等．长江河口南汇嘴潮滩圈围工程前后水沙运动和冲淤演变研究［J］．泥沙研究，2010（3）：31－37.

[51] 任文玲，侯颖，杨淑慧，等．崇明岛新围垦区不同土地利用条件下的土壤呼吸研究［J］．生态环境学报，2011，20（1）：97－101.

[52] 张裕平．大型围垦工程无水闸分流时堵口关键技术［J］．水利规划与设计，2009（4）：58－62.

[53] 李创业．福建东壁岛围垦工程施工技术［J］．四川水利，2009（6）：48－51.

[54] 张裕平，何光同，林文玉，等．福建海堤建设进展［J］．水利科技，2011（2）：47－50.

[55] 卓存实．福建省罗源白水围垦工程海堤施工关键技术［J］．海峡科学，2009（4）：29－30.

[56] 林茂昌．福建沿海滩涂围垦的问题及对策研究［J］．林业勘察设计（福建），2006（1）：98－100.

[57] 曾瑜，霍军杰．海堤软土地基主要处理方法的技术经济分析［J］．小水电，2010，156（6）：64－67.

[58] 吕敏．海涂围垦工程施工安全控制措施［J］．建筑安全，2004（2）：41－43.

[59] 朱黎雄，赵向阳．海盐黄砂坞治江围垦工程促淤丁坝抛填技术经济对比分析［J］．水利水电技术，2008，39（3）：45－47.

[60] 胡海清，胡明华．基于 GIS 的滩涂围垦管理信息系统［J］．水资源保护，2007，23（4）：56－58.

[61] 汪富贵．建国以来湖北水域变迁情况及其评价［J］．水利发展研究，2010（10）：30－34.

[62] 徐国华，王鹏．江苏省沿海滩涂大规模围垦工程规划工作的初步研究［J］．水利规划与设计，2009（4）：5－11.

[63] 张长宽，陈君，林康，等．江苏沿海滩涂围垦空间布局研究［J］．河海大学学报（自然科学版），2011，39（2）：206－212.

[64] 沈永明，冯年华，周勤．江苏沿海滩涂围垦现状及其对环境的影响［J］．海洋科学，2006，30（10）：39－43.

[65] 陈君，张长宽，林康，等．江苏沿海滩涂资源围垦开发利用研究［J］．河海大学学报（自然科学版），2011，39（2）：213－219.

[66] 周沿海．近 40 年来福建滩涂围垦的遥感解译［J］．福建地理，

2006, 21 (2)：9 - 11.

[67]　徐向红，陈刚．论江苏沿海滩涂围垦与可持续发展 [J]．河海大学学报（哲学社会科学版），2002, 4 (4)：26 - 29.

[68]　王文冬，陈永亮．钱塘江强涌潮、低河床、紧临深江区域围垦施工难点的处理 [J]．浙江水利水电专科学校学报，2007, 19 (3)：35 - 37.

[69]　关锦荣．青屿门围垦工程深港软基处理及施工论述 [J]．水科学与工程技术，2010 (1)：77 - 79.

[70]　方子杰．人工岛围垦技术的探讨 [J]．港工技术，2011, 48 (3)：47 - 50.

[71]　魏永强，邓居智，丁长河．探地雷达和高密度电阻率法在围垦堤坝探测中的应用 [J]．物探与化探，2010, 34 (1)：115 - 118.

[72]　朱丽燕，潘军海．围垦工程堤坝滑移及滑塌事故分析 [J]．小水电，2008, (3)：47 - 48.

[73]　洪永帅．围垦工程施工质量控制技术要点分析 [J]．黑龙江水利科技．2011, 39 (3)：63 - 64.

[74]　范勇．围垦工程施工中应重点关注的几个技术问题 [J]．浙江水利科技，2003 (6)：35 - 36, 42.

[75]　江兴南．围垦工程中软基水闸围堰的设计与施工 [J]．水利水电技术，2010, 41 (9)：64 - 67.

[76]　陈秀良，吴文华．围垦工程中围堤技术研究思路探讨 [J]．浙江水利科技，2006 (5)：13 - 14.

[77]　马洪蛟，李宇，蔡辉，等．围垦抛填工程质量检测新技术应用研究 [J]．内蒙古农业大学学报，2005, 26 (3)：63 - 66.

[78]　方咏来．澉门三期围垦工程的抗风浪优化设计 [J]．浙江水利科技，2004 (3)：7 - 8.

[79]　陈才俊．沿海滩涂围垦开发的再定位思考 [J]．河海大学学报（自然科学版），2002, 30 (增刊)：38 - 41.

[80]　陈小文，刘霞，张蔚．珠江河口滩涂围垦动态及其影响 [J]．河海大学学报（自然科学版），2011, 39 (1)：39 - 43.

[81]　梁之劲，刘兵民．澳门新路环电厂填海工程监测 [J]．港工勘察，2000 (41)：67 - 72.

[82]　张泽生．大跨度双排钢板桩围堰工程监测技术探讨 [J]．地理空间

信息，2009，7（3）：138-141.

[83] 黄真理. 国内外大型水电工程生态环境监测与保护［J］. 长江流域资源与环境，2009，13（2）：102-108.

[84] 朱高峰. 软土地基海堤工程监测稳定控制标准探讨［J］. 水运工程，2009（2）：126-130.

[85] 黄真理. 三峡工程生态与环境监测和保护［J］. 资源与环境，2004（12）：26-30.

[86] 冯涛. 水电工程施工期环境监测计划设计［J］. 东北水利水电，2010（2）：34-35.

[87] 岳向红，杨永波，李祺，等. 厦门环东海域填海造地工程监测与检测技术［J］. 质量检测，2009，27（9）：35-38.

[88] 王小泉，张瑞佟. 江边水电站施工期环境保护监理［J］. 西北水电，2009（2）：4-5.

后　　记

据民政部和国家减灾委办公室发布的全国灾情公报，2010 年 1 月至 2011 年 9 月，我国各类自然灾害共造成累计 9.1 亿人次受灾，因灾累计死亡失踪 8918 人，因灾累计直接经济损失 8368.0 亿元人民币，其中因水带来的洪灾和旱灾占 60％以上。

总体分析，其中 2011 年 1～9 月的灾情较近年同期略微偏轻，但局部地区受灾严重，其特点：一是灾多面广，全国 31 个省份（不包括台湾、香港、澳门）的 2700 余个县（市区）和新疆生产建设兵团部分团场不同程度受灾；二是受灾相对集中，其中 1400 多个县市区遭受 10 次以上、近 600 个县市区遭受 20 次以上的自然灾害影响；三是秋汛异常偏重。四是干旱严重，旱灾造成的直接经济损失占全部自然灾害总损失的 30％以上，饮水困难人口达 3100 余万人；五是灾害叠加，城市灾害突出。

面对如此严峻现实，"自然灾害年年有，2011 水旱有新异"，即刻引起中华水利人的反思。

首先，专事于水资源公益型的科研团队，切实贯彻中共中央、国务院 2010 年 12 月 31 日发布的《关于加快水利改革发展的决定》精神，对于春旱的洪湖、洞庭湖发生的特大灾情，进行了"博士团队"考察及其论坛研讨，以求减灾除害新策。

随后，2011 年年中，一个民间型的"水工程司学派"针对 2010～2011 年上半年因水带来的洪涝与干旱灾势，试图结合自身的专业、密切国家 2011 年中央 1 号文件，酝酿"中国中小型水工程简明技术书册丛书"一套 30 册预案。

2011 年 9 月中旬，值中国水利水电出版社资深策划编辑林京女士等到武汉参会期间，"水工程司学派"及"中国中小型水工程简明技术手册丛书"的策划人陈彦生等，双方在武汉市中原国际酒店就"丛书"相关事宜进行了商讨，并将一套 30 册压缩为一套 10 册以求专业连贯性所需。

2011 年 11 月初，因"特长输水隧洞工程设计研究"一书事，陈彦生与林京分别在沈阳与北京对"丛书"进一步交换了意见，并确立了"中小型水工程简明技术丛书"的书名、体例与字数，要求于 2012～2013 年上半年一套 10 册出版完毕。

2011 年 11 月 17～30 日，陈彦生趁休闲旅游之机，结合以上两书，考察了荷兰拦海堤坝等水工程以寻找"丛书"的国际"有待维度"价值。

自 2011 年 9 月至今，"水工程司学派"的博士、教授、工程师们，除尽职尽责完成好自身的设计、施工与科研工作外，抓紧一切可利用的空隙，分工合作地逐步完成了各自参与的书稿撰写与统稿任务，现在分批呈现给读者。可以坦诚地向读者告白：一个以学派形式编著的《中小型水工程简明技术丛书》，随着工程应用与时间推移的实践检验，将会在我国中小型水工程建设与病害除险加固中提供有效技术支撑，同时，"丛书"的创新进入市场也会为出版海洋中注入一滴闪亮的水珠。

《中小型水工程简明技术丛书》策划人兼统稿人

陈彦生

2012 年　武汉